有明海の自然と再生

宇野木早苗［著］

築地書館

まえがき

　一九九七年四月一四日、農林水産省による諫早湾干拓事業のクライマックスとして、諫早湾を横断する全長七キロメートルの潮受堤防の工事で、最後に残された開口部一・二キロメートルの締め切り工事の状況が、全国にテレビで放映されました。このとき、重さ三トンの二九三枚の鋼板がつぎつぎと水しぶきをあげて激しく落下し、それまで海水が自由に行き来していた海をみるみる締めあげていく凄まじい映像は衝撃的で、人びとの眼底に焼きつけられました。海の生命を絶つこの鋼板から、フランス革命当時に人の生命を絶つために用いられたギロチンを連想する人がいましたし、また有明海の愛嬌もの、ムツゴロウの断末魔の悲鳴を聞く思いがしたという人もいます。これと対照的に、雛壇にならんでこの「ギロチン」落下のスイッチを押した複数の国営・諫早湾干拓事業功労者たちの、クローズアップされた誇らしげな表情が印象的でした。

　これより以前に、干潟の重要性と貴重さをいち早く認識していた山下弘文氏らの尊敬すべき先覚者たちは、この事業が環境や魚、貝、渡り鳥、その他さまざまな生きものたちに与える危険性を憂えて、事業の中止を強く訴えていました。(1) その警鐘は残念なことに、あるいは当然かもしれませんが、ただひたすらに事業の完成に邁進する人たちの魂に響くことはありませんでした。しかし皮肉にも農水省による上記の演出が、事業が内蔵する深刻な問題を、全国の心ある視聴者に強く訴えるきっかけになりました。

諫早湾奥部が締め切られたのちには、豊饒の海を謳われた有明海の生態系と漁業は、予想どおりに急激に崩壊していきました。とくに二〇〇〇年度の冬には例のないノリの歴史的大凶作が生じ、海上と陸上における漁師たちの農水省に対する激しい抗議行動がくり返され、社会的な大問題になりました。たとえば二〇〇一年一月二八日には、有明海周辺の漁師約六〇〇〇人、漁船約一三〇〇隻が参加した海上デモも行なわれました。

それ以後も、少なからぬ漁師が自らの命を絶たなくてはならないような、有明海異変と称される異常な環境悪化と漁業の衰退が続いていて、漁民を中心にして市民、弁護士、研究者らによるたゆみない抗議が続いています。そしてこの有明海異変の主たる原因は、諫早湾干拓事業にあるのではないとあくまでも否定する農水省に対して、「よみがえれ！有明海訴訟」では工事差し止めを求めて、いまでは二五〇〇人に近い人びとが原告として農水省を訴えています。これは海の関係では不知火《しらぬい》海のあの悲惨で非人道的な水俣病訴訟とならぶ最大規模の「公害訴訟」であって、この問題がいかに社会的に深刻なものであるかが理解できます。また、通常と異なり、裁判で負けるほど原告が増える事実をどのように考えればよいのでしょう。

農水省が農民に減反を強いる米あまりの時代に、広大な休耕地がむなしく遊んでいるにもかかわらず、多数の漁民と世論の反対を押しきって、膨大な経費を費やして時代錯誤といえる大規模な農耕地の造成を推進し、結果として有明海の荒廃と漁業被害を招いたことについて、各新聞や総合誌はきわめて厳しい批判を加えています。つまりこの事業は、巨額な建設資金に対して投資効率が著しく低く、むしろマイナス効果が大きい無駄な公共事業とする論調がほとんどで、事業の必要性を容認する見解を探すことは困難です。

崩壊した有明海の生態系と漁業を再生させることは、いまやきわめて緊急な課題になっています。そこで本書ではまず、有明海は閉鎖性が強く本来著しく汚濁に弱い海であったにもかかわらず、わが国屈指の豊饒の海でありえたのはなぜか、そして諫早湾干拓事業以後に、その海がこのように急激に崩壊した実態とその理由はどこにあるかを、観測事実にもとづいてできるかぎり明らかにしたいと思います。これは、有明海を再生させるためには、環境崩壊の原因を取り除き、自然の偉大な再生力に頼ることが基本であるからです。

しかし現在、国が、とくに農水省が中心になって考えている有明海の再生対策は、この基本からはずれていて、環境崩壊の原因となった干拓事業関係の施設にはなんら手をつけずに、小手先の対症療法が中心となっています。これでは莫大な対策費用が費やされても、再生の効果は期待からほど遠いことを明らかにしていきます。

効果的な再生の第一歩としては、自由な海水の動きを断ち切った潮受堤防の水門を常時開放することが不可欠です。これに対して、農水省はいろいろな理由をならべたてて水門開放に反対していますが、開門拒否の根拠は合理性が乏しいこと、さらに、豊饒であった有明海を取りもどすためには、最終的には堤防撤去の可能性を考える必要があることを論証します。

これとともに、海域で健全な漁業が営まれる環境であるためには、森林や農地などの集水域の適切な保全管理、流入河川の正常な機能維持、さらに海域内における生物多様性の保持などが大切なことを指摘します。

一方、有明海の荒廃を救うには司法および裁定委員会の役割は非常に重要ですが、現在では残念なことに佐賀地裁の判決を除いて、ネガティブな方向を向いています。そこで、かつて解決にいたるまでじつに四〇年もの長年月を要した水俣病の事例を参考にして、ネガティブに向くことに道理がなく、将来その非が必ず明らかになることを科学的な観点から指摘し、正常な機能が発揮されることを期待する旨も述べておきたいと思います。

この小著は、二〇〇五年六月一二日に水郷柳川で、有明海の再生を中心テーマとして開催された「有明海と不知火海の環境を考える第八回フォーラム」において、依頼を受けて私が行なった基調講演を基礎に、当日の議論も踏まえて手を加えたものです。そして執筆にさいしては、有明海問題に関してこれまで建設的な提言をしてきた日本海洋学会海洋環境問題委員会がまとめた『有明海の生態系再生をめざして』をおおいに参考にさせていただきました。(2) 本書が、学問的に内容豊かなこの本を理解する糸口になれば幸いだと思います。

個人的なことで恐縮ですが、私には、七十数年前の幼いころに祖母にともなわれて内陸部の村から有明海の浜辺を訪れ、初めて広々とした海に接して驚き戯れた楽しい記憶が残っています。そして日本自然保護協会の依頼を受けて、諫早湾干拓事業が有明海に及ぼす影響を物理面から調べはじめた私は、五年前の二〇〇一年の春浅きころに、長大な潮受堤防で分断された無残な諫早湾の姿を陸と海から見てまわり胸がふさがりました。また、同年の夏の暑い盛りには、のちに中年漁師と若い女性ボランティアと老学者の三人の珍道中と冷やかされたのですが（「週刊金曜日」三八五号、二〇〇一年）、前の二人に案内されて熊本、福岡、佐賀、長崎四県の漁師の家を行きつもどりつ訪れて、海の環境と漁業の崩壊の実態を聞きまわり、予想をこえる干拓事業の影響のひどさに驚きました。

そしてこのような体験のもとに、今回この荒廃した故郷の海がかつてのように豊かに美しく蘇ることを願って筆をとった次第です。しかしこの小著は、すでに傘寿をこえて脳細胞の働きも弱くなった年寄りの冷や水であり、また私の専門が物理であるために、内容が偏って不備や不足なところも当然多いと思われます。ですが、漁師のみなさんの苦難をやわらげ、有明海の再生を考えるためのたたき台として、いささかでもお役に立てば望外の喜びであります。

駿河の海に浮かぶ高き富士を仰ぎつつ

二〇〇六年三月　宇野木早苗

目次

第1章

有明海異変

農林水産省が推進する諫早湾干拓事業は、**図1・1**に示すように有明海本体から長崎県側に湾入する諫早湾の西部を、長さ七キロメートルの堤防で締め切って、三五平方キロメートル、つまり有明海の面積の二・一パーセントもの広大な干潟・浅海域に、九〇〇〇ヘクタールの農耕地と二六〇〇ヘクタールの淡水池（調整池）を建設しようとするものです。

海水の進入を阻止するこの堤防は潮受堤防とよばれていて、南と北に二つの水門をもっています。水門の幅は北が二〇〇メートル、南が五〇メートルで合わせて二五〇メートルになります。そして、堤外の水位が堤内の水位より低くなった干潮時に水門を開いて、内部にとどまって著しく汚濁した河川水を外へ排出します。

図1・2の写真は北部水門を写したもので、内部の汚濁水が水門の下部から底泥《ていでい》を巻き上げながら激しく堤外へ流出して浮上し、有明海の方へと広がっていく状況が認められます。

1　ついに有明海をノックダウンした諫早湾干拓事業

有明海は湾奥で干満の差（潮差）が最大六メートル以上もあって、潮汐《ちょうせき》が日本一大きいこと、および干潮のときに潮が引く距離が最長五、六キロメートルもあるほど干潟が日本一発達していることで有

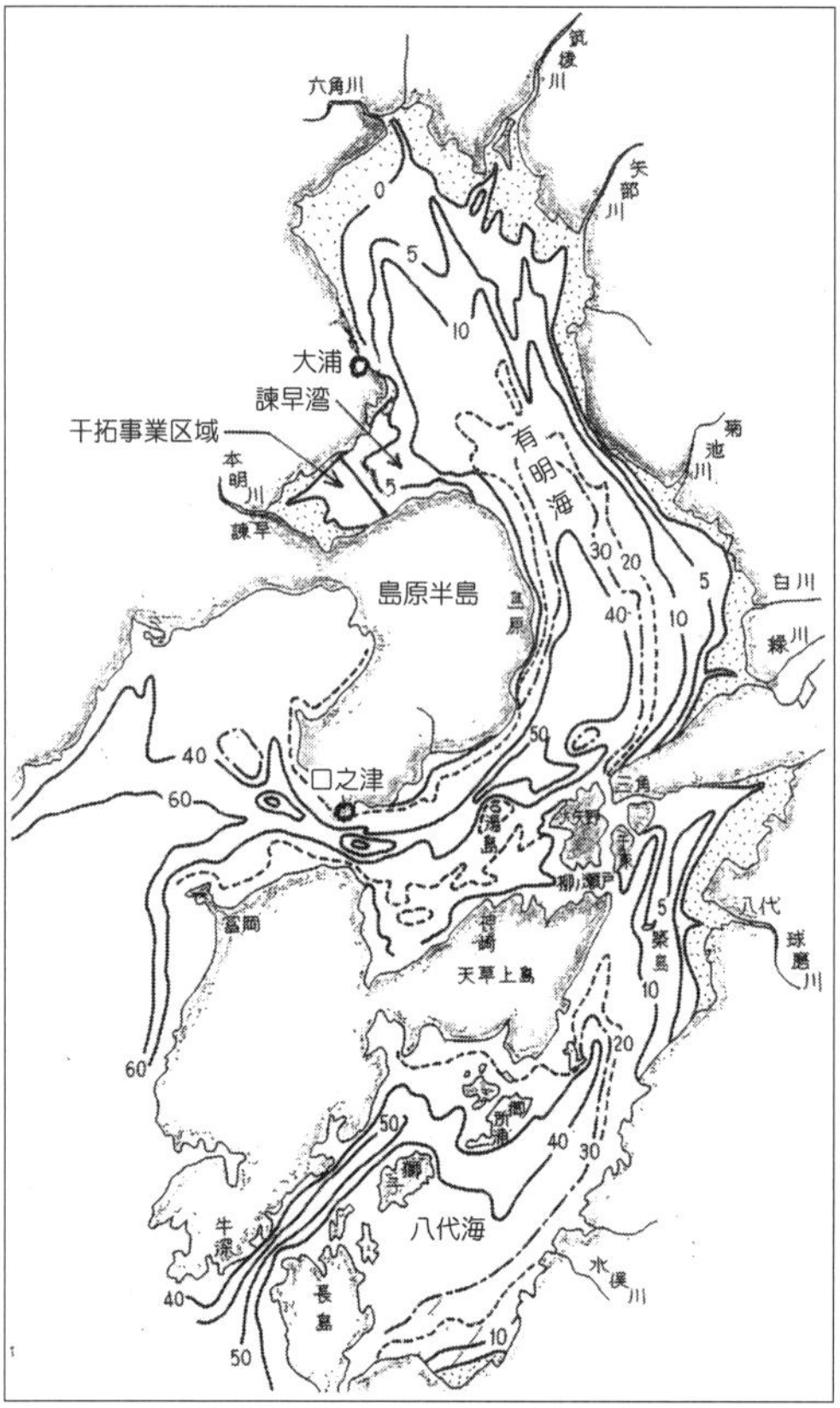

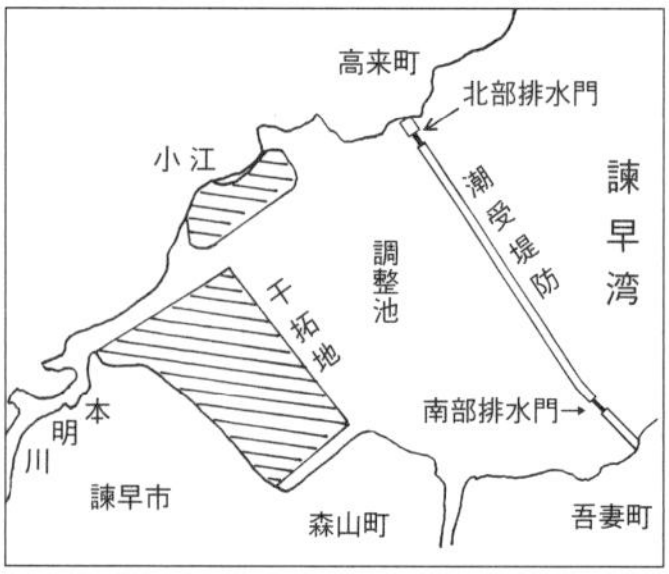

図1.1
有明海・八代海の地形（上、水深：m）と諫早湾干拓事業地域（下、斜線部：干拓地）

図1.2　北部水門を通って調整池から諫早湾に排出される濁水（2001年3月、共同通信社提供）

名です。ちなみに大潮のときの干満差（大潮差）は、東京湾で約二メートル、日本海沿岸で数十センチメートル程度であることを思うと、有明海の潮汐がいかに大きいかが理解できると思います。

このように、他の内湾に見られない顕著な海の特性のおかげで、有明海は本来は閉鎖性が強く非常に汚濁されやすい海域であるにもかかわらず、かつては瀬戸内海とならんで日本の沿岸漁場で最高水準の生産力を誇っていて、宝の海といわれていました。しかし農水省の諫早湾干拓事業によって、広大な干潟と浅海域が締め切られたのちには、有明海異変といわれるように、有明海の生態系は急激に荒廃し、漁業は著しく衰退しました。

堤裕昭氏は、赤潮の最大面積と継続日

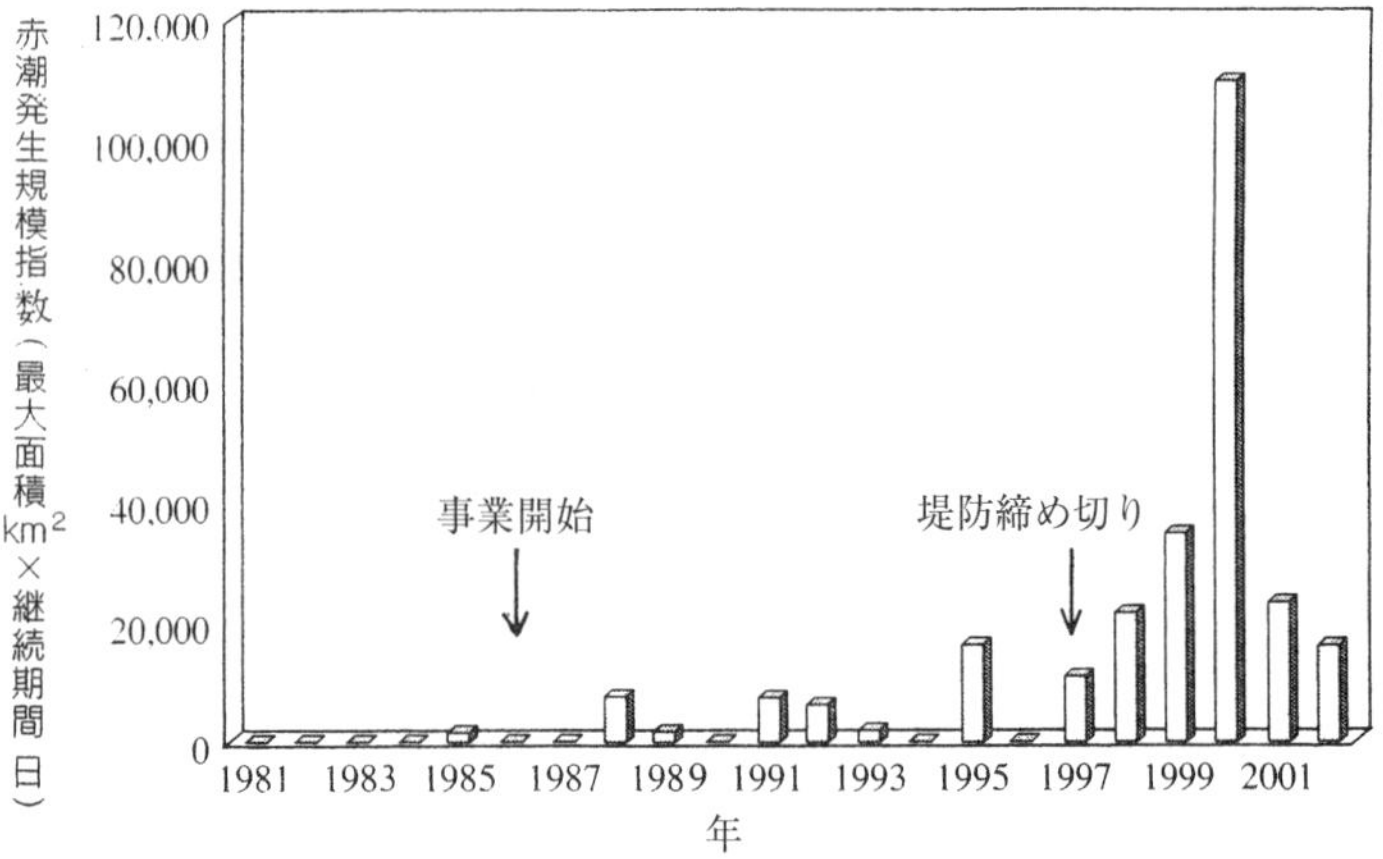

図1.3　ノリ養殖の重要期間である10〜12月の、有明海の赤潮発生規模指数（最大面積・km^2×継続期間・日）の経年変化〈堤(3)による〉

数の積で定義された赤潮発生規模指数を用いて、ノリ養殖に重要な時期一〇〜一二月の有明海における赤潮発生の年々の変化を調べて、**図1・3**に示す結果を得ました。[3] 一般に地震や赤潮などの自然現象では規模の小さいものが多く発生します。それゆえ影響を把握するうえで、発生数だけでは偏った情報を与える可能性があるので、上記のような指数は非常に有用です。

図1・3によれば、事業開始後に赤潮の発生規模が大きくなっていますが、とくに堤防締め切り後に急激に顕著になっていて、有明海の環境の悪化と干拓事業との密接な関係が明瞭に推測されます。そしてわが国の内湾では、赤潮は一般に暖かい季節に多く発生するといわれていますが、秋から初冬にかけての異常ともいえる増加は、事業の影響を如実に示していて、干拓事業の影響を疑う人はいないのではないでしょうか。なお年間を通して見ても、**図5・**

14に認められるように、有明海では干拓事業後に赤潮の被害件数が激増しています。

諫早湾干拓事業が有明海の環境の崩壊を招いた理由については、第5章でくわしく考察します。そこでは、有明海において潮汐の減少、潮流の衰弱、潮止め堤防による膨大な汚濁負荷の生成、河川水の広がりの変化、表層における密度成層（上方に軽い水が、下方に重い水が重なっていること）の強化、赤潮の激増、貧酸素水塊の頻発、海底の泥状化、透明度の上昇などの多くの現象が、堤防締め切り後に顕著になったこと、およびこれらの諸現象の主因が干拓事業と考えられることを、データにもとづいて具体的に指摘することができます。これらがもたらした生物や漁業への影響は第8章で考察します。

なお有明海の海洋環境の現状を総合的に議論した沿岸海洋シンポジウム「沿岸海洋学からみた有明海問題」[4]で示されているように、有明海の環境の悪化や漁業の衰退に関係する過程において、その実態や発生機構については、科学的に今後解決を要する問題が多く残されていることは十分に留意されねばなりません。

しかし、物理を専門にする私が、生物・化学過程が重要な問題について論ずることは難しく、深く立ち入ることはできません。そこで本書では、有明海異変で出現した現象と諫早湾干拓事業との間に因果関係があるかないかを問題にします。この場合は、科学的な関係（発生機構）は必ずしも明確でなくても、疫学的に可能性があればよいのです。疫学とは、くわしくは第12章で述べますが、食中毒を例にとると原因食品を食べた人と食べなかった人、中毒症状を示した人と示さなかった人との関係を調べて、因果関係の有無を判断するものです。たとえ原因物質（発生機構）はわからなくても、因果関係を認めることは可能です。

有明海異変の場合、国内の他の主要な内湾におけるほどではありませんが、沿岸地域の開発の進展にともなって、近年有明海の体質が次第に弱まり、また漁業生産も低下傾向にあったことは事実ですから、これを無視することはできません。しかし図1・3が示すような急激な環境の悪化をもたらす要因を、あとで述べるように諫早湾干拓事業を除いては見出すことはできないので、疫学的にいえば、諫早湾干拓事業がこの基礎体力が衰えた有明海に決定的パンチを加えて、ノックダウンさせたことは疑うことはできないといえます。

2　諫早湾干拓事業の評判と引き起こした社会的な悲劇

「まえがき」で、農水省が強引に推進して環境の崩壊と漁業の衰退を招いた、諫早湾干拓事業に対する社会一般の評判はきわめて悪く、事業の必要性を支持する声はほとんど聞かれないことを述べました。たとえば、干拓事業の投資効率（効果÷費用）に注目すると、農水省自身の見積もりでは、当初は一・〇三でしたが、計画変更後は〇・八三と一にも達していません。ところが宮入興一氏が農水省の資料を用いて解析すると、実際の投資効率は〇・三に満たない値が得られ、[5] その効率の悪さに驚かされます。

実際のところ将来的に得られる農業生産額は、総事業費二四九〇億円の巨額に対して、年額わずか四五億円にすぎないと報道されています。一方、干拓事業の影響が深刻なノリ生産額は、悪いときでも年額三〇〇億円に達するほどで、上記の干拓事業の効果をはるかに上回っています。

それでは、社会的に不急不要とみなされ、また子孫に莫大な負債を残すと考えられるこのような公共事業がなぜ強引に推進されるのでしょうか。永尾俊彦氏の調査によれば、農水省からいわゆる天下りした公務員は、諫早湾干拓事業受注企業の三六社に二五七人、コンサルタント会社二五社に一五二人、計四〇九人に及ぶということです。[6] また干拓工事にかかわる二〇〇〇年度の平均落札率は九八・〇二パーセントとほぼ一〇〇パーセントで、いわゆる「官製談合」の存在が疑われます。さらに諫早湾干拓事業の熱心な推進者である長崎県知事の選挙のさいに、自民党長崎県連の前幹事長らが受注企業を主体とする政治献金における不正行為で摘発起訴されたことも、ニュースで広く知られています。これらのことから推測される事業にともなう利権の存在が、上記の疑問を解く鍵を与えてくれるように思われます。公共事業にかかわるこの官界、政界、業界にわたる三者の密接な関係は世に鉄の三角形（トライアングル）とよばれています。

これとともに、諫早湾干拓事業が地域住民の間に引き起こした、重大な社会的悲劇にも注目しなければなりません。それは、この事業の影響で、漁獲量の減少のために自殺者を生むまでに苦しむ有明海の漁民、漁業が崩壊して干拓工事の現場で働かざるをえず、事業の継続を望む諫早湾内の旧漁民、潮受堤防建設の前提のために長年防災対策が放置されてきて苦労しつづけ、結局干拓事業への賛成を強いられた諫早湾奥部の農民——これら被害者同士が、国や県の思惑に翻弄され、あげくの果てに深刻な対立に追いこまれて引き裂かれたことです。この悲劇的な構造は、永尾俊彦氏のルポルタージュ『諫早の叫び

――よみがえれ干潟ともやいの心』[6]に詳細に伝えられています。

この地域住民同士の不毛の対立を解いて解決の道を探るためには、事業当局の発表を鵜呑みにすることなく、干拓事業がもたらした科学的事実を冷静に見つめることが必要です。そのうえで、有明海が本来もつ豊かさを取りもどし、また周辺農民の災害による苦しみを取り除くために、さらに地域の子や孫たちが笑顔を交わしあうことができるようになるために、何をなすべきかを明らかにすることが何より必要です。そして、関係する漁民と農民が相互理解ともやいの心（みんなが心と力を合わせるという諫早沿岸の干拓農民の言葉）を深め、当局に対して共通の対応を迫ることが最小限必要と考えられます。本書は、これを考えるさいに多少とも寄与できることも望んでいます。

3　緊急に望まれる有明海の再生

図1・4は、堤防締め切りのために干上がった干潟に、ハイガイの死骸が累々と広がる光景を写したもので、[7]ギロチンの無残さとともに、それ以前は有明海がいかに生命に満ちあふれた豊かな海であったかが理解できます。このギロチンは、海の生きものたちの生命を奪っただけでなく、その生きものたちに支えられて生計を営み、笑顔が見られた有明海周辺の漁師たちの家庭をも崩壊させました。

これまで、堤防締め切り後に不漁続きのために経営が苦しくなって倒産をしたり、漁業を廃業せざるをえなかった漁師の話を聞きましたが、最近はさらに追いつめられて、自らの命を絶つ人たちの記事も

図1.4　潮受堤防締め切り4カ月後に小江干潟に散乱するハイガイの死骸の群れ〈佐藤編(7)より、富永健司氏撮影〉

新聞に報じられるようになりました。有明海漁民・市民ネットワーク（第6章参照）が、これら漁師の不幸な事例を取りまとめたものが、「週刊金曜日」[8]に掲載されています。

有明海を早急に再生させ、漁師たちとともに国民みんなが海の恵みを享受することができ、上記のような不幸な出来事が絶対起きないようにしなければなりません。有明海の再生を目標にして、二〇〇二年に議員立法で有明海特別措置法が成立し、国は再生のための基本方針と実施計画を立てました。ところがこのなかにおける国とくに中心となる農水省の対策は、後の第11章でくわしく紹介しますが、有明海荒廃の原因は依然として不明だから、原因を把握するために今後も調査と研究を続けて対策を考えるというものです。そこには、発生機構の解明にまだ足りないところがあることを理由に、疫学的に明らかな因果関係が教える必要かつ根本的な対策を避けようとする意図がうかがえます。

これより前に農水省は、歴史的ノリ不作の原因を調べるために、有明海ノリ不作等対策関係調査検討委員会（通称ノリ第三者委員会）を設置し、当時の農水大臣はその検討結果を十分に尊重すると公言しました。

その後同委員会は、科学的に慎重に検討した結果、原因を突き止めるためには、短期、中期、長期と順を追った水門開放による綿密な調査が不可欠であると提言しました。ところがこの結論を受けた農水省は、申し訳程度のごく不十分な短期小規模の開門調査をすませて、今後これ以上の開門調査は必要なく実施しないと発表して、当初の公言を破棄しました。

このように、一方では原因究明のための調査研究を続けるといい、他方では科学的に必要かつもっとも効果的な調査を、言を左右にして絶対に実施しようとしないのはとても奇妙なことです。

農水省が開門調査を拒否する理由に合理性が乏しいことは、第10章において示しました。なお開門調査の必要性については、干拓工事差し止めの仮処分を命じた佐賀地方裁判所の決定（二〇〇四年八月）をくつがえした、福岡高等裁判所の判決（二〇〇五年五月）においてすらも、国（農水省）は開門調査の責務があると述べているのです。しかし、農水省は即座に開門調査の実施を拒否するとの発表を行ないました。その理由は、これは責務であって強制力のある命令ではないからということですが、この論理は一般市民にはとうてい理解しがたいものです。納税は国民の責務すなわち義務といわれていますが、命令でないから税金を払う必要はないというのと同じ論理です。裁判所で争って払えとの判決が出て、初めて払えばよいとの思想です。

結局、国とくに農水省の再生策は、これまでに建設を推進した諫早湾干拓施設についてはなんら手をつけることなく、代替案としてさまざまなハード的施設と技術を主体にして、適当に選んだ漁場や閉鎖された淡水池（調整池）の環境の改善を試みるという内容でした（第11章）。たとえば、いまなお日本全体の四〇パーセントを占める広大な干潟が存在しているものの、その機能が喪失または低下していることが基本的な大問題であるにもかかわらず、これを放置してわずかな干潟を造成しても、しかも赤潮が頻発し底層で貧酸素水が広がる汚濁した海のままで造成しても、どれだけの可能性と価値があるのかは、だれもが容易に推察できるでしょう。

農水省を中心とする国の意向はどうであれ、本当の意味での有明海の再生は是非とも必要で、有明海を干拓事業開始以前の姿にもどすことは最小限必要なことです。そしてさらに、かつての豊饒の海に近づける努力が要請されます。そのためには、あの豊かさを誇った有明海がなぜ諫早湾干拓事業によって危機的な状況に陥ったのか、それから立ち上がるにはどうすればよいかなどを明確にして、真に有効な再生の具体策を定め、実施しなければなりません。

ここで有明海異変の舞台である有明海の概略の規模を記しておきます（図1・1）。面積一七〇〇平方キロメートル、湾の長さ九六キロメートル、平均幅一八キロメートル、平均水深二〇メートルで、他の内湾と比較すると、面積は伊勢湾よりも小さく、大阪湾や東京湾よりも大きく、平均水深は東京湾や伊勢湾と同程度です。そして三湾よりも湾がかなり長いことが、有明海の顕著な地形的特長です。

第2章　潮汐と干潟が日本一発達した有明海の自然

諫早湾干拓事業が有明海に与える影響を理解するためには、この海域の特性を把握しておくことが必要です。そこで本章と次章で、諫早湾干拓事業以前における有明海の特性について解説します。

1　有明海はなぜ日本一潮汐が大きいか

有明海はわが国で潮汐がもっとも大きいことで有名ですが、これには二つの理由があります。ひとつめはわが国の太平洋沿岸に比べて、有明海の入り口ですでに潮汐がかなり高まっていることです。本州の南方海域を東から西へ進んできた潮汐波は、南西諸島を通って方向を変え、浅い東シナ海に進入してから高まるので、有明海湾口に達したときの潮汐は太平洋岸における潮汐よりもかなり大きくなっています。二つめは、湾口から湾内に進入した潮汐は、有明海の振動特性のため、他の湾に比べより大きく増幅されるからです。

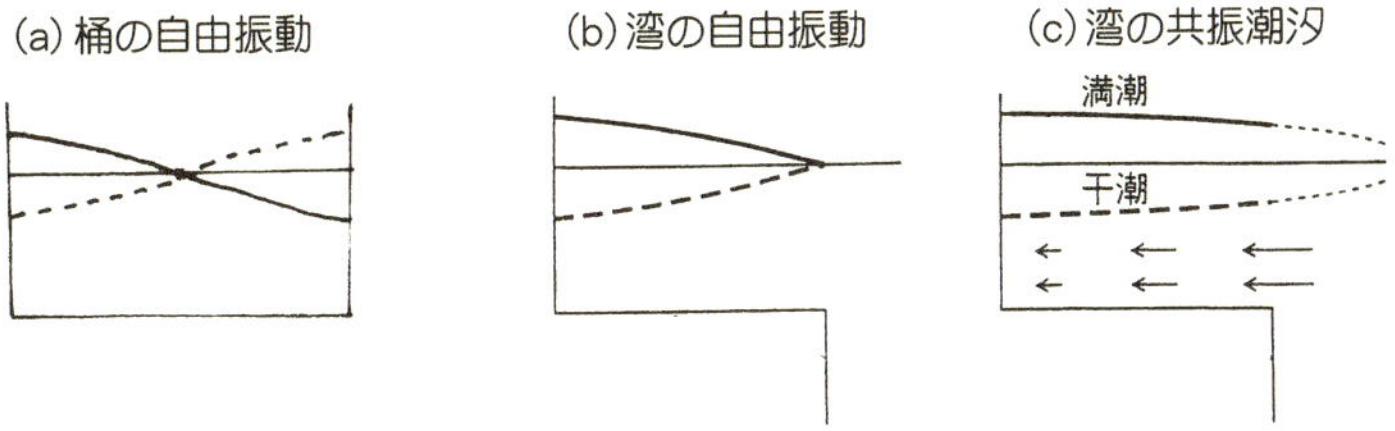

図2.1　流体振動系の振動、(a)桶の水の基本振動、(b)湾の水の基本振動、(c)湾の共振潮汐、矢印は上げ潮の流れ

（1）自由振動の周期が東京湾や伊勢湾よりも長い有明海

では、ここで内湾の潮汐の特性を調べてみましょう[9]。

水を張った長方形の桶に動揺を与えると、桶のなかの水は**図2・1**(a)のように振動します。これは振動系の自由振動や固有振動といわれるものです。湖の水も風がやんだあとなどに、同様な自由振動を行なっています。

内湾もまた同様な流体振動系で、**図2・1**(b)に示すような自由振動を行ないます。このような自由振動の周期は湾の形状で定まり、これを湾の固有周期とよびます。

湾の固有周期は、湾が長いほど、二次元的にはおおむね広いほど、また湾の水深が浅いほど大きくなります。なお自由振動には、糸を張った弦の振動から類推できるように、たくさんの振動が含まれますが、**図2・1**(a)、(b)に示されているのは、振動周期がもっとも長い基本振動です。有明海は東京湾や伊勢湾に比べて、平均水深にはそれほどの違いはありませんが、湾長が九六キロメートルもあって両湾よりもかなり長いのです。それで、基本振動の固有周期は、東京湾と伊勢湾では数時間の程度ですが、有明海は約八時間もあって、両湾よりも長くなっています。

(2) 共振潮汐

これに対して内湾の潮汐は、外海から進入してきた潮汐波が湾水に力を加えて揺れ動かした強制振動で、湾水は外力としての潮汐波と同じ周期で振動します。振動の形状は図2・1(c)に描かれています。このとき力を加える潮汐波の周期と、内湾の自由振動の周期が接近していると、共振(共鳴)の効果で湾水の振動は増幅されて発達します。これはブランコが自由に揺れる周期と同じ時間間隔で力を加えると、次第にブランコの揺れが大きくなることと同じ原理です。しかし、外力の周期と自由振動の周期との違いが大きいと、共振効果が弱くて振動は発達しにくいのです。このような性質をもつ内湾の潮汐振動は共振潮汐とよばれます。

有明海の固有周期は、上記のように、東京湾や伊勢湾よりも長くて半日の潮汐周期により近いので、有明海内部で潮汐は大きく増幅されることになります[9]。以上の二つの理由で、つまり、わが国の主要内湾に比べて大きな湾口潮汐と大きな増幅率のために、有明海はわが国でもっとも潮汐が発達しているのです。

(3) 分潮《ぶんちょう》と大潮・小潮

埋め立てや干拓による潮汐の変化を調べるさいに、分潮という言葉がよく用いられるので、ここで説明しておきましょう。

いうまでもなく潮汐は月と太陽の作用で生じます。潮汐を起こす力は起潮力とよばれていて、そのもとは天体が海水に作用する引力です。天体は周期的な運動をしていますから、起潮力も、そしてそれが起こす潮汐振動も周期的で、通常は一日に二回の満潮と干潮が見られます。

しかし詳細に見ると、天体の運動は完全に周期的ではなく、多少の変動をともなっています。たとえば地球と天体との距離は一周する間に変化しますし、一周する時間も微妙に変化しています。ですから潮汐振動も完全に周期的ではなく、分解すると数多くの規則的振動成分にわかれます。この潮汐の規則的振動成分を分潮といいます。

これらのなかでもっとも重要なものは、わが国の湾の場合、月に起因する周期一二・四二時間のM_2分潮（主太陰半日周潮）で、つぎは太陽に起因する周期一二・〇〇時間のS_2分潮（主太陽半日周潮）です。MとSはそれぞれ月と太陽を、添え字2は一日に二回振動の山と谷があることを表わします。その他一日周期、半月周期、半年周期の分潮などたくさんの分潮が存在します。分潮の大きさは振動の谷から山までの高さの差（分潮の潮差）、またはその半分の振幅で表わされます。

自然界のノイズの影響を少なくするために三年間の平均値で見れば、有明海においてはM_2分潮の振幅は干拓事業の開始のころ（一九八五〜一九八七年）では、湾奥近くの大浦では一五五・六センチメートル、湾口の口之津《くちのつ》では一〇〇・八センチメートルで、増幅率は一・五四になります。地点位置は**図1・1**を見てください。一方、同じ期間におけるS_2分潮の増幅率は、一・六一であってM_2分潮よりやや大きくなっています。有明海の固有周期は、M_2分潮よりもS_2分潮の周期に近いので、S_2分潮の増幅率が少し大きいのです。

ところでM_2分潮とS_2分潮の周期はわずかに異なるので、両者の重なり具合が日々ずれてきて、よく知られているように潮汐は半月ごとに大潮と小潮をくり返すことになります。大潮は両天体の作用が強めあったとき、小潮は弱めあったときに生じます。

潮汐が環境に与える影響を考えるときには、一般に大潮や小潮の大きさが重要です。大潮のときの満潮と干潮の高さの差、つまり大潮差の平均は、M_2分潮とS_2分潮の振幅を加えたものの二倍で近似されます。このようにして求めた平均大潮差は、湾口の口之津で二・九メートル、大浦で四・五メートルになります。ただし個々の大潮の場合は、他の分潮の影響も加わって、潮差がこれらの値より大きくなる場合も多く、とくに最湾奥部では、ときに潮差が最大六メートル以上に達する大潮も出現しています。

（4）潮汐にともなう潮の流れ

潮汐に対応する水平方向の海水の流れが潮流で、湾の幅が一様な矩形湾《くけいわん》における流れの分布が模式的に**図2・1**(c)に書き加えてあります。これは上げ潮の場合を表わしたもので、湾内全体が湾奥に向けて流れています。下げ潮の場合は逆向きです。なお流れは湾口でもっとも強く、湾奥に向けて次第に弱まり、湾奥でなくなります。

これは湾内の任意の横断面を考えたとき、この断面より奥全体の水面変動にともなう水量の変化は、この断面を通過する流量に等しいからです。なので、湾口の通過流量は、湾内全体の水面変動量をまかなうために最大にならなくてはなりません。このために諫早湾干拓事業のように、湾奥付近の事業で湾の潮汐が小さくなると、意外にも、潮流による通過流量の最大の減少は遠く離れた湾口に現われることに十分に注意を要します。

断面の通過流量に関してはこのとおりですが、狭いところで流れが強まるように、流速は地形の影響を強く受けます。潮流は潮位に比べて、地形の影響を受けやすいので局地性が強いことに留意しなければなりません。たとえば一様な流れのなかの小さな島を考えると、流れは島の前面では止められ、島の側面ではいわゆるビル風の効果で強まり、後面では渦のために複雑に動き、ときに逆向きの流れも生じます。また突き出た岬の周りの流れも単純ではありません。

このほかに、潮流は一般に表面から底まで一様に流れる傾向がありますが、海水の密度が下層が上層より大きい密度成層した海域では、潮流が深さ方向に大きく変化することもあります。したがって少数の地点と観測層による潮流観測では、湾内における潮流の分布特性を正しく把握することは一般的には困難です。

（5）湾奥近くまで潮流が強い有明海

図2・2に有明海の大潮時における平均流速の分布を示しておきました。一ノットはほぼ毎秒〇・五メートルです。東京湾や伊勢湾の奥付近では毎秒数センチメートルから一〇センチメートルの程度です

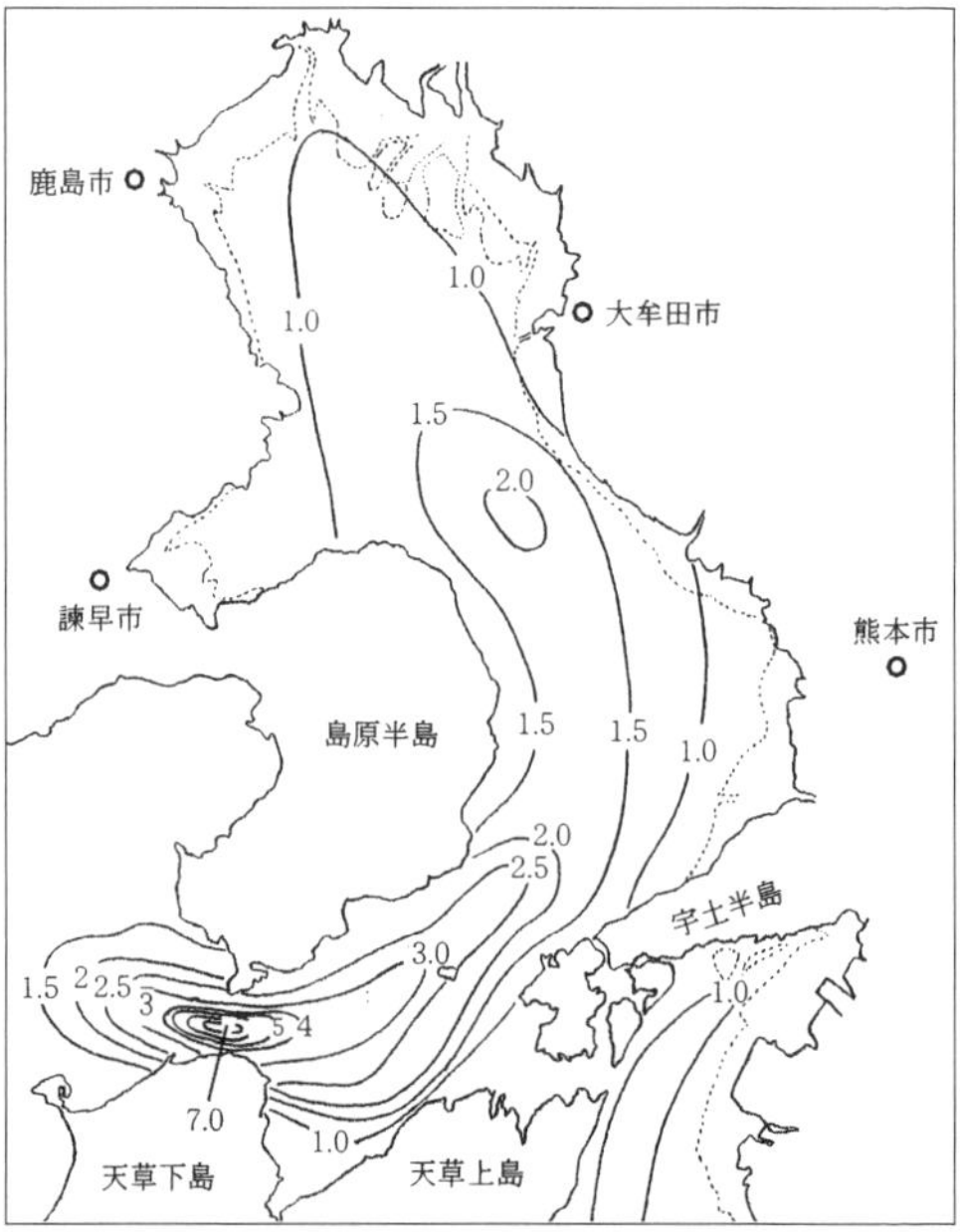

図2.2　有明海の大潮時における平均流速（ノット）〈海上保安庁（10）による〉

が、有明海では湾奥近くにおいても一ノット、すなわち毎秒五〇センチメートルという大きい潮流が出現しています。潮汐が大きいので潮流もそれに応じて強くなっているのです。

とくに干潟のみお筋の流れは顕著です。全般的には湾奥から湾口に向けて、また沿岸部から湾中央部にかけて流れは強くなります。とくに湾口の早崎瀬戸では、共振潮汐の特性のほかに、口が狭まった効果が加わるために、じつに七ノット、つまり毎秒三・五メートルという著しく強い流れが生じています。この流れが及ぼす力は、風に換算すると毎秒約一〇〇メートルの風力に相当し、通常の平地では経験できない風の強さで、この潮流の強大さが想像できます。

2　日本でいちばん干潟が広い有明海

前掲の**図1・1**には、海上保安庁の海図をもとに有明海の水深分布も示されています。海図の水深ゼロは船舶の航行の安全を考えて、潮がもっとも退いたところに定めてあるので、水深ゼロの地点から陸岸までの範囲が干潟とみなされます。水深ゼロの線は、**図2・2**にも点線で描かれています。

(1)　干潟の面積

これらによれば、干潟の範囲が数キロメートルにも及ぶ沿岸が広く認められます。有明海の干潟の面積は一九五〇年代には二三八平方キロメートルと見積もられていましたが、一九八九年には二〇七平方キロメートルに減っています。この間の干潟の減少は、沿岸開発による干拓や埋め立てによりますが、海底炭鉱の陥没も加わっています。かつて石炭を求めて三池港から柳川の沖にかけての海底を、坑道が縦横無尽にのびていましたが、石炭の生産停止のために閉鎖されて放棄され、その後徐々に崩落したのです。なお陥没地の埋めもどしもある程度進められました。

ここで埋め立てと干拓の相違を述べておきますと、埋め立ては海に土砂を投入して陸地を新たに作ることで、埋め立て地は海面より高いところにあります。一方、干拓はこれまで潮が上げ下げしていた干潟に堤防を築いて、土砂を投入することなく内側の干潟を干し上げて陸地にすることです。それゆえ当然ながら、干拓地は満潮時には海面よりも低くなり、排水に苦労することが生じがちです。

なお、今回の諫早湾の堤防締め切り後では、有明海の干潟面積は約一八〇〜一九〇平方キロメートルになったと考えられています。日本全体でも高度成長期以来、とくに主要内湾と瀬戸内海を中心に、沿岸各地で干拓・埋め立てが活発に行なわれて干潟面積が著しく減少しました。その結果、有明海の干潟はいまなお日本全体の干潟面積の約四〇パーセントを占めるほどの広さで、依然として日本でいちばん干潟が発達しています。

有明海で干潟がこのように発達したのは、干満差が著しく大きいことが基本ですが、河川を通って陸地から大量の土砂が運ばれて堆積することも重要な要因です。このように広大な干潟とそれに続く浅海域は、きわめて高い生物生産の能力をもっています。

(2) 干潟・浅瀬の驚くべき浄化機能

さらに最近では、干潟・浅瀬がもつ海水浄化能力が非常に高いことが注目されています。以下、この問題をわが国で最初に、中心となって研究を進めて成果を上げられた佐々木克之氏の説明にしたがいます[11]。この高い浄化能力は、浄水場の働きにたとえればつぎのような内容になります。

第一は浄水場の二次処理的な機能、つまり有機汚濁物質の除去です。これには、アサリなどの大型底生生物が海水を濾過して浮遊有機物を餌にすることによる除去、底生生物が底泥《ていでい》を食べることによる除去、またた海底のバクテリアが有機物を分解して再び浮遊物として海水中に出ていくことを防ぐ作用、などが含まれます。

第二は浄水場の高度な三次処理的機能、つまり窒素やリンの除去です。これは、微生物が水中に溶けている栄養塩の窒素に作用して大気中へ放出すること（脱窒作用）、人が漁を行なって漁獲物を外部へ取り上げること、鳥類が干潟におけるさまざまな生物を食べて外へ取り出すこと、アオサやアマモのような大型藻類による取りこみ、などによって実現されています。なお外部へ取り出されない場合にも、水中の栄養塩が生物の体内へ一時的に貯留されることも、赤潮や貧酸素が問題になる時期には、水質悪化を防ぐうえで非常に有効な働きをします。

佐々木氏が具体的に三河湾の一〇平方キロメートルの一色《いっしき》干潟がもつ浄化機能を定量的に評価した例によると、一色干潟がもつ浄化機能を活性汚泥法（有機物を含む下水や排水を好気性微生物を用いて浄化する方法）による下水処理施設の能力に換算すると、一日の最大処理水量が七五・八トン、計画処理人口が一〇万人、処理対象面積が二五・三平方キロメートルの下水処理施設の能力に匹敵し、干潟の浄化機能の凄さには驚かされます。これだけの下水処理施設を設置するとすれば、最終処理施設の建設、埋め立てによる処理場の用地造成費、延長二〇〇キロメートルの下水管設置費、ポンプ施設、および維持管理費などを加えると、総額約八七八億円の巨額が必要となります。この処理場の場合には維持管理費が必要ですが、自然の干潟にはその必要はなく、さらにアサリその他の生産物による大きな利益が得られます。

このようなことから、わが国でもっとも広大な有明海の干潟が、海域の浄化にどれだけ大きな役割をはたしているかが想像できます。一方、干潟の喪失、また喪失するにいたらなくても赤潮、貧酸素、ヘドロなどの発生による環境の変化で、干潟が正常な機能がはたせない状態に陥っていることが、有明海にとってどれだけ大きなマイナスになっているかも理解できると思います。

3　日本でいちばん浮泥が多い有明海

図2・3に、衛星画像と現場観測で得られた有明海の浮泥、すなわち懸濁《けんだく》物質（SS）の濃度分布を示しておきました。[12] ここでは、浮泥の濃度を、一立方メートルに一グラムの単位（ppm）で表わした数値を用います。

菊池川と緑川沖の熊本県沿岸と諫早湾の湾奥に、濃度が五〇〇をこす高濃度の浮泥域が存在しますが、有明海湾奥部の広大な範囲に、それ以上のきわめて高い濃度の浮泥域が広がっていることが注目されます。そこでは浮泥濃度が一〇〇〇をこえる領域が、**図1・1**に示される干潟域をはるかにこえてその沖にまでのびています。そして海の色は年間を通して黄褐色あるいは茶褐色を呈します。とくに筑後川の河口域では、干潮時には二〇〇〇にも及ぶ高濃度が出現しています。

このように広範囲に浮泥が発達している海域は、日本では有明海以外には見られません。本海域における浮泥の濃度は、さすがに中国大陸の黄河（平均三万）には及ばないものの、平均濃度が一〇〇〇〜二〇〇〇の長江（揚子江）にほぼ匹敵する濁りです。

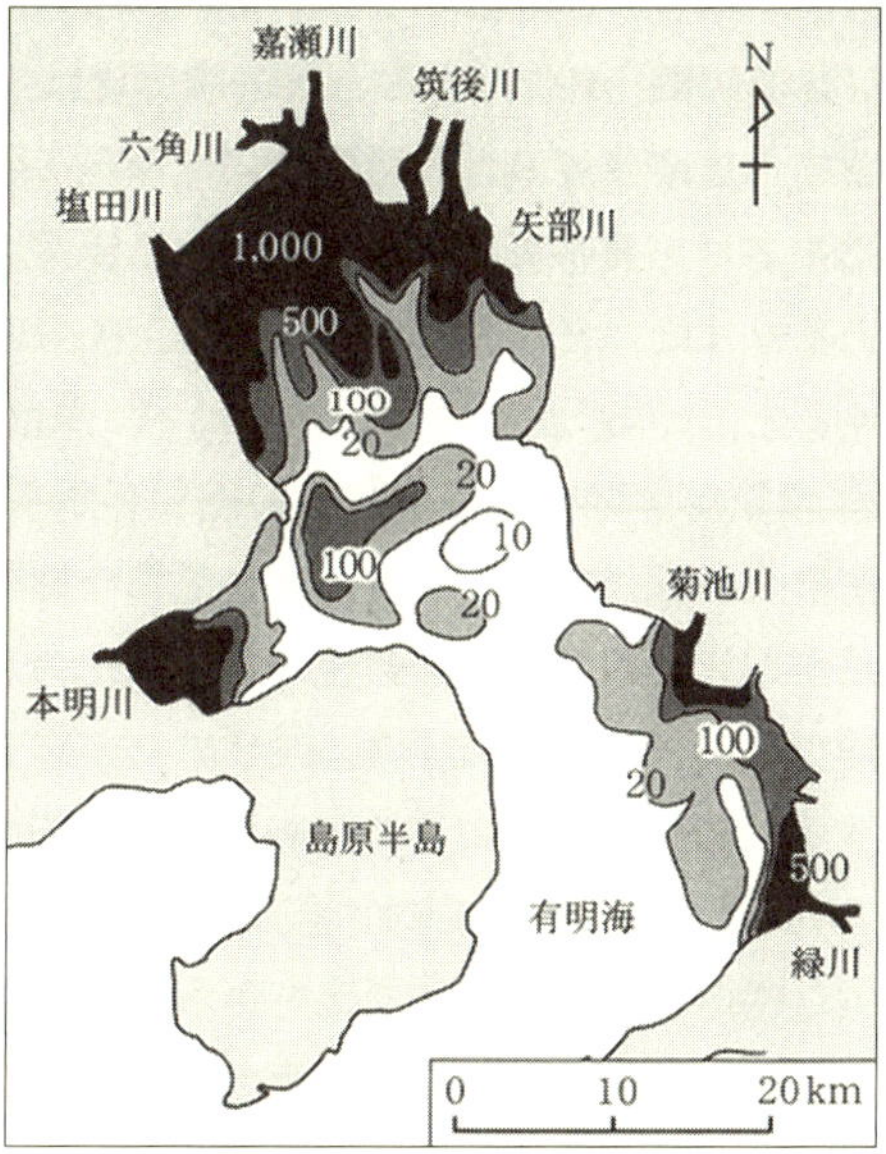

図2.3　有明海における浮泥の濃度分布（g/m³）。人工衛星画像（1979年12月20日）と船上調査をもとに作成〈代田（12）による〉

したがって有明海の透明度は、年間を通して〇・五メートルから三メートルと小さく、場所によっては〇・一メートルにすぎないところもあります。透明度は、直径三〇センチメートル程度の白い円盤をひもの先につけて水中に垂らし、それが見えなくなる深さをメートルの単位で表わしたもので、だれでも簡単にかつ誤差が少なく測れるものです。透明度が数十センチメートル以下の海域は、通常では、きわめて汚濁が激しい湾奥の港湾区域の顕著な閉鎖水域に見られるものです。ただし透明度は外海に近づくにつれて大きくなります。

海には陸地から河川を通ってさまざまな物質が運ばれてきますが、浮泥の起源はこのなかに含まれる細かい粘土粒子です。粘土粒子は河川のなかでは分散していますが、海に出ると塩素イオンと反応して粒子同士がくっつきあって凝集する性質をもちます。このときに、水中の栄養塩や有機物なども吸着して綿毛状の懸濁物質、すなわちフロックになり、その大きさは数ミクロンから数ミリメートル、場合によっては数センチメートルの大きさに成長します。大きくなった懸濁粒子は沈降し、堆積して干潟の底泥となります。しかし、有明海では上記のように潮流が著しく強いため、その激しい巻き上げ作用によって再び浮上します。このように、有明海の豊富な浮泥は、筑後川をはじめとする多くの河川からの淡水の流入によって新たに作られる懸濁粒子と、強い潮流によって沈積と巻き上げをくり返している古い懸濁粒子から形成されているのです。

一般には、透明度が低く、水色が悪く、浮泥が多い海は、汚濁の海とみなされています。事実、沿岸開発が進んだ主要内湾の奥部はこの状態で、生態系も漁業も衰退しています。ところが大量に存在する浮泥が、じつは宝の海といわれていた有明海の高い生産性を支えてきたのです。このことは第3章1節で述べることにします。

4　海の構造

つぎに潮汐と潮流が発達した有明海の海の構造——海洋構造について考えます。

海洋構造とは、水温、塩分、密度などの空間分布を表わすもので、海洋環境の基礎になるものです。海水の密度つまり重さは、水温と塩分によって定まり、水温が低いほど、塩分が高いほど海水は重くなります。一般的には春から秋にかけての暖候期には、深くなるにつれて水温は低く、塩分は高くなるので、両者はともに密度を下方に向けて増大させ、密度成層を強めます。したがって塩分の鉛直分布を見て密度成層のおよその状態を知ることができます。しかし秋から春にかけての寒冷期には、表面近くの水は冷やされて水温は下方に向けて高くなるので、水温は塩分と逆に密度成層を弱める働きをしていることを認識しておく必要があります。

有明海の中央部における水温と塩分の鉛直分布が、一年間を通してどのように変化するかを**図2・4**に示しておきました[13]。

有明海では潮流が強いために上下によく混じって、全般的に値が一様になる傾向が強く認められます。ただし、河川水の流入が多い暖候期には、表層には淡水を多く含んで低塩分の軽い水が、下層には外海の影響を受けて塩分が濃い重い水が層状に重なる成層構造が出現していることが注目されます。成層構造が顕著であると、鉛直混合は著しい制限を受けます。なおこの季節では、河川水と海水の温度差が小さいので、成層構造の影響は水温の分布からは、直接的には認めにくくなっています。一方、暖候期であっても、潮流が非常に強い湾口部では、成層構造は弱くなっています。

図2・4と比較するために、**図2・5**の(a)と(b)に東京湾中央部における水温と塩分の鉛直分布の季節変化を示しておきました。潮流の弱い東京湾のほうが、有明海よりも成層構造が発達していることが認められます。

成層の強さの程度を表わす指数は、水深をH、潮流の振幅をUとしたとき、理論的にはH/U^3に比例します。水深が大きいほど、潮流が弱いほど成層しやすいのです。とくに潮流の強さの三乗に逆比例することに注意を要します。たとえば潮流が三パーセント減少すれば、成層度の指数は潮流減少量の三倍、

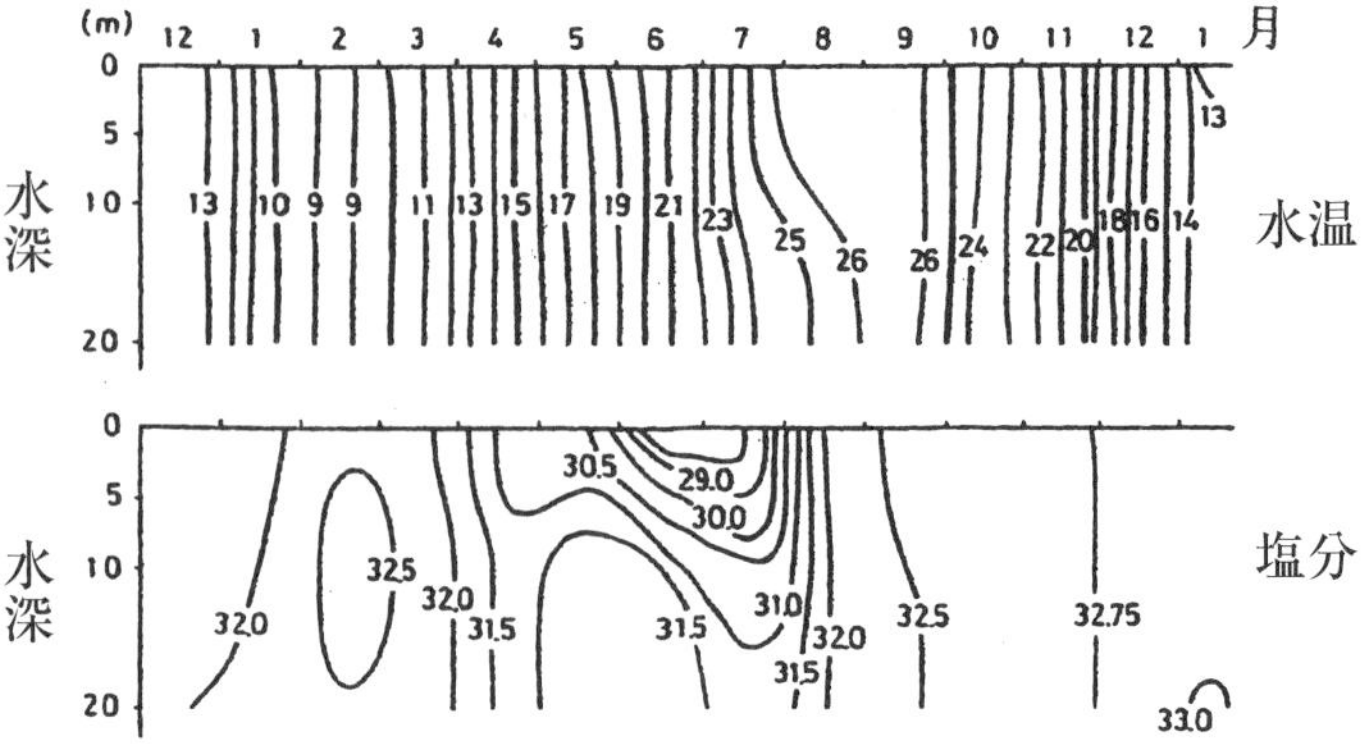

図2.4 有明海中央部における水温(上、℃)と塩分(下)の鉛直分布の季節変化〈井上(13)による〉

すなわち九パーセントも強くなります(潮流の変化率を$\Delta U/U$とすれば、成層度の指数の変化率は$-3\Delta U/U$です)。このようにわずかな潮流の減少でも、成層が著しく強化されます。したがって人為的原因で海の成層に変化が生じると、それが鉛直混合を大きく変え、海水の動きや海水交換、さらには物質の分布や循環にも大きな影響を与えることに注目する必要があります。有明海で堤防締め切り後に、この指数が増加したことが指摘されています[14]。

成層構造が物質の分布に及ぼす影響を理解する一例として、**図2・5**の(c)に東京湾における溶存酸素の分布を加えておきました。一般に表層では大気から酸素が溶けこみ、また光合成作用によって酸素が発生するので、年間を通して酸素が豊富に存在します。しかし暖候期には、安定した成層のために、この豊かな表層の酸素が下方へ運ばれることは難しくなります。

一方、底層においては、とくに窒素やリンが豊富な東京湾のように赤潮が発生しやすい海域で顕著なのですが、プランクトンや魚の死骸や糞、また川から流入した有機物などが多量に沈んできます。これらは微生物によって分解されますが、そのさいにたくさんの酸素が消費されます。

しかし成層が強い季節には、表層の豊かな酸素が下方へ補給されないために、**図2・5**(c)に示されるように、底層水は貧酸素の状態に、ひどいときは無酸素になります。このために微生物による分解ができなくなって底泥はヘドロ化し、生物が生存できない状態が生じます。このように窒素やリンが増えて富栄養化した海では赤潮と貧酸素が生じます。有明海でどうであったかは、次章で説明します。

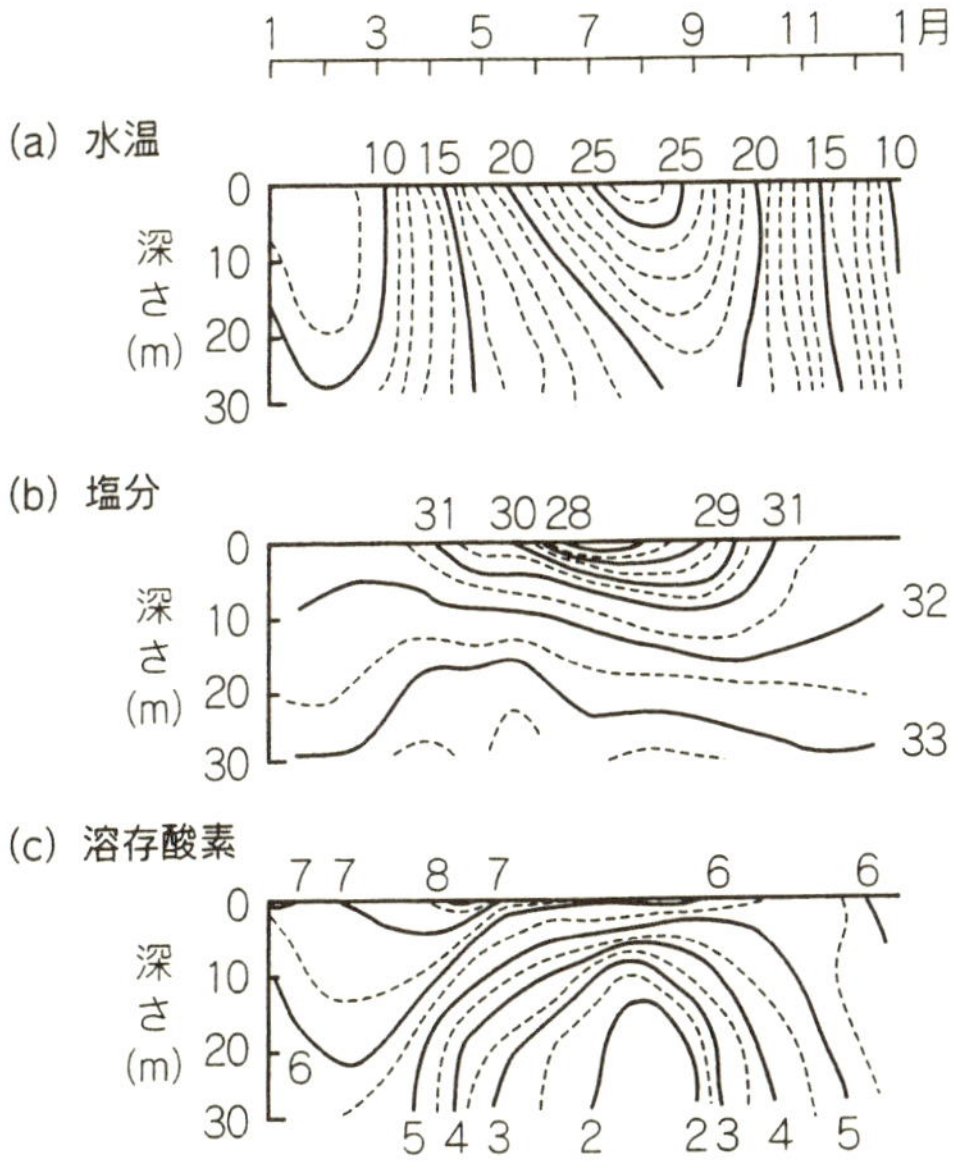

図2.5 東京湾中央部における水温(上、℃)、塩分(中)、溶存酸素(下、mℓ/ℓ)の鉛直分布の季節変化〈宇野木(15)による〉

5　海水の循環

有明海では周期的に変化する潮流が発達していますが、潮流とは異なる残差流または恒流《こうりゅう》とよばれる流れも存在します。残差流は実際の流れから周期的な潮流を除いた残りの流れで、恒流はその平均の流れを表わします。残差流といえば、なにかあまりものという印象を与えますが、けっしてそうではなく本質的に重要な流れです。

周期的に変化する潮流は、流れは強くてもたんに行ったり来たりするだけですから、海水や物質の輸送にはそれほど大きな効果をもっていません。一方、残差流や恒流は、潮流に比べて流速はかなり小さいのですが、一方向に流れていくので輸送の能力は大きく、海水交換や物質循環に非常に重要な役割をはたしています。残差流・恒流には、密度成層にともなう密度流、風による吹送流《すいそうりゅう》、および潮流と地形が結びついて形成される潮汐残差流などが含まれます。

（1）水平循環とコリオリの力

図2・6は、海上保安庁が作成した有明海の表層三メートルの恒流図です。流れの分布は複雑ですが、二つの顕著な流系の存在が認められます。ひとつは有明海北部の干潟の外側海域に卓越している反時計回りの環流です。もうひとつは有明海南部の島原半島沿いに南下する強い恒流で、〇・六から〇・九ノ

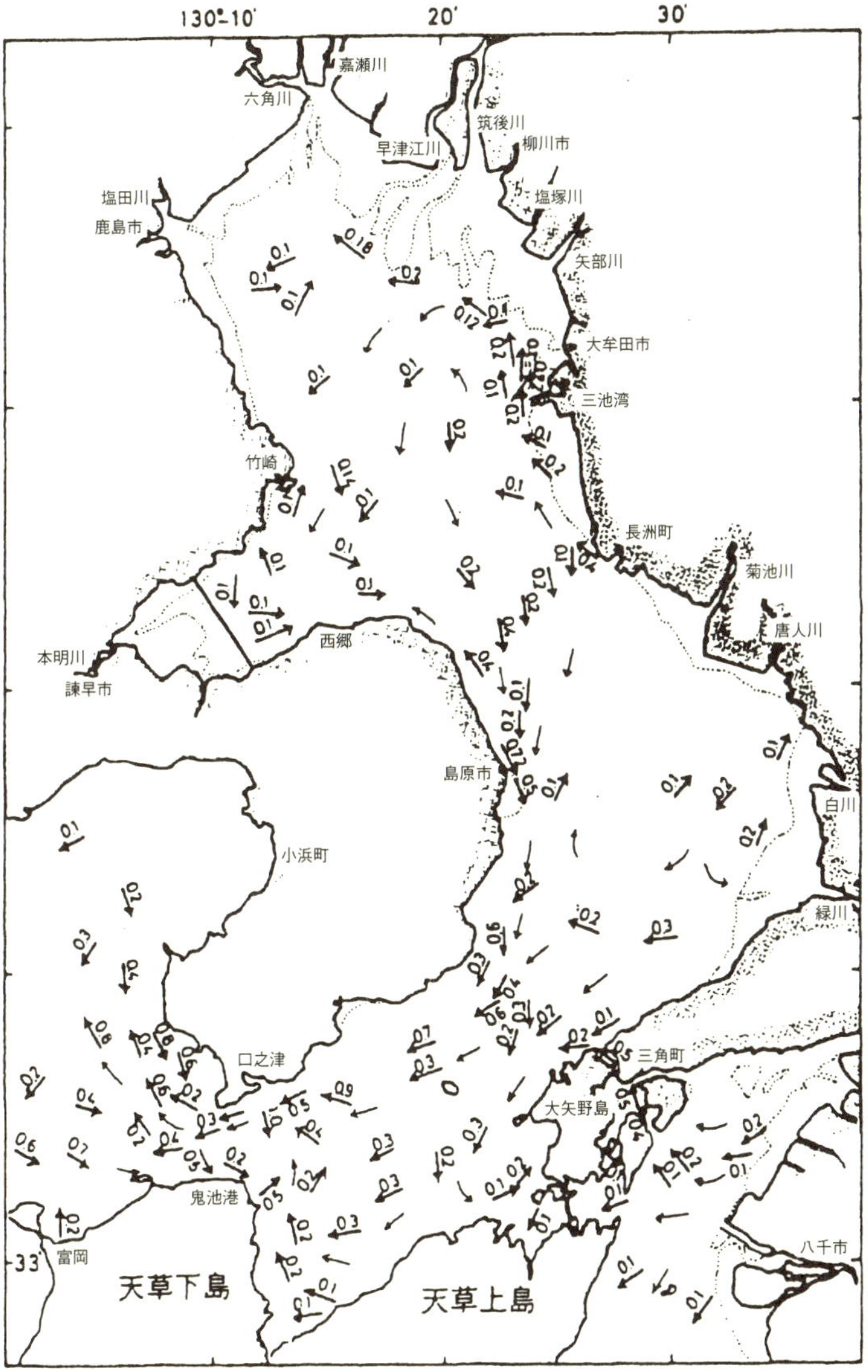

図2.6　有明海における恒流の分布（ノット）〈海上保安庁（16）による〉

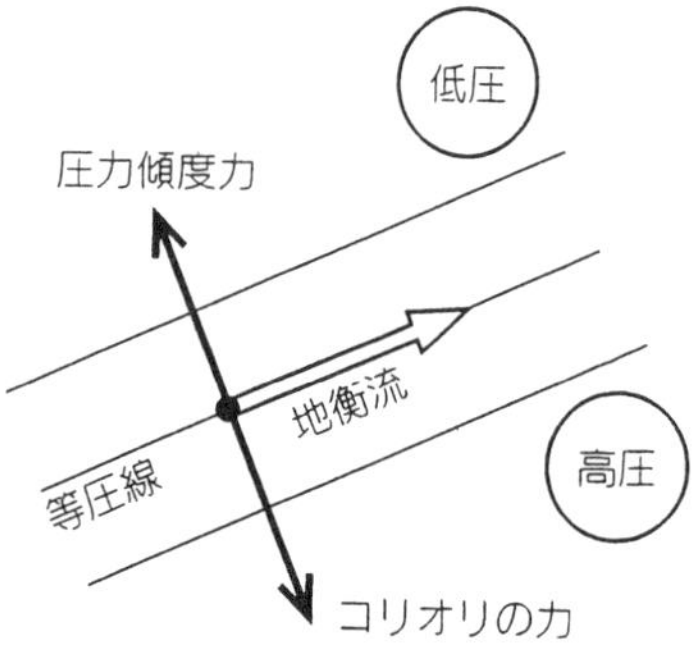

図2.7
自転する地球上の海水の流れ（地衡流）。時間的に変わらない定常な流れでは、圧力の高いところから低い方へ向く圧力傾度力（等圧線に直角）と、地球自転にともなうコリオリの力（北半球では運動方向の右方を向く）が釣り合っている。2つの力が釣り合うためには、海水は等圧線に平行で、低圧部を左手に見て流れねばならない。大気の風も同じ

ットに及ぶものもあります。島原半島沿いのような強い恒流は他の湾ではめったに存在せず、有明海のひとつの特徴といえます。そして二つの流系のいずれも、岸を右側に見て流れていることが注目されます。なお岸を右に見る流れは、有明海の東岸においても見出されます。

このように流れが岸を右に見て進むのは、コリオリの力という特別な力が作用しているためです。コリオリの力は地球自転の効果によるもので、北半球では動いている物体を進行方向の右方に逸らそうとする働きをします。天気図で見ると、風は気圧の高いところから気圧が低い方へまっすぐに吹きこまず、不思議にも等圧線に平行に吹いていますが、これはコリオリの力の作用によるものです。その理由は**図2・7**で説明してあります。なおこの力は時・空間的に規模が大きい運動に対して効果を発揮するもので、私たちが日常経験する物体や水の運動の場合には、力は作用していますがその効果を認めることはできません。

いま有明海において岸を右に見て進む恒流の場合には、コリオリの力が作用しているので海水は右の方へ押しつけられて、岸側の水面が高まっています。このとき岸から沖の方へ向かう圧力傾度力が生じ

ます。そしてこの力と、岸の方に向かうコリオリの力とが釣り合うことによって、岸を右に見て岸に沿う安定した流れが維持されるのです。

（2）エスチャリー循環

前項では水平面内の循環に注目しましたが、深さ方向の流系、すなわち鉛直循環も非常に重要です。**図2・8**に示すように、湾奥に川が流入する場合を考えると、上層では湾奥から湾口へ、下層では逆に湾口から湾奥に向かう流れが発生します。これをエスチャリー循環とよびます。エスチャリーは河口域と訳されることが多いですが、私たちが考える河口域よりも範囲が広く、河川水の影響が強く及んでいるということで有明海や東京湾などもこれに含まれます。なおこの循環は、海水密度の分布が一様でないことにより生じますから、密度流の性格をもっています。

この鉛直循環の流量を複数の湾で調べたところ、季節や条件によって変化はありますが、河川流量の数倍から一〇倍、場合によっては二〇倍以上にも達しています[15]。このように強い鉛直循環の存在は、内湾水と外海水の交換や物質の循環にとって非常に重要です。交換が悪いと、海水が停滞して汚濁しやすく

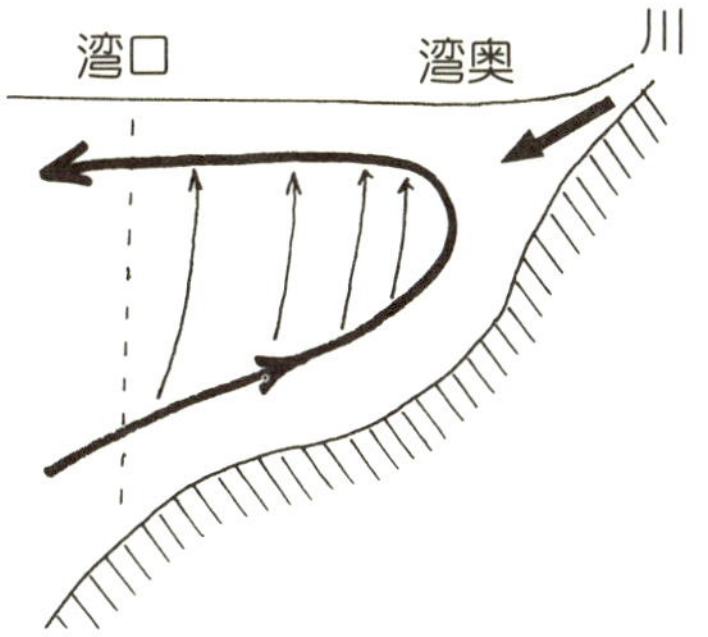

図2.8　河川水の流入にともなって発達する内湾の鉛直断面内の循環

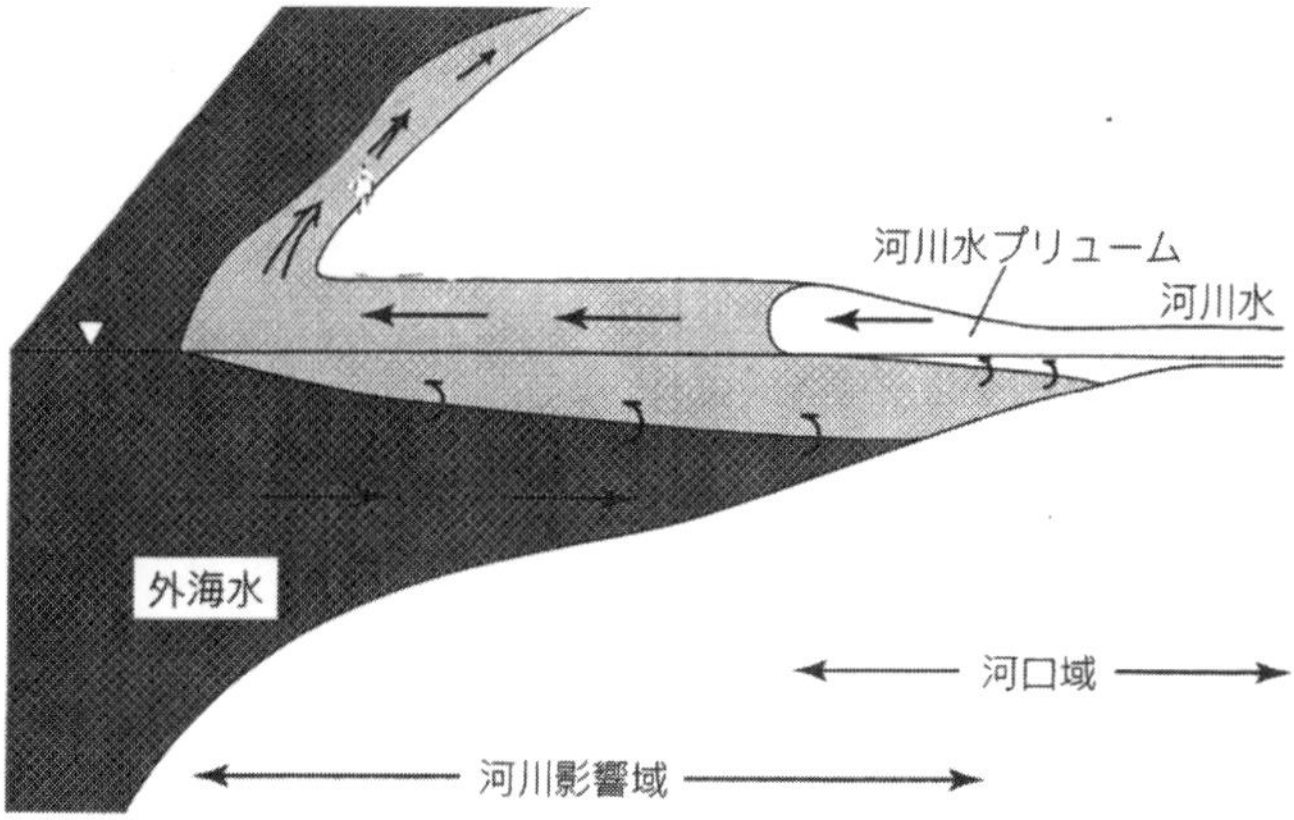

図2.9　河川が流入する沿岸のエスチャリー循環の模式図

なり、湾内の環境は悪化し、ひいては生物生産も衰えます。

いま、河川水が湾の奥に流入した場合を考えると、不安定が発生して、これを解消するために、軽い水は表層に重い水は下層に移動する運動が生じます。このときは最初に比べて系全体の位置エネルギーが減少するので、力学の根本原理であるエネルギーの保存則が成り立つために、この減少した位置エネルギーが運動エネルギーに転換されなくてはなりません。この結果として上記の強い鉛直循環が発生するのです。またこれには、乱れによる下層水の上層への取りこみ、いわゆる連行作用が加わっています。

これまでは水平循環と鉛直循環を便宜的にわけて説明しましたが、実際にはエスチャリー循環は三次元的な構造をもっています。この循環形態を模式的に**図2・9**に示しておきました。この循環にもコリオリの力が作用しているので、表層で湾口に向かう流れは右方の陸岸に沿って流れていて、湾口から外海に出たのちにも右に曲がって岸に平行に進む傾向があります。一方、底層で湾奥に向かう流れも右方に、したがって表層とは逆の陸岸の方へ押しやられて、岸に沿って流れることが生じます。

有明海では奥が閉じているので、表層の岸沿いの流れは**図2・6**が示すように反時計回りの環流を形成します。そして、この循環は有明海奥部から西側の沿岸域にかけて、栄養塩を多く含む筑後川などの河川水を運んでくる機能をもつという点で注目されます。またこれまで諫早湾の干潟が沖の方へのびたのは、筑後川方面から浮遊砂泥が運ばれてくるためであるという諫早湾奥部農民の話がありますが、これが事実だとすれば、この流れの影響が示唆されます。第5章4節でくわしく述べていますが、有明海漁業被害の裁定委員会の専門委員が行なった染料拡散の数値実験によれば、恒流図記載の測流地点よりさらに奥の干潟域においても、同様に岸沿いに筑後川前面から諫早湾方面への物質輸送が認められます[17]。

一方、下層の流れについては観測データがきわめて不足していて、よく理解できていません。エスチャリー循環として、有明海の東岸沿いの下層に湾奥に向かう流れが期待されますが、湾南部の湾口に近いところでは物質や生物の分布などから、それが存在する可能性は高いと指摘されています。ただし有明海湾口付近の潮流が非常に強い範囲では、この密度流の性格の流れは乱され、弱められていると考えなくてはなりません。また上記の裁定委員会の専門委員の数値計算結果では、諫早湾前面域の底層においては、有明海奥部に向かう谷地形に沿う流れが認められて注目をひきますが、これもエスチャリー循環の一部と考えられます。

（3）変動する流れ

ここまでは恒流図にもとづいて、平均流の分布を述べましたが、実際には時間的にも変動しているので、この変動流にも注目する必要があります。しかし残念なことに、干拓事業以前の流れの変動に関する観測結果はほとんどなく、私たちの理解は著しく欠けています。

流れの変動に対して、まず風の寄与は大きいと思われます。有明海では寒候期には北寄りの、暖候期には南寄りの季節風が卓越しています。木谷浩三氏の最近のデータ解析によれば、北寄りの風による吹送流は**図2・8**と同じ向きの鉛直循環を生じて、エスチャリー循環を強めています[18]。一方、南寄りの風による吹送流は上記と逆向きの循環で、エスチャリー循環を弱めています。なお高低気圧の通過にともなっても風は変動し、上記と同じような流れの変動が生じていると思われます。

ただし有明海の流れの変動に関しては、その実態も環境に及ぼす効果についての理解は乏しく、今後の研究をまたねばなりません。

（4）表面近くの流れ

これまでの流れに関する観測は、水面下二メートル以深におけるものです。しかしながら有明海湾奥海域で赤潮が発生している層は、塩分低下した表層であり、とくに秋季はその層は薄いので、その場所の流れを理解することが重要です。しかし、この薄い層の流れを従来の測流機器で調べるのは困難なので、高橋徹と堤裕昭両氏は、風の影響を小さくするために抵抗板をつけた漂流ブイを、GPS（測位システム）で追跡する観測を試みています[19]。その結果にもとづいて、以下のことが報告されています。

湾奥部において、反時計回りの循環の存在は認められたものの、多くのブイは複雑に向きを変えながら、湾奥部に停滞していました。諫早湾内に投入したブイは、湾内にとどまるものが多いのですが、なかには有明海を横断して、対岸の荒尾や大牟田方面に達したものもありました。このときは湾外のほかのブイも同様な方向に動いていました。

一方、諫早湾口部に投入したブイで、天草方面にまで南下するものは、予想に反してありませんでした。この観測は、潮受堤防締め切り後になされたもので、この湾奥部における海水の停滞性が締め切りの影響によるものかどうかは、締め切り前のデータがないのでわかりませんが、注目すべき事実です。

このように従来の流測計では測れない流れの状況が観測されましたが、これらの流れは有明海の物質の輸送や赤潮の発生に密接に関係すると予想されます。風の影響など検討すべき点はあるように思われますが、今後のくわしい観測結果が期待されます。さらに最近では、短波海洋レーダを用いて微小な起伏のある海面からの後方散乱波を測定し、表面の流れを推測する試みもなされて、有望視されます。

6　海水の交換

ここでは有明海における海水の交換の速さを見てみましょう。

内湾の水は淡水で希釈されていますが、内湾に存在する淡水の総量を単位時間に内湾に供給される淡水量（この大部分は河川水で、ごく一部が海面への降水量から蒸発量を差し引いたもの）で割れば、内湾の淡水が交換する時間（淡水の滞留時間すなわち交換時間）がわかります。柳哲雄氏によれば、有明海全域を考えると、この値は干拓事業開始後のものですが、年平均で一九九〇～二〇〇〇年の間に一・五～四カ月の間を変化し、平均二カ月余となっています。[20] この値を大阪湾の年平均淡水滞留時間の一・五カ月と比べると、かなり大きな値といえます。[21] また、交換時間の求め方が異なるので正確な比較はできませんが、年平均の海水交換時間は東京湾でも一・五カ月の値が得られています。[9] したがって有明海は他の主要内湾に比べて閉鎖性が強いことが理解できます。

ただし、河川水に含まれる窒素やリンなどの栄養塩の湾内における滞留時間は、河川水（淡水）の滞留時間よりもはるかに長いことに注意する必要があります。これらは物理的・化学的・生物的過程のもとに湾内で循環しているので、それだけ湾内での滞留時間が長くなるのです。[22]

第3章

宝の海であった有明海

青山恒雄氏によれば、一平方キロメートル当たりの漁獲量によって海域の生物生産力を比較すると、かつての有明海は年間二〇トン以上もあり、瀬戸内海とならんで、日本の沿岸漁場で最高水準を誇っていました[23]。宝の海とか豊饒の海といわれたのも当然でしょう。一方、代田昭彦氏は、岡市友利氏が定義した海域の栄養の程度を表わす指数を計算すると、有明海奥部はその指数が非常に高く、瀬戸内海よりも汚染が進み、赤潮が発生する条件をつねに備えているという結果を得ました[24]。ところが実際には、問題になるような赤潮の発生は一度もないと述べています。**図1・3**を見てください。

有明海は口が狭くて内部が長くのびているので、地形的に他の内湾に比べて閉鎖性が強く、海水交換が悪いことは、第2章6節で明らかにしました。したがって、河川からの多量の栄養塩負荷にともなって、汚濁を招きやすい海域といえます。それにもかかわらず有明海はなぜ宝の海でありえたか、その理由を考えます。また有明海では、隣接する八代海を除けば、他の内湾には見られないような生物の特産種や準特産種が数多く生息していて、日本ではきわめてユニークで多様な生物相をもっています。また潮汐が大きくて干潟が広いので、魚たちの生活史も他と異なる特徴をもっています。有明海の特性として、これらに関する理解も大切です。

1　宝の海であった理由

本来は汚濁されやすい性格の有明海が宝の海であった理由として、代田昭彦と近藤正人の両氏は、有明海ではわが国で最大の潮汐と干潟が発達し、この結果として他の内湾に例がないほど大量の浮泥が存在していることをあげています[25]（図2・3参照）。このために河川から流入する豊富な栄養物質が、浮泥として湾内に大量に蓄えられながら生物生産に使われて、生産物の一部が漸次水中から取り除かれていくので、富栄養化して汚濁の海になることが防がれているというのです。これは、第2章2節に述べた干潟の浄化機能とも密接に関係しています。以上の過程は代田昭彦氏によって詳細に述べられており[26]、また佐藤正典氏の編書[7]や杉本隆成氏ら[27]の解説もあります。これらを参考にして、以下にややくわしく述べます。

この浮泥は、粘土起源デトリタス、またはたんにデトリタスともよばれています。

第一に、浮泥は水中の栄養物質を効率よく吸着します。有明海湾奥部の主要河川の河口付近における調査では、水中の全窒素の二〇〜七〇パーセント、全リンの八〇〜九〇パーセントもが浮泥に吸着されていて、水中から除かれていました。

第二に、このように栄養物質をたくさん含む浮泥は、水中に漂っている間も、海底に堆積してからも、さまざまな動物プランクトンや底生生物（ゴカイ類や二枚貝類）の餌となって、その高い生産を支えます。たとえば多くのゴカイ類やカニ類は海底に堆積したデトリタスを食べ、二枚貝類などは海水を体内に取りこんで濾過し、濾しとったデトリタスやプランクトンなどを食べます。このようにして栄養物質は体内に取りこまれるとともに、水中から除かれます。

第三に、すべての浮泥は一度に動物に食べつくされないので、強い潮流の働きで沈殿と再懸濁《けんだく》をくり返して、結果的に大量の浮泥は栄養物質の貯蔵庫として機能しており、生物たちに安定して餌を供給しています。

第四に、海底に堆積した浮泥や動物たちの糞などの有機物は、潮汐混合によって表層から運ばれてきた酸素を利用した微生物の働きで分解され、無機的な栄養塩として水中に溶出されます。そして豊富な栄養塩と光を受けて大量の植物プランクトンや藻類の発生に寄与します。この結果として動物プランクトン、魚貝類と食物連鎖が形成されて、各段階で豊かな生産が行なわれます。有明海は日本一のノリの生産地ですが、**図3・1**に示すその生産地域は、**図2・3**に示される浮泥の高濃度域と一致しているところが多く、このような物質循環と密接に結びついていることが理解できます。

第五に、海中から外部への栄養物質の除去は、第2章2節に述べたようにさまざまな形で行なわれて、海域の汚濁化を防いでいます。すなわち、微生物の脱窒作用による大気中への窒素の放出、人間によるノリの取り入れ、さらに人間や鳥類が底生生物や魚介類などを収穫して取り除いているのです。有明海での漁業生産力や渡り鳥の飛来数が日本で最高水準であった事実は、有明海の浄化能力の高さを示していたといえます。

以上のことをまとめると、有明海では、河川から流入する豊富な粘土粒子と栄養物質によって大量の浮泥が生産され、それが大きな潮汐に助けられてうまく生態系の食物連鎖に取りこまれ、結果的に海域

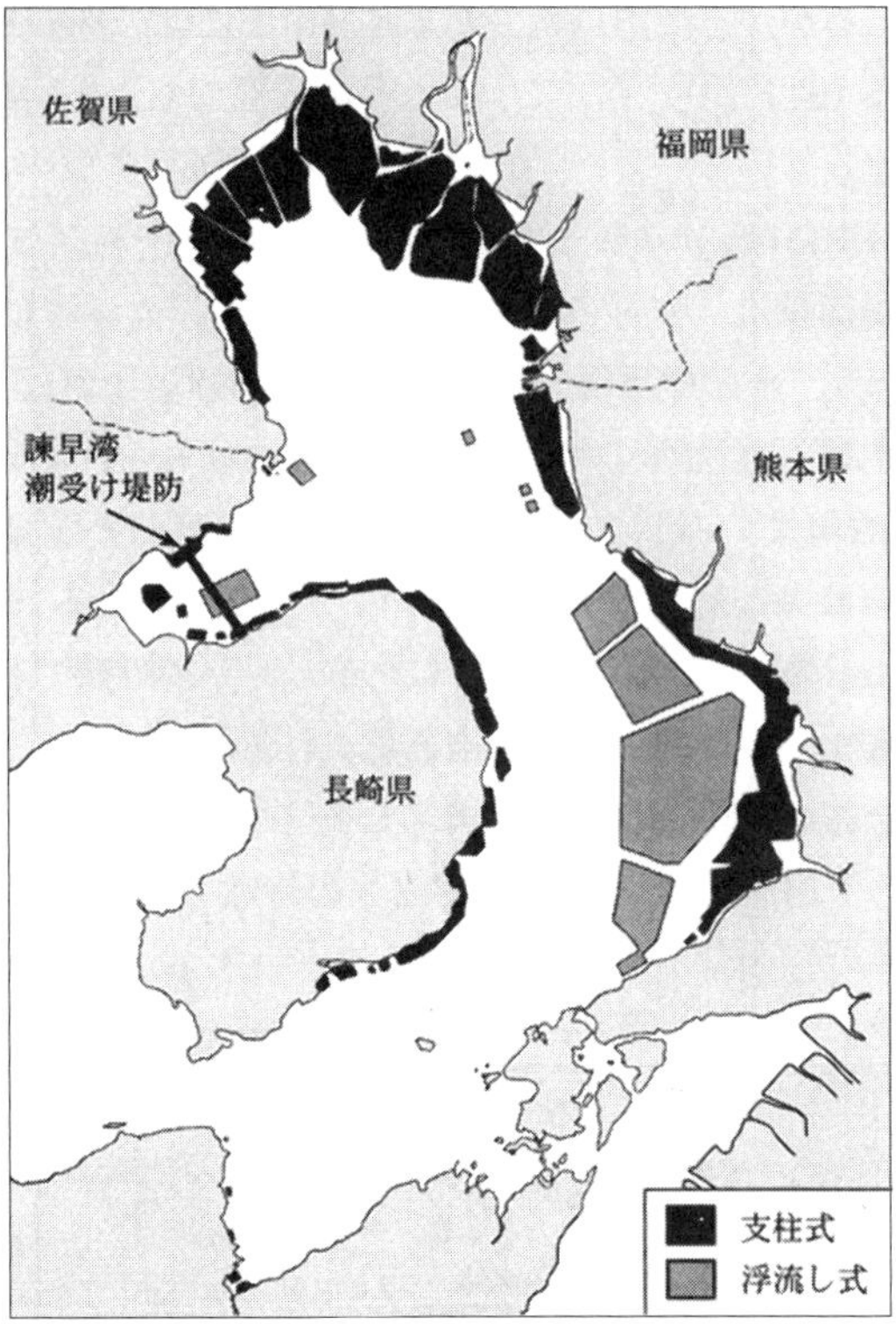

図3.1　有明海におけるノリ養殖場の分布〈九州漁業調整事務所(28)による〉

の汚濁化は防がれ、たいへん高い生物生産が達成されたといえます。この有明海のシステムを奇跡のシステムと称する人もいます。ですがこのシステムは、自然界のきわめて巧みな、そして微妙な働きによって成り立っていることを忘れてはなりません。ですから、なんらかの原因でこのシステムの一部が損なわれると、この微妙なバランスは破れ、奇跡のシステムは崩壊していくのです。

2 ユニークな生物相

最近、生物多様性の重要性を耳にしますが、私たちの理解は未だ乏しい状態にあります。江戸時代に各地に広く羽ばたいていた優美なトキも、二〇〇三年についに日本から姿を消しました。また幼いころに慣れ親しんだ小川のメダカすらも、最近は目にすることが困難になり、絶滅危惧種に指定されました。これらはすべてわれわれ人間のなせる業です。

この痛ましい現状は、たんに寂しさだけではなく、私たちを取り巻く環境の悪化を教え、将来の自然の姿を予想させます。環境悪化の影響はまずもっとも弱い生きものに現われ、そして次第に人間にも及んでくるのです。小さく弱い生きものたちがともに生きていける環境が、自然界の一員である私たちに望まれる環境ではないでしょうか。人間に対する目先の利害得失だけで、生きものの価値を判断することは避けなくてはなりません。

有明海の問題を考える場合にも、人間の立場だけからでなく、そこにひそかに生きている生きものたちにも目を配る必要があります。有明海の生きものについては、佐藤正典氏編の『有明海の生きものたち――干潟・河口域の生物多様性』(7)にくわしく書かれています。ここでは、この本にしたがって有明海の特有な生きものたちに目を向けておきましょう。

有明海にはたくさんの特産種や準特産種が生息しています。特産種とは、日本国内では有明海だけに(一部は隣接する八代海に)分布記録があるもので、これまでに魚類、浮遊性カイアシ類、底生無脊椎動物(ベントス)など二三種が知られています。**図3・2**の写真に示されるムツゴロウもこれに属していて、その愛らしさと特異な行動で例外的に広く知られています。

図3.2 諫早湾のムツゴロウ〈佐藤編(7)より、倉沢栄一氏撮影〉

一方、少なくとも四〇種以上を数える準特産種とは、有明海を含む一部の海域にのみ分布記録があるもので、多くの場合に有明海が主生産地になっています。そしてそのなかには、いまや有明海以外では稀か、すでに絶滅したものが多いのです。秋にみごとに紅葉して泥質干潟を真っ赤に彩る塩生植物のシチメンソウは、準特産種ですが、もはや有明海以外では見ることができなくなったといわれます。

ところで興味深いことに、有明海の特産種と同種または近縁種とみなされる個体群が、大陸の黄海沿岸に見出されているのです。このように有明海はきわめて特異な生物相を形成していて、同じ性格の湾は日本中どこにも存在していません。

有明海の生物相はなぜこのようにユニークなのでしょうか。これを理解するためには、海面が現在より一五〇メートルぐらい低かった、いまから一万五〇〇〇年から一万八〇〇〇年前の最終氷期にもどらなくてはなりません。

当時は、対馬海峡は陸地であって、日本列島と大陸とは対馬海峡を介してほぼ陸続きであったのです。そしてその陸地の西側には、大きな内湾域が広がっていて、沿岸には大陸性の強い内湾種生物の先祖が広く分布していたと思われます。有明海などの日本の内湾もこれに含まれていたと考えられます。

ところがそののちに氷期が終わって海面が上昇したので、約一万年前には日本列島と大陸とは、海となった対馬海峡によって分断されました。この結果、大陸沿岸の内湾性生物種群の一部が、有明海をはじめとする日本の内湾に取り残されることになりました。このなかで有明海はその環境特性が、すなわち大きな潮汐や豊富な河川水の流入などが大陸沿岸にもっともよく似ていたので、大陸沿岸の生物の遺存種とみなされる多くの生物種が、特産種として有明海に保持されてきたと思われます。なお同種の遺存種の一部は、以前には東京湾、伊勢湾、瀬戸内海などにも生息していたことがわかっていますが、近年の激しい沿岸開発によって生息環境が失われて消滅し、結局有明海にのみ残っていると考えられます。

このような歴史を経て有明海に残されたさまざまな生物は、私たちの貴重な財産ではないでしょうか。失ってその貴重さを初めて理解し、嘆いたトキの場合を教訓として、有明海の貴重な財産を子孫に残しておくことが、私たちの責任だと思います。

3　有明海を必要とする魚たち

有明海には、七四科一四七種類と多くの種類の魚類が報告されています。しかし、これはおもに有明海の奥部と中央の海域を中心とした調査によるものであって、有明海全体ではもっと多くの魚類が見られるといわれています。そしてこれらのなかには、有明海が日本でいちばん大きい潮汐、いちばん広い干潟、いちばん濁った特性をもつ海であるために、個性にあふれた魚たちが数多く見出されます。ここでは田北徹氏らの解説[29][30]にしたがって、有明海の魚たちを概観することにします。

有明海に出現する魚類は、①有明海のなかで一生を過ごすもの、②産卵または幼期の生育のために来遊するもの、③西日本の沿岸に広く分布しているもの、④偶発的に訪れるもの、などにわけられます。

有明海の各魚種は、河川感潮域、干潟、湾中央部、湾口部と、さまざまな海域で産卵します。この事実は、有明海のなかにそれぞれの種が要求する多様な産卵条件が備わっていることを示します。また有明海では多様な環境が存在するために、稚魚たちは自らにかなった場所を選んで生育できる条件も満たされています。たとえば厳寒期には、干潟の魚は泥干潟に深く潜って寒さをしのぎ、移動性の魚は湾中央から湾口にかけて外海水の影響を受けた暖かい海中で寒さを避けています。このように各魚種の産卵期や生育期に必要な条件が有明海に存在することが、この海における多様で豊富な魚類相を形成している理由になっているのです。

さらに、わが国で有明海にだけ（一部は八代海に）生存している特産魚類は四科七種が知られていま す。これらはハゼ科のムツゴロウ（**図3・2**）、ハゼグチ、ワラスボ、シラウオ科のアリアケシラウオ、アリアケヒメシラウオ、カタクチイワシ科のエツ、カジカ科のヤマノカミなどがそれで、上記の①に属します。湖や川のような閉鎖的な環境でない海域に、これほど多くの特産種がいるのは驚くべきことです。このことは有明海の特性とともに、前節で述べた生物全般に関連する有明海の地史的な成立条件とも関係しています。ここでは例として、感潮河川と関係の深い魚としてエツを、干潟に関係の深い魚としてムツゴロウを取り上げます。

ムツゴロウは軟らかい泥干潟に生息しています。その突出した目、大きな口、体表面の鮮やかな青い蛍光色の小斑、そして胸鰭を櫂のように使って干潟を這いまわることで、ムツゴロウは有明海のシンボル的な存在で人びとに親しまれています。ムツゴロウは干潟の泥中に生息孔を掘り、一般に干潮時には生息孔を出て干潟表面で活動し、満潮期には活動を止めて生息孔に隠れます。

ムツゴロウが干潟上で活動するのはおもに四〜一一月で、一二〜三月には暖かい日を除いて生息孔にこもっています。ムツゴロウは、五〜七月に生息孔の産卵室で産卵し、仔魚はしばらくの間は河川感潮域で浮遊生活を行ない、孵化後約一カ月後に干潟泥上に着底します。成魚は干潟表面の珪藻を削りとって食べています。このようにムツゴロウにとって広大な干潟はなくてはならないものです。ムツゴロウの漁獲は最盛期には約二〇〇トンもありましたが、一九八三年にはわずか四トンに陥ってしまいました。

近年、やや増加傾向にあるといわれますが、依然として低い水準にあり、最近の有明海における環境悪化の影響が心配されます。

一方のエツは、弘法大師が川を渡るのに難儀をされていたとき、これを助けた漁師に対して、お礼にと大師が授けられたという伝説が地元に伝えられています。エツはカタクチイワシ科の魚で、細長い体全体が銀白色に光り、鋭く磨かれた美しい刀にたとえられます。全体の長さは、平均しておよそ一歳で一八センチメートル、二歳で二六センチメートル、三歳で三二センチメートルといわれています。エツは有明海の奥部と諫早湾にのみ分布し、筑後川の感潮域を遡上して、一六～二三キロメートル上流の、感潮域上部に産卵します。産卵は五～八月と続き、六、七月が中心で、梅雨期の淡水の多い季節に行なわれます。卵は上げ潮と下げ潮で水平の動きをくり返し、また攪乱されて上下の運動をくり返し、容易に海域へ流れ下りません。孵化して育った稚魚は九、一〇月ごろまで河川にとどまります。

エツの卵は塩分に弱くて、海水の五〇パーセント以上の希釈水では死滅し、それ以下二五パーセント程度の希釈水までは孵化率が低くなります。それゆえ、降雨のために河川水量が多い季節が続くと、産卵群は本来の産卵場まで遡上できずに下流域で産卵するので、卵が海域に流下して孵化して成長することが困難になると考えられます。

一方、堰などの河川構造物は河川感潮域を短くし、河川からの取水は塩分の濃い水が感潮域上部へ広がることを導き、かつてのクリークはコンクリート護岸に変わり、エツの生存と繁殖が困難になっています。したがって今後は河川事業はできるかぎり制限して、エツの繁殖に必要な河川内の環境の保全に配慮する必要があります。

ムツゴロウやエツなどの生活の場である海域の環境保全はいうまでもないことで、これについては第8章8節で考察します。

第4章　諫早湾干拓事業とは

この章では、諫早湾干拓事業の内容を簡単にまとめ、事業推進の基礎となった環境影響評価について検討します。表4・1に事業に関連する概略の年表を掲げておきます。

1　事業の経過

有明海において、地先の干潟に堤防を築いて干拓地を造成する、いわゆる「地先干拓」の歴史は古く、もっとも古い記録は一四世紀にさかのぼり、一六世紀ごろから干拓は本格化したといわれます(6)。一方、大規模な堤防で海を締め切り、そのなかで干拓地を造成する現在の「複式干拓」の方式は、敗戦後間もなく食糧増産が切望されていた一九五二年に発表された「長崎大干拓構想」に端を発します。

この大規模な複式干拓は、広大な干拓地を一挙に造成することが可能なかわりに、地先干拓に比べて海の漁業や環境に格別に大きな影響を与えます。このために、長崎大干拓構想は強い批判を受け、やや規模を縮小して一九七〇年に、「長崎南部地域総合開発事業」略して「南総」として復活します。しかし、これも諫早湾内外の漁民の賛成が得られずに打ち切られました。

ですが、農林水産省と長崎県の大干拓構想への執念は驚くほど強く、紆余曲折を経てついに今回の「国営諫早湾干拓事業」として実を結び、一九八六年に事業開始、一九八九年に工事着工の運びとなりました。なお開始から着工までの三年の間には、現地における各種の大規模な調査や実験が活発に実施されたと推測されます。

このように現在の諫早湾干拓にかかわる社会的諸問題は、じつに五〇年あまりもの長い歴史をもち、この間に関係者の間に複雑なもつれが形成されて、問題解決を困難にする原因を構成しています。この間の事情は、前記の永尾氏のルポにくわしく記されています(6)。

もともと大きな川が注ぐ浅くて波が穏やかな内湾の干潟は、次第に成長していくものですから、それに合わせて干拓することは、国土の狭かったわが国としては理にかなったものであり、またこれまでそのように進んできました。しかし、諫早湾干拓事業のように、広大な海を一挙に締め切って環境を破壊し、漁業に甚大な影響を与えるやり方はきわめて問題が多く、簡単に認められるものではありません。そこには自然をないがしろにする、われわれ人間の驕りが存在するように思われます。

本事業の当初（一九八六年）の計画は、締め切り面積三五五〇ヘクタール、費用一三五〇億円、二〇〇〇年度完成予定でした。その後、多くの公共事業の例にもれず、一九九九年末に発表された計画変更では、費用はじつに八四パーセント増の二四九〇億円にも膨らみ、完成年度は二〇〇六年にのびました。

（長期）の開門調査を提言。

2002年　1月10日、農水省がタイラギ死滅の究明のため設けた委員会が9年もかけた結果「原因は不明」との結論。

3月10日、干拓事業中止を求めて漁民2600人と漁船600隻で海上デモ。

3月27日、農水省、規模縮小にともなって投資額2554億円に対し、効果は2130億円の見こみで、約424億円の赤字と発表、投資効率0.83。

4月24日～5月20日、短期開門調査。

8月13日、農水省、漁民の盆休みの隙に前面堤防工事を再開。その後漁民は、たびたび実力で工事阻止を図る。

11月、日本海洋学会海洋環境問題委員会、有明海環境悪化機構究明と環境回復のための提言2（海の研究）。

11月22日、議員立法で有明海特別措置法成立。

11月26日、漁民・市民が工事差し止めを求めて佐賀地裁に提訴。また漁民は工事差し止めの仮処分も申請（よみがえれ！有明海訴訟）。

2003年　3月27日、ノリ第三者委員会、最終報告書をまとめる、漁業被害と干拓事業との因果関係や中・長期開門調査に言及せず。

4月16日、漁民が公害等調整委員会に諫早湾干拓と有明海異変の因果関係の原因裁定を申請。

4月、古川清久・米本慎一著『有明海異変』刊行。

5月8日、謎の浮遊物が発生、約2週間続く、漁網にからまり休漁の漁師も。

9月、有明海漁民・市民ネットワーク、漁民アンケート調査結果報告書を作成。

11月、江刺洋司著『有明海はなぜ荒廃したのか』刊行。

12月16日、9人の研究者有志、有明海再生のためには中・長期の開門調査が必要と共同声明。

12月25日、農水省が同省OBなどを集めた「中・長期開門調査検討会議」が、両論併記ながらも、全体として開門調査に否定的な報告書を提出。

2004年　開門調査の要求強まる。2月、3県漁連が共同で調査実施の要請書を提出。3月、上京した漁民が市民500人とともに農水省を「人間の鎖」で囲み、調査の実施を要求。4月、3県の漁民約800人が150隻の海上デモで調査を要求。

5月11日、農水省、中・長期開門調査を実施しないと表明。

5月24日、3県漁連、柳川市で中・長期開門調査を求める総決起集会を開く、参加者1500人。

8月26日、佐賀地裁、諫早湾干拓と漁業被害に一定の因果関係を認め、工事の差し止めを決定。

2005年　5月16日、福岡高裁、因果関係を一応認めながらも、立証が不十分として、佐賀地裁が出した干拓工事差し止めの仮処分決定を取り消す。

8月30日、公害等調整委員会裁定委員会、漁業被害の存在は認められるも、干拓事業との関係を裏づける客観的データがなく、また赤潮の発生機構などの科学的解明が十分でないので、因果関係を認めることはできないと裁定。

9月、日本海洋学会編『有明海の生態系再生をめざして』刊行。

9月30日、最高裁、福岡高裁の決定を承認し、工事差し止めを求めていた漁民の申請を棄却。

10月、海洋研究者5名が裁定は科学的でないとして、裁定の撤回を要請する意見書を提出。

表4.1　諫早湾干拓事業関連年表
永尾俊彦氏作成の年表[6]から抜粋、一部加筆・追加

1952年	諫早湾を締め切る長崎大干拓構想を長崎県知事が発表。
1964年	長崎大干拓構想が長崎干拓事業として認められる。
1970年	減反政策が始まり、長崎干拓事業は中止。水資源・畑作などを目的に長崎南部地域総合開発事業（南総）として再出発。
1982年	農水大臣は、諫早湾外、県外の同意が得られずに南総は打ち切り、防災対策を主目的とした干拓事業として再検討のうえ推進と決定。
1985年	筑後大堰運用開始 干拓事業の締め切り面積3550ヘクタール案に、農水省と3県漁連は同意。
1986年	農水省、環境影響評価の実施。 諫早湾干拓事業着手、総事業費1350億円、完成予定2000年度。
1988年	3月、公有水面埋立承認。
1989年	諫早湾干拓事業の工事着工。
1991年	建設省の要求による排水門の変更工事にともなって、改めて環境影響評価を実施。
1992年	潮受堤防工事着工、諫早湾内のタイラギ大量に斃死。
1993年	この年以降、諫早湾内のタイラギは休漁。
1997年	4月、潮受堤防の最後に残された1.2kmの区間を、いわゆるギロチンによって締め切る。
1998年	小長井町沖で赤潮発生、スズキなど大量斃死、天然魚が死ぬ赤潮は諫早湾では初めて。
1999年	3月、潮受堤防完成。11月、農水省事業計画変更、総事業費2490億円へ拡大、完成年度2006年へ。
2000年	7月、諫早干潟の保護運動に献身した山下弘文氏急性心不全のため死去、66歳。 12月、佐藤正典編『有明海の生きものたち』刊行。 12月、有明海でノリの色落ち始まる、空前の大凶作となる。
2001年	漁民の農水省への陸と海での抗議行動が活発化。1月1日、漁民約1000人、漁船200隻。1月13日、約1200人、300隻。1月28日、約6000人、1300隻。2月22日、潮受堤防上でデモ行進、約1300人。九州農政局（熊本）へ1300人が抗議。2月24日、諫早湾干拓工事出入口を約500人が封鎖。 2月26日、農水省、有明海ノリ不作等対策関係調査検討委員会（通称、ノリ第三者委員会）を設置。 3月13日、農水省、工事を中断して調査を行なう方針を決定。 3月27日、谷津農水大臣、ノリ第三者委員会のとりまとめの内容を最大限、尊重すると発言。 4月8日、市民3団体が「市民による諫早干潟『時のアセス』」を発表。 5月、日本海洋学会海洋環境問題委員会、有明海環境悪化機構究明と環境回復のための提言（海の研究）。 5月13日、3県漁連が排水門開放を求める総決起集会、1500人参加。 8月9日、農水省、「諫早湾干拓事業の環境影響評価の予測結果に関するレビュー」を提出。 8月19日、有明海沿岸4県の漁民、市民、研究者、弁護士らが、諫早湾干拓事業の中止を求めて、「有明海漁民・市民ネットワーク」を結成。 10月30日、農水省、国営事業再評価（時のアセス）第三者委員会の答申を受けて事業見直し案を発表、干拓予定規模を半分に縮小。 12月19日、ノリ第三者委員会が2カ月程度（短期）、半年程度（中期）、数年

そして二〇〇一年一〇月の事業見直しでは、締め切り面積はそのままで、干拓面積は当初のほぼ半分の九〇〇ヘクタールになってしまいました。図1・1に示される干拓予定地はこれにもとづくものです。なおこの事業見直しは、農水省が設置した国営事業再評価（時のアセス）第三者委員会の答申を受けて行なわれたものです。

多数の漁民や市民によるたびたびの工事中止の申し入れと工事阻止の行動にもかかわらず、農水省は工事を強引に推進してきました。一九八六年に事業が開始され、一九九七年にいわゆるギロチンによって潮受堤防が締め切られ、一九九九年に同堤防は完成しました。その他の干拓工事も強行されましたが、佐賀地裁が二〇〇四年八月に、干拓事業は漁業に影響を与えたと考えられると判断して、工事差し止めの仮処分の判決を下し、さらに二〇〇五年一月には農水省による異議申し立ても退けたので、工事は中断しました。しかし福岡高裁は二〇〇五年五月に、影響はあると考えられるものの定量的な関係が明確でないとして、上記の佐賀地裁の仮処分決定を取り消す判決を行なったので、工事は再開されて現在にいたっています。

福岡高裁の判決は、公害認定の要件を定めた最高裁の判例にそむく可能性があるとして、その後最高裁で争われましたが、二〇〇五年九月末に残念ながら棄却されました。一方、それより少し前の二〇〇五年八月に総務省の公害等調整委員会に設置されて有明海異変の原因を判断する裁定委員会は、思いもかけず諫早湾干拓事業と漁業被害との関係は、データ不足などを理由に「高度の蓋然性をもって肯定するにはいたらない」との裁定を下しました。ところが裁定委員会が選任した専門委員の報告書[17]では、有明海異変に対する干拓事業の影響は、かなりの確度で示されていたのです。しかし予想外のことに裁定委員は、自らが選任した学識高い専門委員の検討結果は信頼性が低いとして、その結果を採用することなく上記の裁定を下したのでした。この問題は第12章で考えることにします。

諫早湾干拓事業の仮処分に関する裁判や、有明海異変の原因に関する裁定は以上の経過をたどりましたが、現在は干拓事業の中止を求める本裁判が佐賀地裁で始まっています。そしてこれまで裁判に負けるたびに原告の数は増えて、いまでは約二五〇〇人にも膨らんで、海関係の公害裁判では水俣病裁判にならぶ最大級の訴訟になっています。

2　事業目的と投資効率

この事業の目的は、一九九九年末の変更計画書によれば、「調整池及びそこを水源とする灌漑用水が確保された大規模で平坦な優良農地を造成し、生産性の高い農業を実現するとともに、背後低平地において高潮・洪水・常時排水不良に対する防災機能を強化すること」になっています。

その結果としてどのような利益が得られるのでしょうか。

事業の投資効率（効果÷費用）は、農水省の見積もりでは〇・八三と発表されていて、一を割りこむという、とんでもないおかしなことになっています。民間企業であれば、とっくに終止符が打たれる事業でしょう。しかもこの見積もりすら我田引水的に自己にもっとも都合のよい考え方、すなわち費用は最小に、利益は最大に見積もった結果であると、宮入興一氏は『市民による諫早干拓「時のアセス」』[5]のなかで述べています。そして同氏が農水省のデータを用いて解析すると、実際の投資効率はこれよりもはるかに小さくて、わずか〇・三にも満たない程度にすぎないという結果になりました。事実、報道によれば、総事業費二四九〇億円に対して年額の農業生産額はわずか四五億円にすぎないということで、通常の銀行の借入利子にも及ばないほどで、この経済効果がいかに乏しいものであるかがわかります。

二番目の目的の防災機能は、反対者を説得するために、諫早湾干拓事業の必要性に急遽加えたものでした。片寄俊秀氏によれば、そのためにたとえば実際にはなんの効果もないのに、大災害をもたらした一九五七年の諫早大水害のような洪水を防止することが可能であるように装って、当初は事業効果のなかに含めて宣伝していたのに、事業が承認されたのちにはこれを事業効果から取り下げるという、驚くべき不正行為に用いたということです[31]。潮受堤防の実際の防災機能については第10章4節で考察し、これには本事業ではなくて、経済的で効率的な方法を考える必要があることを述べます。

3　環境にかかわる重要な二つの話題

干拓事業と環境との関係については、二つの重要な話題が存在します。

ひとつは環境影響評価です。大規模な開発事業を行なう場合にはあらかじめ環境影響評価を行なって、事業が環境に与える影響は問題がないことを示す必要があります。一九九一年に九州農政局は「諫早湾干拓事業計画（一部変更）に係る環境影響評価書[32]」を公開し、事業が環境に与える影響は小さいとの結果を得て、漁民などの関係者の説得を行ないました。ですが、これが著しくずさんな内容であり、欺瞞的な情報を与えたものだったのです。これについては次節で述べます。

もうひとつは、原因究明にかかわる水門開放調査の問題です。二〇〇〇〜二〇〇一年の冬におけるノリの歴史的大凶作を受けて、農水省は二〇〇一年二月に「有明海ノリ不作等対策関係調査検討委員会」、通称ノリ第三者委員会を設置し、原因の究明を図ることになりました。そして当時の農水大臣は委員会の提言を尊重すると明言しました。そこでこの委員会は科学的検討を行なって、水門開放による調査が不可欠と提言しました。しかし、農水省は当初の大臣の明言にもかかわらず、この提言をないがしろにして、依然として原因の究明を著しく困難にしています。この問題については第10章で詳述することにします。

4　事業を推進させた環境影響評価に見られる問題点

諫早湾干拓事業計画に反対する多くの漁師が、最終的に容認せざるをえなかった要因のひとつとして、農水省が自らの環境影響評価にもとづいて、事業が有明海の潮汐《ちょうせき》や潮流を含めて環境に与える影響は無視できるほど小さいとして、漁師を説得したことがあげられます。もうひとつの要因は、第10章4節に述べる防災の問題です。

現実に事業が実施されると、**図1・3**から理解できるように環境の悪化が急速に進み、ノリのみでなく、海面・海底の各種漁業にも急激な衰退が生じました。そこで、当初の環境影響評価がどのようなものであったかを見てみることにしましょう。[33] 話がやや専門的になって、一般読者は面倒な思いをするかもしれませんが、しばしば数値シミュレーションによる一見もっともらしい図表などによって、ごまかされたり、煙に巻かれたりすることがあるので、そうならないように少しばかりの辛抱をお願いします。

九州農政局は干拓事業が有明海の潮汐、潮流、水質などに及ぼす影響を把握するために、M_2分潮（第2章1節参照）を対象に数値シミュレーションを実施しました。[32] ただし平均の大潮差を考えて、振幅にはM_2分潮とS_2分潮の振幅和を用いています。

（1）潮汐への影響予測

農水省は環境影響評価書のなかで、「締め切り後の潮位の予測結果は、諫早湾から有明海の湾中央部にかけて一～二センチメートル程度上昇することが予測されるが、この変化量は有明海の潮位差三～五メートルに比べると、一パーセントに満たないものであり締め切りによる影響はほとんどないものと考えられる」と述べています。これだけを見れば、漁師のみならず潮汐にかなりくわしい専門家でないかぎり、だれしも干拓事業が潮汐に及ぼす効果は無視できると思うでしょう。

しかし、沿岸の開発事業が潮汐に及ぼす影響を調べるには、内湾の共振潮汐の特性を考慮し、振幅が最大でまた湾内の地形変化に敏感に応答するM_2分潮の振幅と増幅率に注目して（第2章1節参照）、その変化を調べる方法が最適で基本となっています。しかし農水省は、M_2分潮を計算対象にしているにもかかわらず、振幅や増幅率の変化についてはなんの考慮も払わずに、上記のように潮位（海面水位）の変化だけを取り上げました。このような例は、私が調べた環境影響評価書の範囲ではこれまで見たことがありません。この種の影響予測で、振幅よりも潮位が適切であることはけっしてないのです。

具体的にいえば、まず評価書に述べている潮位の変化量と潮差の比は、単純に考えると（実際はもっと複雑ですが）、干拓事業による増幅率の変化の半分程度しか与えないとみなされて、事業の影響を不当に低く評価したことになります。つぎに潮位は、干拓事業と無関係な気象や海象の影響を強く受けるので、予測の検証が非常に困難なのです。さらに潮流が本来もつ非線形性にともなう平均海面の変化も加わります(9)。結局潮汐に対する農水省の当初の影響予測は、まっとうな方法にしたがわずに、正確な影響の把握が困難で、かつ検証もできない潮位を用いて、予測値を故意に過小評価して素人の漁師たちに誤った情報を与えたまやかしの評価というべきものです。

ところで、堤防締め切り後の大浦における実際の大潮差の減少量は一五センチメートルで、干拓事業による減少効果はその半分程度であることが第5章1節で示されます。これからもわかるように、農水省が予測した大潮時における海面水位の変化量一～二センチメートルの値はいかにも小さく、人びとを惑わすものでした。

（2） 潮流への影響予測

潮流の影響予測に関して、環境影響評価書は次のように述べています。「諫早湾奥部の締め切りによる潮流の変化は、諫早湾内に限られ、諫早湾湾口部およびその周辺海域の潮流に著しい影響を及ぼすことはないものと考えられる」。説明を受ける漁師たちは、この結論を聞けば、潮受堤防の近辺を除けば影響は無視できると受けとるでしょう。

そこでこの環境影響評価書に記載されているデータを用いて、干拓事業の前と後の大潮最大流速の変化率を求め、その結果を**図4・1**の(a)と(b)に描いておきました。(a)は締め切り前の計算値に対する締め切り後の予測値の変化率、(b)は締め切り前の観測値に対する締め切り後の予測値の変化率を示しています。単位はパーセントで、マイナスは締め切り後の減少を表わします。

これらによれば締め切り後の減少は、潮受堤防付近では当然ながらきわめて大きく、堤防を離れるにつれて小さくなります。それでも諫早湾の湾口付近においては、一〇～三〇パーセントに達する潮流の減少が生じています。

第2章1節で、潮流の減少が密度成層の強化と鉛直混合の弱化にどれほど大きな効果をもつかを述べました。これによると諫早湾口付近における一〇～三〇パーセントもの潮流の減少は、環境に著しい影響を与えることになります。これは、環境影響評価書を作成する時点ですでに予測できていたことであって、影響は無視できる程度とした当初の環境影響評価書の結論は誤っていたといわざるをえません。

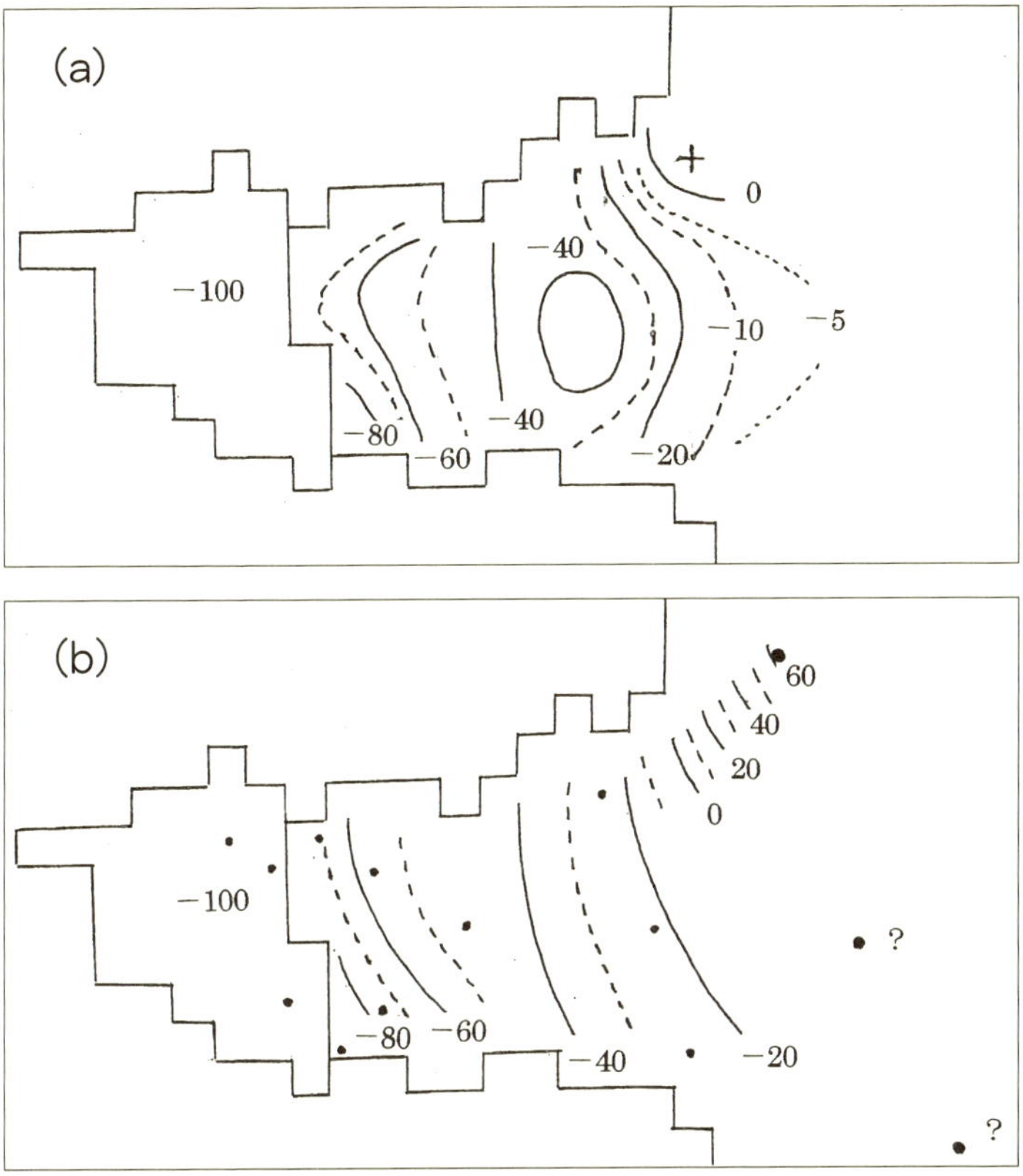

図4.1　諫早湾干拓事業環境影響評価書から求められる大潮時最大流速の変化率(%)の計算結果〈宇野木(34)による〉。マイナスは建設後の減少を表わす
(a)　潮受堤防の建設前と後の計算値の差
(b)　建設前の観測値と建設後の計算値の差。黒丸は測点位置

なお干拓事業による実際の潮流の減少は第5章2節に述べてあります。

(3) その他の問題

予測項目は以上のほかに、水質その他多数ありますが、私の専門と異なるので触れないことにします。ただ水質に関して、当初の影響予測が一層モデルを用いて行なわれているために、重大な欠陥を含むことを指摘しておきます。というのは、一層モデルは深さに関して全層が一様であることを仮定していて、暖候期や出水期に本質的な働きをする密度成層の効果を正当に取り入れることが困難だからです。したがって水質と深くかかわる表層の赤潮や、底層の貧酸素化の過程なども、便宜的な方法で議論せざるをえず、結果の信頼性は低いと考えなくてはなりません。また海水循環や物質循環に重要な密度流が再現できず、その機能も正しく考慮されていないと判断されます。

さらにもうひとつ大きな問題は、環境影響評価のために農水省が行なった事前調査が、きわめてずさんであったことです。たとえば諫早湾外の有明海における測流地点は、**図4・1**(b)の大きい黒丸で示されたわずか三点のみです。有明海のような広い海域に対する環境影響評価で、このように貧弱な事前調査の例を私はこれまで見たことがありません。

これは一例にすぎませんが、現在有明海の環境崩壊や漁業衰退の原因究明が難しいのは、事前調査がこのように著しくずさんであったために、干拓事業以前の有明海の実態が把握できていないことが、最大の理由といっても過言でありません。

5　一〇年後のアセスレビューの問題点

農水省が干拓事業の承認を受けたとき、環境省からあらかじめ、工期の途中の段階で環境影響評価の予測結果に関して、レビューを行なうことを指示されていました。そこで、農水省は一〇年後の二〇〇一年に「諫早湾干拓事業の環境影響評価の予測結果に関するレビュー」を環境省に提出しました[35]。そこで、前節で紹介した農水省による当初の潮位と潮流の予測結果に焦点をしぼって、どのような検証結果の報告がなされたのかを調べてみます。

（1）潮位予測の検証

当初の潮汐への影響予測では、基本的な潮差（または振幅）、およびその増幅率ではなく、予測項目としては過去に例を見ない「潮位」というおかしなものを用いて予測を行なったことを前に述べました。この実際の値は、諫早湾口部の南側地点の多比良における農水省の観測結果によれば、朔望（大潮に同じ）の平均満潮位は五年平均で、堤防締め切り前は二二七・〇センチメートルで、締め切り後は二二七・〇センチメートルでした。基準面は東京湾平均海面（T.P.）です。すなわち満潮位は、締め切り後は前に比べて一〇・〇センチメートルの上昇でした。一方、干潮位で見れば、締め切り前はマイナス二五八・八センチメートル、締め切り後はマイナス二四六・五センチメートルで、締め切り後に一二・三センチメートルの上昇という結果になりました。

　満潮位と干潮位のいずれもが、当初予測の一～二センチメートルの上昇量に比べて、著しく大きな値になっていて、予測結果とまったく合っていません。現実に観測された海面の上昇は、干拓事業とはほとんど関係なく、最近注目されている太平洋における数十年スケールの海洋変動あるいは地球温暖化との関係が推測されます。いずれにしても当初に適用した潮位予測は、検証が非常に困難で予測に値せず、事業の影響を著しく過小に評価する、誤った結果を与えたものと結論できます。

(2) 潮流予測の検証

　農水省は堤防締め切り前に一回、締め切り後の四年間に四回の潮流観測を実施しています。これらの観測結果を比較して、潮流流速についてつぎのようにまとめています。

「上げ潮・下げ潮最強時における潮受堤防締め切り前後の流速をみると、潮受堤防前面海域では約三三～五〇センチメートル／秒が四～一九センチメートル／秒に、諫早湾湾口部では三八～四一センチメートル／秒が三二～三六センチメートル／秒にそれぞれ減少しており、湾奥部から湾口に向かうに連れて流速変化は徐々に小さくなっている。一方、諫早湾外の三地点については、地点・層により流速の増加及び減少傾向が異なっており、潮受堤防締め切りの前後で一様な変化傾向が認められていない」

　このまとめを、当初の影響評価における潮流予測のまとめ、「潮流の変化は、諫早湾内に限られ、諫早湾湾口部およびその周辺海域の潮流に著しい影響を及ぼすことはない」と比べると、明らかにトーンが違っています。すなわち当初予測では、諫早湾口部とその周辺海域では潮流の変化は小さくて無視できる程度であるとして、事業が与える影響を否定する内容でありました。だが、さすがに今回のレビューにおいては、前回同様に事業の影響を否定することは、避けざるをえなかった様子がうかがえます。ところが結論として、その他の項目についてのアセスレビューを含めて、農水省は「海象、地盤沈下、海域水質、陸生生物、水生生物等については、事後調査の結果は概ね当初の予測に沿って推移」と述べています。ここに示した海象の点だけからもこのような結論はとうてい導かれないものであって、何を根拠にこのような結論を得たのか、私には不思議でなりません。

なおあらかじめ農水省に、一〇年後における影響予測のレビュー報告書の提出を要求した環境省が、以上の内容のレビュー報告書を受けとったのちに、どのような対応を示したかについては、興味はありますが、私は寡聞にして知りません。

諫早湾干拓事業にかかわる当初の環境影響評価書を含めて、これまでいくつかの環境影響評価書を検討した結果では、環境省が科学的にもっとしっかりした審査をしていれば、事業実施後に現われるひどい環境悪化の多くは避けられたか、少なくともかなりの程度軽減することが可能であったように思われます。当初の環境影響評価の重要性を考えたとき、環境の保全に責任をもつ環境省が、今後はより科学的に、より厳正に取り扱われるように、その奮起を期待したいものです。

第5章 観測事実が示す諫早湾干拓事業による有明海崩壊の要因

現在、有明海は、生態系は崩壊し漁業は衰退して、危機的状況にあります。そして毎日のように有明海の変化を見つづけてきた漁師たちは、近年有明海の環境は弱まる傾向にあったものの、最近の急激な悪化の原因は、農林水産省の諫早湾干拓事業であると実感しています（第6章参照）。漁師のみならず、**図1・3**を見れば、体力が衰えていた有明海を最終的にノックダウンしたのは、この事業であるとだれしもが直感するでしょう。しかし農水省は、事業の影響は小さくて原因は不明であるとあくまでも強弁しています。

そこで本章では観測事実にもとづいて、以下に取り上げる九項目の変化は、堤防締め切り後に顕著になり、その原因はおもに諫早湾干拓事業であると判断できることを、できるかぎり明らかにしたいと思います。

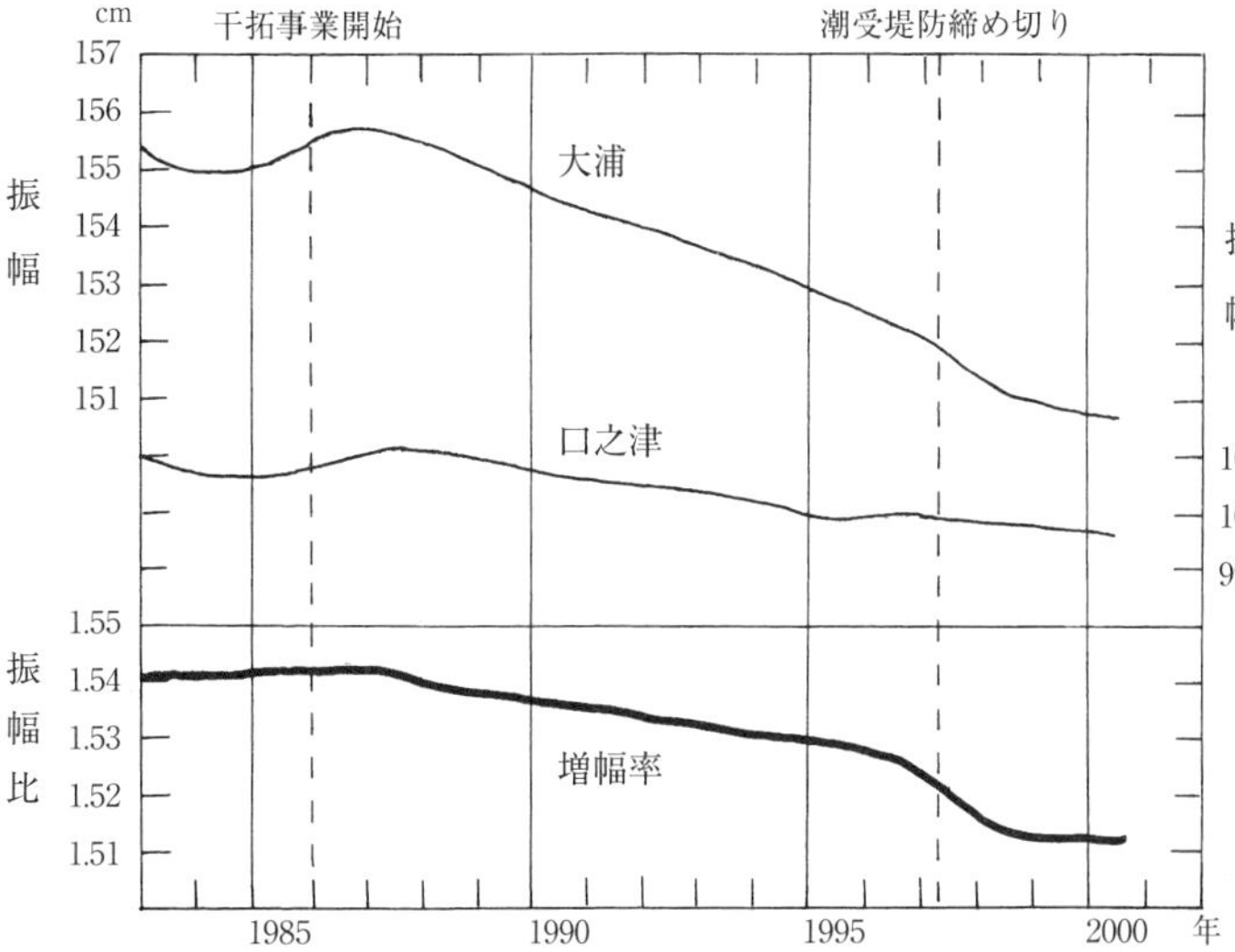

図5.1 有明海でもっとも重要なM2分潮の振幅（ノイズを消すため3年間の移動平均値）の経年変化、上：湾奥の大浦、中：湾口の口之津、下：両者の比（増幅率）〈宇野木(33)による〉

1　潮汐の減少

潮受堤防締め切り後間もないころ、生物研究者の佐藤正典氏は大潮差の経年変化を調べて、有明海の潮汐《ちょうせき》が年々小さくなっていることに気がつきました(7)。ここでは、減少の実態と原因を明らかにします。

(1) 干拓事業による潮汐の減少

有明海の潮汐が日本でいちばん大きいことはよく知られています。そしてここの潮汐は内湾の共振潮汐の性格をもつこと、また潮汐の変化を調べるには、実際に出現する潮汐を構成する多くの周期成分のなかで、もっとも重要なM_2分潮の変化に注目するのが最適であることをすでに述べました

（第2章1節（3）参照）。

そこで有明海の湾奥付近の大浦と湾口の口之津《くちのつ》におけるM_2分潮の近年における振幅の変化を、**図5・1**における上の二つの曲線で示しました（地点位置は**図1・1**参照）。いちばん下の曲線は大浦と口之津の振幅の比を表わす増幅率です。なおこれらの曲線は、自然界のノイズとみなされる微少変動を消去して見やすくするために、三年間の移動平均をして得ていますから、変化傾向は少しなだらかになっています。三年間の移動平均とは、注目する年を挟む前後三年間の平均値を求め、これを中央年の値とみなし、この平均操作をつぎつぎと実施することです。図には、諫早湾干拓事業の開始と堤防締め切りの時期が、縦の破線で示してあります。

図によれば、近年大浦と口之津の潮汐が徐々に減少していることが明瞭に認められます。このなかで湾口の口之津における潮汐の減少は、有明海の外に広がる外海の潮汐が近年小さくなってきたことによるものです。内部の地形変化が湾口の潮汐に及ぼす効果も考えられますが、私が理論的に検討した結果、外海の影響に比べて無視できる程度であることがわかりました(36)。一方、湾奥の大浦における潮汐の減少は、外海における潮汐の減少と、諫早湾干拓事業の影響が重なったものです。したがって両者の比すなわち増幅率は内湾の地形に関係しており、外海の影響は受けていないとみなされます。

そこで下段の湾内における振幅増幅率の変化に注目すると、地形の変化がない干拓事業開始前と堤防締め切り後の両期間において、ともにそれぞれが一定の値を保っています。そしてその間の、地形変化をともなう工事期間中は一方的に減少を続け、かつ堤防締め切りのさいには、移動平均のために実際に比べなまってはいるものの急激に減少していることがはっきりと認められます。

これらのことは、諫早湾干拓事業が有明海内部の潮汐の減少を引き起こしたことを、明瞭に示しています。なぜ減少したかといえば、第2章1節に紹介した共振潮汐の理論にしたがえば、諫早湾干拓事業による干拓、埋め立て、浚渫《しゅんせつ》、締め切りなどによる面積の減少や水深の変化などの地形変化にともなって、有明海の自由振動の周期が小さくなり、外海から強制力として進入してくる潮汐波の周期との違いが広がって、共振作用がそれだけ弱くなったためと理解できます。

大浦における平均大潮差を、M_2分潮とS_2分潮の振幅和の二倍で表わせば、事業開始のとき（一九八五〜一九八七年の平均）は四・四八メートル、堤防締め切り後（一九九八〜二〇〇〇年の平均）は四・三三メートルであって、この間に大潮差が一五センチメートル減少していました。これは当初の大潮差が三・三パーセント減少したことに相当します。潮汐がこれだけ減少すると、締め切りによる堤防内の干潟の喪失に加えて、当然有明海全体の干潟面積も同じ比率で縮小し、干潟の重要な浄化機能がそれだけ減退することに十分に留意する必要があります。

ただし観測から得た上記の潮汐の減少には、干拓事業による地形変化の効果のほかに、外海における潮汐の減少の効果も加わっていることに注意を要します。そして干拓事業のみの効果が観測値に占める割合は、観測データに共振潮汐の理論を援用して、定量的に推定することができます。このような考えでデータ解析を行なった結果、潮汐の減少に対する干拓事業の影響は、観測値の半分程度の大きさになることがわかりました。[36] 干拓事業の効果と、外海の効果の比率がおよそ半々であることは、灘岡和夫と花田岳の両氏が数値シミュレーションを行なって得た結果[37]ともほぼ一致しています。

なおこれらの結果と相違して、潮汐の減少に対する干拓事業の効果は、全体の一〇～二〇パーセントとか二五パーセントという低い値の数値計算結果も報告されています。しかし私が理論的に検討した結果、これらの計算は計算条件に問題があって過小評価であることが指摘できました[38]。

一方、農水省が当初の影響評価で、平均大潮の潮位の変化は一～二センチメートルで、事業が潮汐に及ぼす影響は無視できると結論していたことを第4章2節で紹介しましたが、上記に得た大潮差の減少量に比べると、農水省の影響評価がいかに誤った情報を人びとに与えていたかが理解できます。

(2) 実際の潮汐の減少

干拓事業が潮汐に及ぼす影響は、以上のようにM_2分潮の増幅率の変化に注目すれば明確に把握できますが、潮汐の変化が環境に与える影響を考える場合にはこれだけでは十分でなく、武岡英隆氏が指摘しているように[39]、実際の潮汐の変化に注目する必要があります。

実際の潮汐には、M_2分潮以外の分潮が加わっていることとともに、M_2分潮の振幅も周期的に変動していることも考慮する必要があります。この変動は月の軌道が太陽の軌道と相対的に約一八・六年の周期で変動しているため（昇交点の移動といわれる）に生じたもので、平均の振幅（これが一般に振幅として用いられる）に対して、**図5・2**の(a)に示す係数fを乗じた周期的変化をしています。係数fの値は約〇・九六～一・〇四の範囲で変化していて、天体の影響のみによるM_2分潮の振幅は干拓事業着工

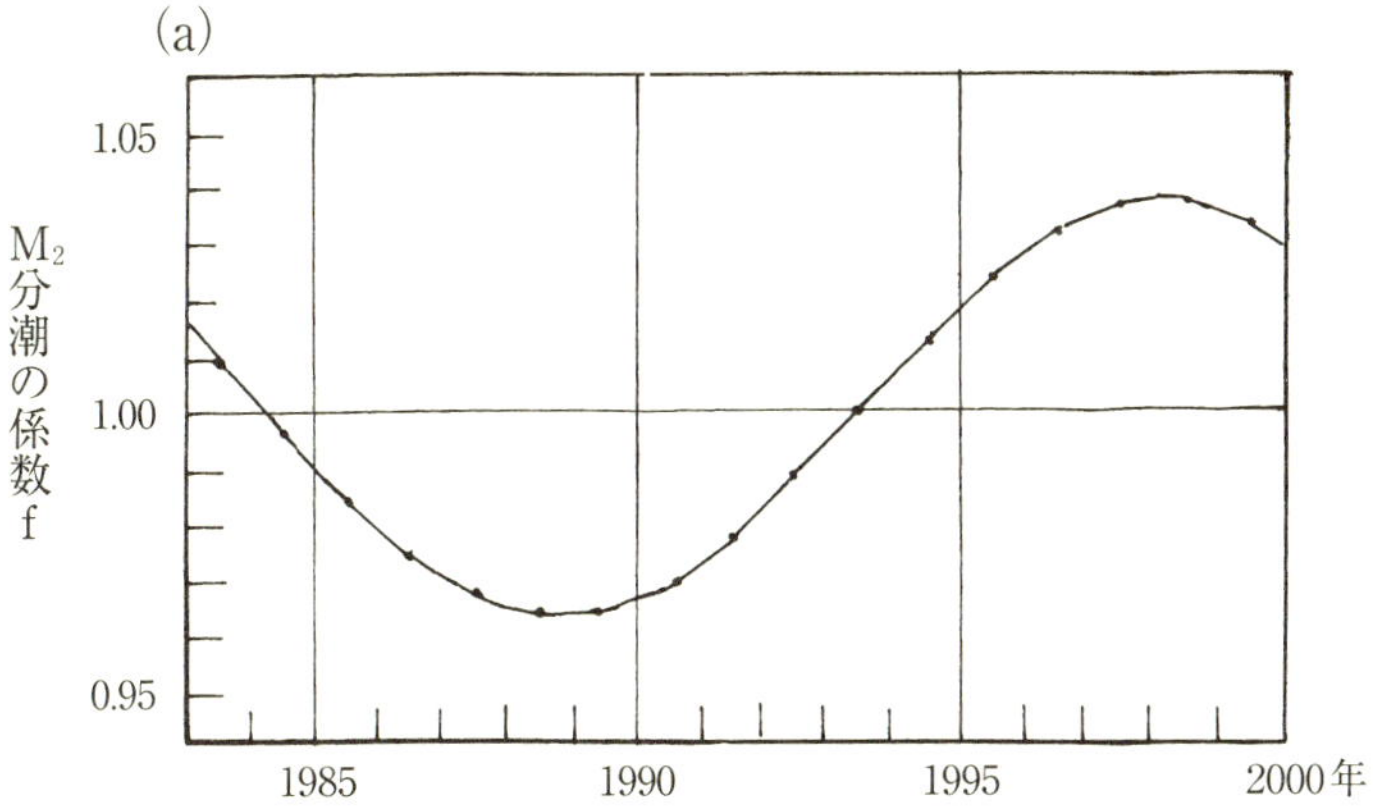

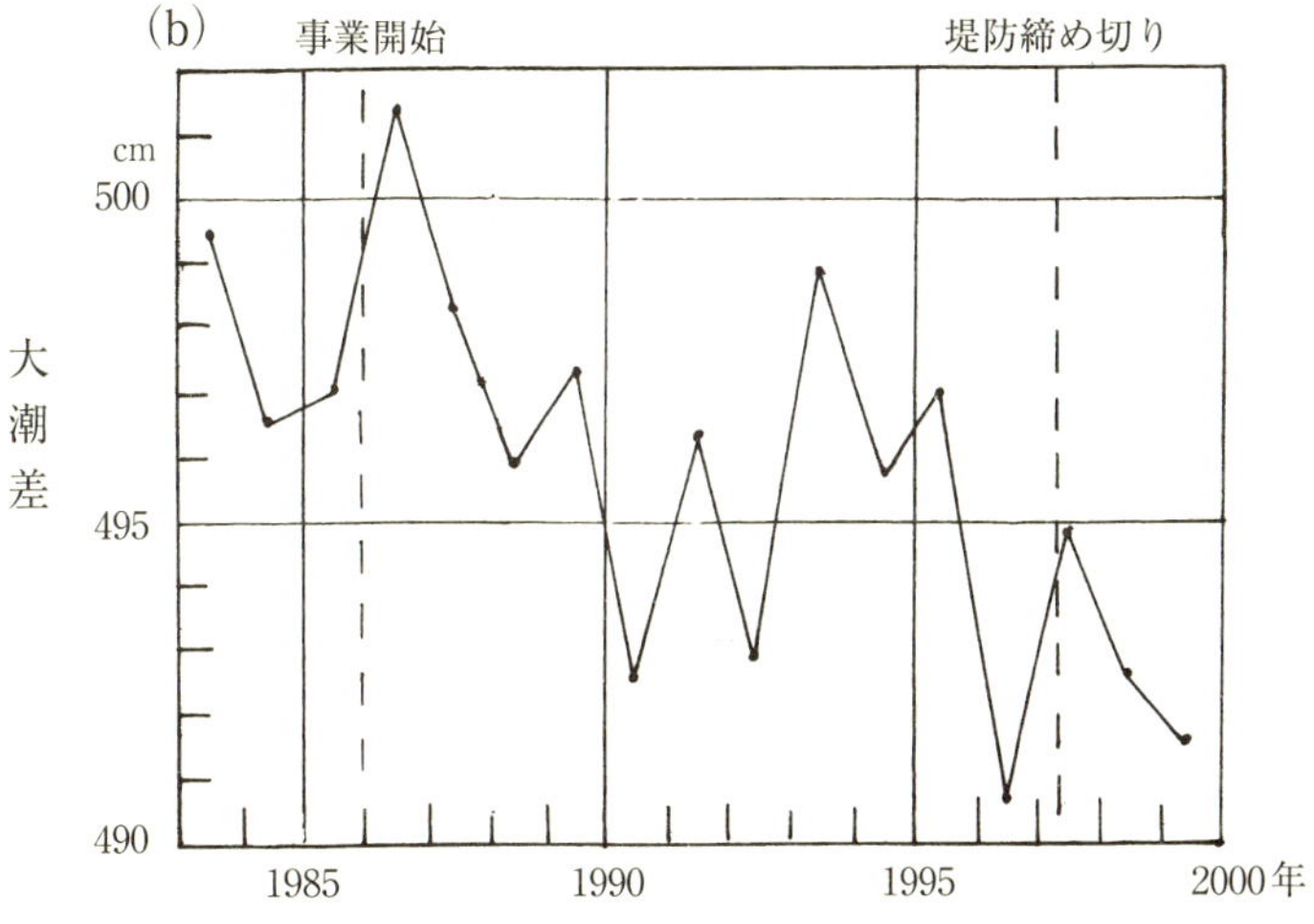

図5.2 (a) 月の軌道が約18.6年の周期で変動するために、M_2分潮の振幅に乗ずべき係数 f の経年変化〈中野(40)による〉
(b) 大浦における大潮差の経年変化〈宇野木(33)による〉

のころから堤防締め切りのころまでは増加の時期にあたり、現在は減少の時期に入っています。

さてここで、この係数fの効果や他の分潮を含めた実際の潮汐の変化に注目します。潮汐は日々変化していますが、これが環境に与える影響を年平均値で表現するとすれば、どのような平均値を用いればよいかはかなり難しいことです。ただ第2章4節に述べたように、成層の強さは潮流振幅の三乗に逆比例するので、潮差の極大・極小の値が重要であること、および年平均潮差では分潮の特性としてM_2分潮の効果のみがおもに残って他の分潮の影響は消去されることなどを考慮すると、多くの分潮の効果が重なった大潮と小潮のときの平均潮差、すなわち大潮差に注目することが適当であると思われます。

そこで気象庁が公表している朔望（大潮）の年平均満潮位と年平均干潮位の差から大潮差を求め、有明海の環境の悪化や漁業の衰退が始まった一九八〇年代後半からの経年変化を表したのが**図5・2**の(b)です。

観測から求められたこの大潮差には、天体による潮汐だけでなく、気象・海象の変動の影響も加わっているので、変動が激しいのですが、大略の傾向として干拓事業開始から堤防締め切りにかけて、大潮差は減少の傾向にあることが認められます。したがってこのような大潮差の減少が、有明海の環境に大きな影響を与えたと推測されます。小潮差については、その変化が把握できるデータは見当たりません。

2　潮流の衰弱

上記のように、干拓事業の効果で潮汐が減少すると、それに応じて潮流も全般的に減少します。ただし潮流の場合には次の三つのことに留意しなければなりません。

ひとつめはすでに述べたように、潮流は地形の影響を強く受けるので、潮位とは異なり場所的な変化が大きく、少し離れてもかなり相違すること。二つめは、潮流は一般的に深さ方向の変化は小さいですが、密度成層した海域では深さによって大きさや向きが異なる場合があること。三つめは、これはひとつめとも関係することですが、締め切りが行なわれた堤防近辺における潮流の顕著な減少には、堤防が流れを止めたという地形的な効果が大きく、前節に述べた潮汐の全般的な減少の効果を上回っていることです。

(1)　農水省の測流結果

堤防締め切り前の一九八九年と締め切り後の一九九八、一九九九、二〇〇〇年に農水省が実施したそれぞれ一五昼夜の連続観測結果にもとづいて、大潮最強流の変化を調べました。(34) 締め切り後の値には三年間の平均値を用い、また諫早湾外の三点では表層と中層の二点で観測が行なわれているので、その平均値を使用します。

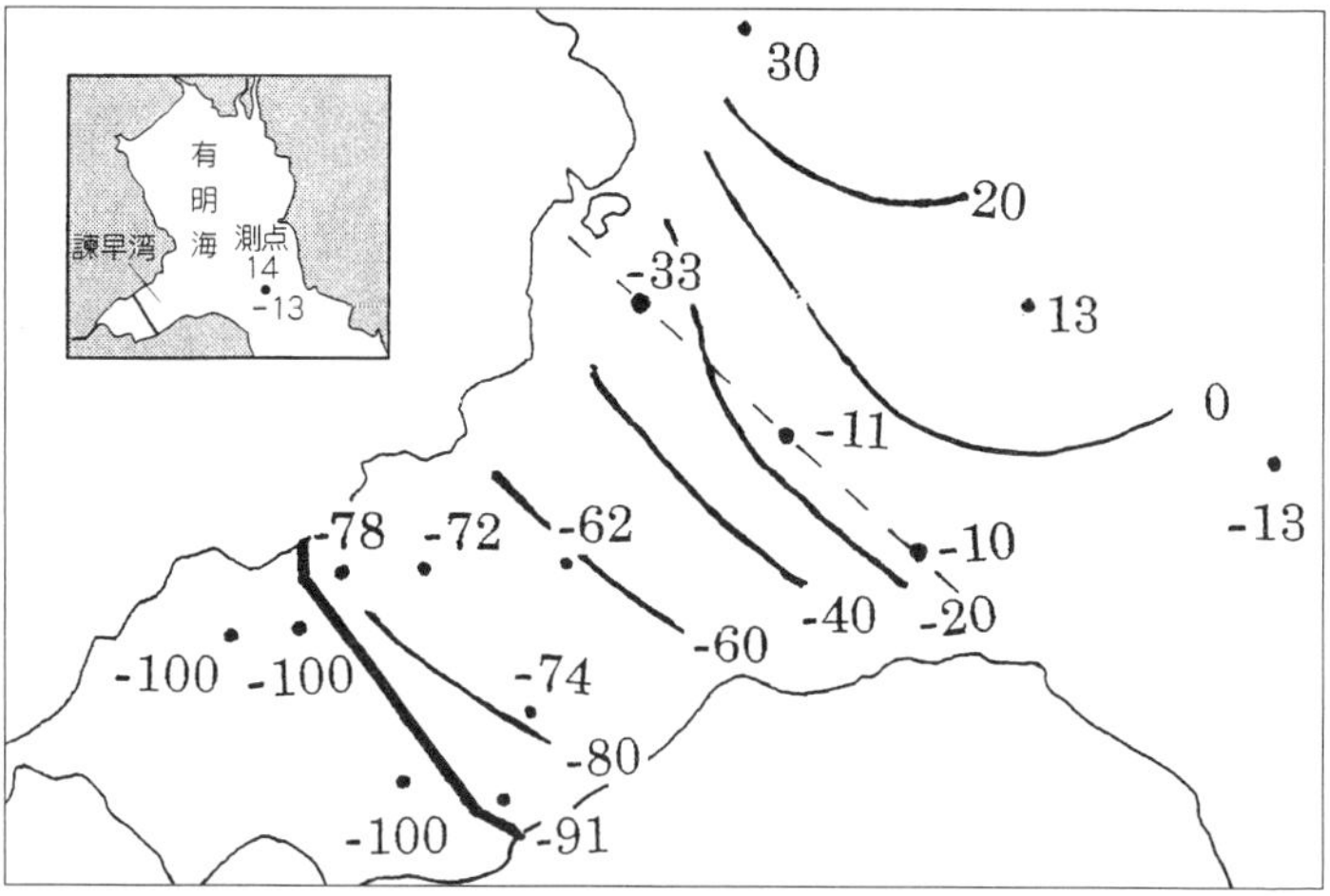

図5.3 潮受堤防の締め切り前後における大潮時の潮流の変化率（%）、マイナスが減少。農水省のデータをもとに作成〈宇野木（34）による〉

締め切り前後の流速の変化を求めて、締め切り前の値に対する変化率を計算すると**図5・3**の結果を得ました。ここでは上げ潮と下げ潮の平均値を示しておきます。マイナスは締め切り後に潮流が減少したことを表わしています。

この結果によれば、堤防締め切り前に比べて締め切り後には、堤防前面では八〇～九〇パーセントもの顕著な減少が生じ、堤防を離れるにつれて減少率は小さくなります。それでも湾口付近では一〇～三〇パーセントも減少していて、干拓事業の影響が非常に大きいことがわかります。この減少の程度は農水省の予測とは異なり、農水省の予測データを用いて私が計算して**図4・1**に示した結果とほぼ一致していました。

諫早湾外では、三つの地点で観測が行なわれています。いちばん南側の有明海の中央に位置する測点14では、堤防締め切り後に平均一三パーセントも潮流が減少していることが注目されます。潮汐の場合と同じように、干拓事業の影響はこの半分程度と考えても、潮流の減少が環境に及ぼす効果は大きなものがあります。一方、それより北の沿岸寄りの二測点では潮流は増加していますが、これは局所的な地形効果によるものです。この状況は数値計算でもほぼ認められます。ただし広い有明海に対して、わずか三点の観測はあまりにも少なすぎます。

(2) 海上保安庁の測流結果

海上保安庁は堤防締め切り後の二〇〇一年に潮流観測を実施し[41]、締め切り前の一九七三年の測流結果[10]と比較を行なって、「全体的には、場所によって今回調査した方が若干流速値が大きい傾向にあるが、ほぼ同等の潮流を示している」と報告しています。ただし、これはたんに観測結果を述べただけで、干拓事業の影響を述べたのではないことに注意を要します。しかし、農水省はこの海上保安庁の観測結果をもとに、堤防締め切りは有明海では潮流の減少を生じていないと強く主張しています。裁定委員会も同じ考えに立っています(第12章5節)。

海上保安庁の二つの観測では、観測期間がそれぞれ半月間に及び、また観測位置がほぼ同じとみなされる比較可能な測点は、**図5・4**(a)に示す六測点に限られます。実際の測点はもっと多いのですが、残りの測点は上記の比較可能な条件を満たしていないのです。そして前項の農水省の観測値に対するのと同じように、**図5・4**(a)に平均大潮の最大流速の変化率を計算した結果を示しておきました。これは上げ潮流と下げ潮流の変化率を平均したものです。マイナスは締め切り後の減少を表わします。この平均

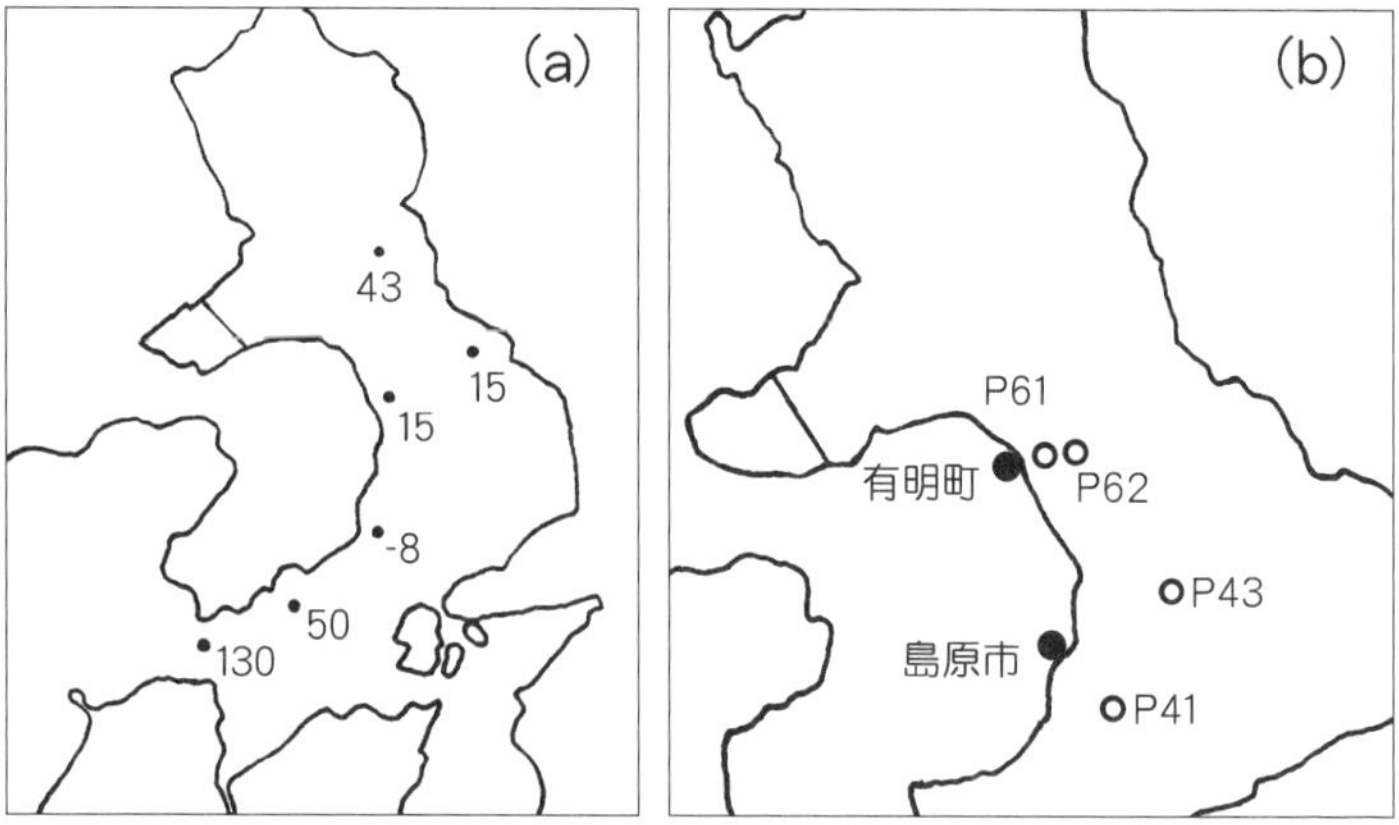

図5.4 (a)海上保安庁が1973年と2001年に実施した潮流観測の解析結果。小田巻ら(42)にもとづいて、同一地点とみなされる6測点における平均大潮の最大流速の変化率(上げ潮と下げ潮の平均、%)、マイナスは2001年が減少
(b)西ノ首ら(43)の1993年の観測と比較するために実施された測流地点、P61とP62は2003年に、P41とP43は2004年に観測

値で見れば、今回は前回に比べて一測点を除けば潮流は増大していて、なかには四三、五〇、一三〇パーセントときわめて大きな増加率も見られます。

これらのデータによれば、海上保安庁による二つの観測結果の相違は干拓事業の影響を表わしていないことが明確にわかります。

その理由の第一は、二回の観測の間には約三〇年もの長期の開きがあり、諫早湾干拓事業以前に埋め立て・干拓・浚渫・海底炭鉱跡の陥没など、かなりの地形変化があったことです。

第二に、比較可能な測流地点はわずか六地点で、しかもそのほとんどは有明海の南半分にあり、かんじんの北半分の測点は乏しく、干拓事業の影響を調べるには著しく不足しています。

第三は、比較可能な六測点のなかで、三測点では事業後の潮流が事業前よりも四三〜一三〇パーセントと極端に増大していますが、潮受堤防がそこから遠く離れた有明海南部海域において、このように大きな潮流の増大を生じることは理論的に考えがたいからです。おそらくこの相違は、潮流が非常に強く場所的な変化が激しい海域における測流地点のわずかな位置のずれがもたらした見かけのものと推測されます。なお小田巻実氏らは、観測時期の河川流量が一九七三年は二〇〇一年よりも四倍も大きかったので、海域における密度成層の相違が、潮流に影響を及ぼしている可能性があることを指摘しています[42]。

以上に述べたように、両期間における観測結果の相違が、諫早湾干拓事業の影響を表わしていると判断することには無理があり、農水省や裁定委員会のように干拓事業による潮流の減少を否定する根拠にすることはできません。

(3) 島原半島沖における測流結果

西ノ首英之と山口恭弘の両氏は雲仙普賢岳の噴火の影響調査のさいに、一九九三年に**図5・4**(b)の地図に示される有明町沖の2測点P61とP62で一カ月間の潮流観測を実施しました[43]。そしてこれより一〇年後になる潮受堤防締め切り後の二〇〇三年に、西ノ首氏を含む小松利光氏らの研究グループは、同じ場所で一カ月間の潮流観測を行なって、前の結果と比較しました[44]。なお両観測は季節も、月齢も、さらに測器も同じ条件に揃えて実施されました。堤防締め切り前後の流れが比較できる測流結果はごく限られていますが、そのなかでも観測条件からいって、このグループの観測はきわめて貴重なものといえます。

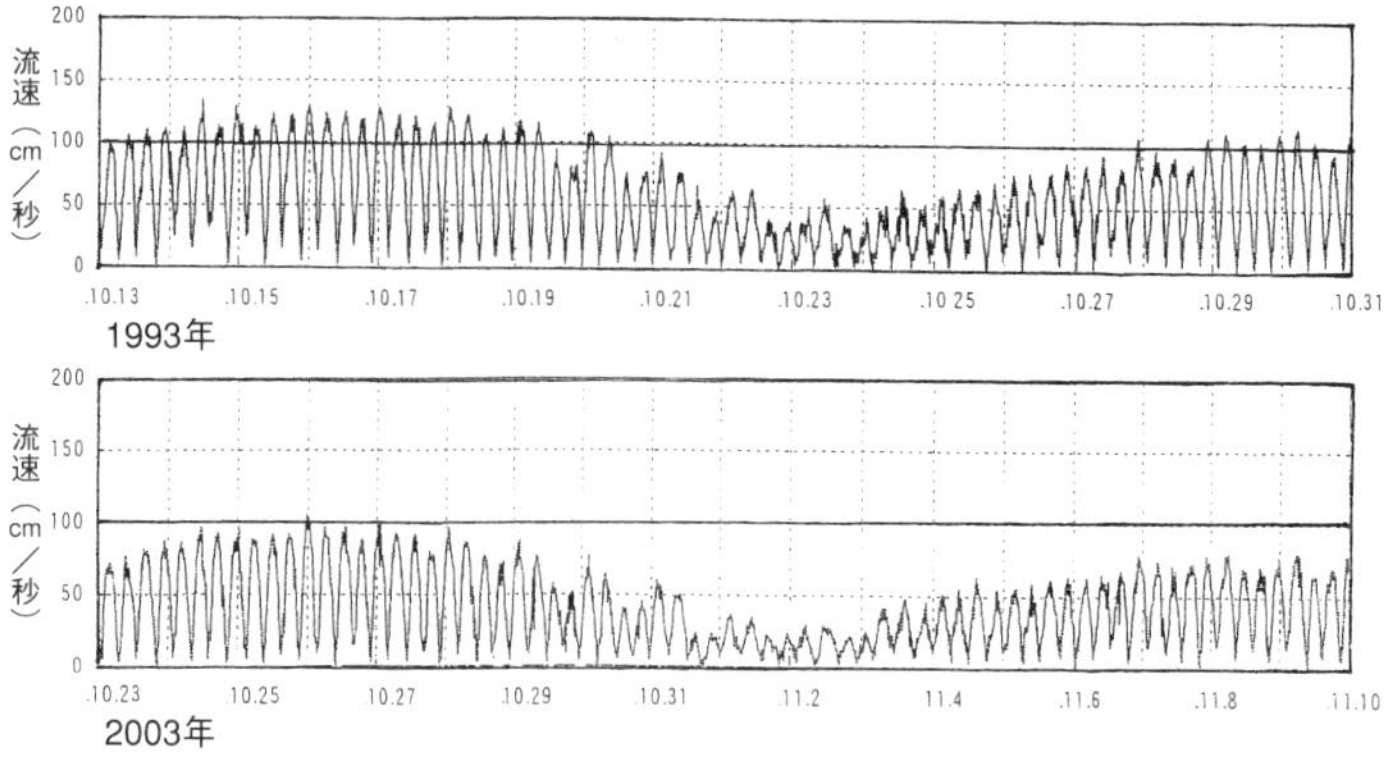

図5.5　有明町沖〈図5.4（b）の測流地点P62の20m層〉における1993年（上）と2003年（下）における潮流の流速絶対値の変化曲線を比較〈西ノ首ら（44）による〉

図5・5に記録の一部が比較してあります。図によると、堤防締め切り後は締め切り前に比べて潮流がかなり大きく減少していることが明瞭に認められます。ここでは両期間の潮流の変化を、M_2分潮流に対する潮流楕円の長軸の長さで比較します。一般に流れは向きと大きさをもった速度ベクトルで表わされます。そこで観測点から引いた時々刻々と変化するM_2分潮流のベクトルの先端を結ぶと、一周期の間にベクトルの先端は楕円を描きます。これが潮流楕円です。M_2分潮流の強さを潮流楕円の長軸の長さで表わすと、堤防締め切り後は前に比べて、P61点の水深五メートルで一〇・四パーセント、沖のP62点の水深五メートルで二七・八パーセント、水深二〇メートルで二六・七パーセントも減少しています。そして長軸の向きも変化していて、堤防締め切り前よりも有明海の湾軸方向に近づいていました。両期間において、潮汐、降水量、気温、風速などに大きな違いはなかったので、潮流のこのように大きな減少は、堤防締め切りの効果と

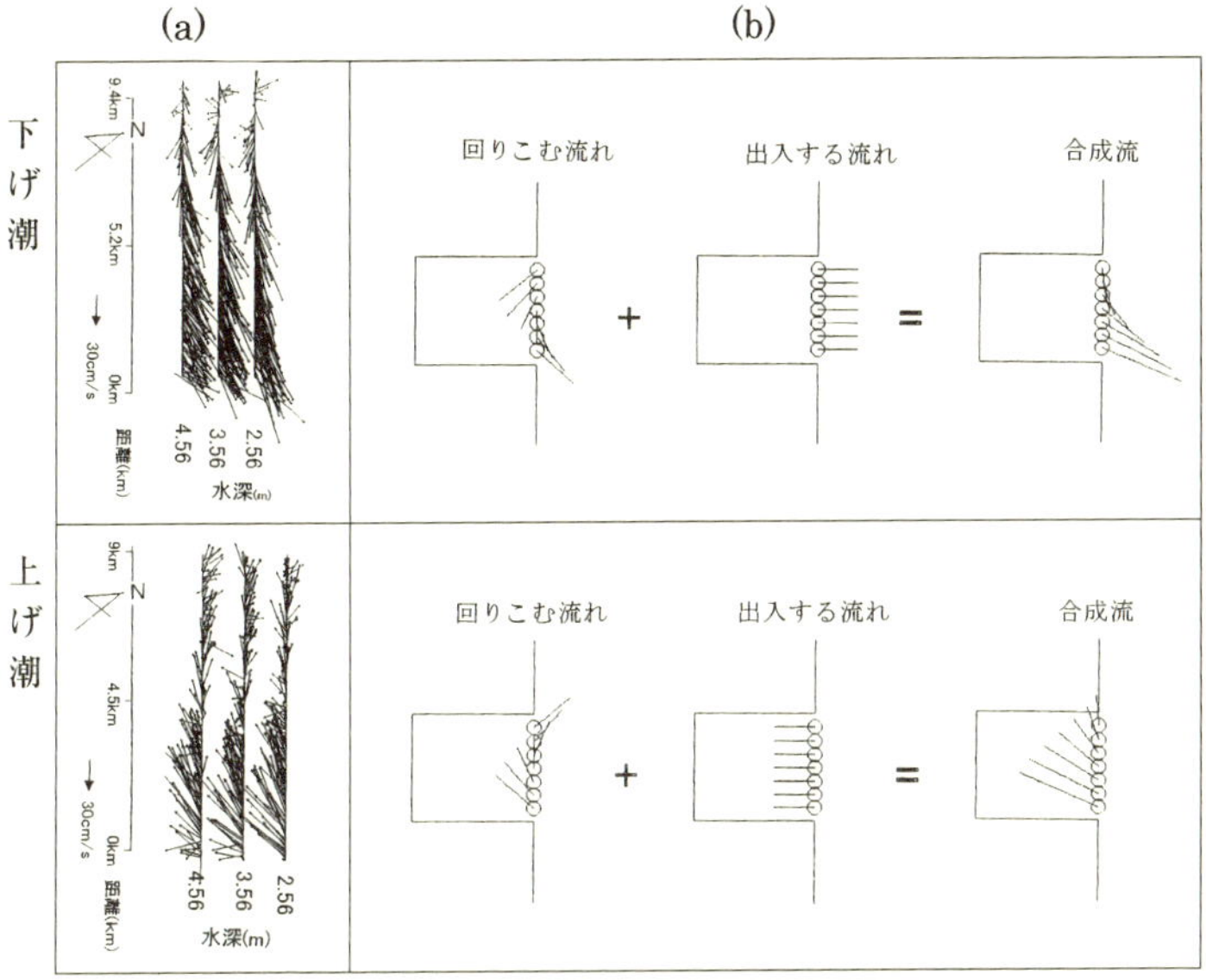

図5.6　(a) 諫早湾口断面に沿った下げ潮と上げ潮時の最強流速分布、上層の３層の流れ〈多田ら(45)による〉
(b) 主湾の側方に付属する小湾の湾口で、片側の潮流が強くなる理由の説明図。左：主湾の主軸方向の流れが小湾に回りこむ流れ、中：小湾内の満干潮にともなって小湾から主湾に出入する流れ、右：両者の合成流〈松野・中田(46)による〉

考えられます。

諫早湾奥を堤防で締め切ると、離れた島原半島沿岸で、なぜこのように顕著な潮流の減少が生じるのでしょうか。

じつはこれに関連して多田彰秀氏らは、諫早湾口部における断面観測によって、**図5・6**(a)に示すように上げ潮のときも下げ潮のときも、南側の島原半島寄りに強い潮流が出現することを見出していました[45]。湾口断面の島原半島寄りに強い流れが発生する理由について、松野健と中田英昭両氏は**図5・6**(b)のモデルを用いてつぎのように説明しています[46]。**図5・6**(b)の左に描かれているように、上段に示す有明海奥部からの下げ潮流は、諫早湾口部を通過するさいに、少し湾内にまで入りこんだのちに外に向かいます。この流れに、諫早湾内部から外に向かう流れ（中央）が重なるので、右に示されるように湾口南側の沿岸に強い下げ潮流が出現します。下段に示す上げ潮の場合も、同様にして南側の沿岸に強い上げ潮流が発生するのです。

ところで上記の島原半島有明町沖の流れは、この諫早湾口断面の南側の流れにつながっています。そしてこの流れが大きく弧を描く島原半島を回りこむさいに、俗にビル風といわれる地形の効果で、流れはかなり強まるはずです。ここで、潮受堤防の締め切りによって諫早湾が狭くなった場合を考えます。このときは諫早湾内へ流入し、湾外へ流出する海水量は当然減少します。また湾内へ回りこむ効果も小さくなるでしょう。そうなると湾口断面の南側沿岸の潮流は減少せざるをえません。その結果、これにつながる南方の有明町沖の強い潮流も、諫早湾内で潮受堤防が建設されたのちには、大きく減少すると考えられます。

ところでこの本の製作中に、小松利光氏は二〇〇五年一二月に開催された環境省の有明海・八代海総合調査評価委員会（第11章2節参照）において、**図5・4**(b)に示す島原市沖で湾の中央に近いＰ41とＰ43の二測点においても、堤防締め切り後に潮流が大きく減少したことを示す観測事実を報告しましたので簡単に付け加えておきます。これも一九九三年の測流結果と、新たに二〇〇四年に観測したものを比較したもので、潮流楕円の長軸の減少は、Ｐ41点の五メートル層で二一・九パーセント、水深二〇メートル層で五・一パーセント、Ｐ43点の五メートル層で九・四パーセント、二〇メートル層で一五・六パーセントに達していました。このことから有明海内部においても、堤防締め切り後に著しい潮流の減少が発生していることをはっきりと知ることができます。

（4）まとめ

潮受堤防の建設前後に行なわれた潮流観測の結果を比較して、つぎのことがわかりました。①諫早湾内では潮流は著しく弱くなって海水は停滞していること。②諫早湾の湾口付近でも一〇〜三〇パーセント程度の流速の減少が見られること。③諫早湾外の有明海中央部においても相当程度の潮流の減少が観測され、とくに島原半島有明町沖では二〇〜三〇パーセントの潮流の減少が生じていて、この顕著な減少は堤防締め切りの効果であることが理論的に推測可能であること。またごく最近には、島原市沖の湾中央に近い測点でも、数パーセントから二〇パーセントも潮流が小さくなっていることがわかりました。

一方、漁師へのアンケート結果をまとめた後出の**図6・1**によれば、有明海全体にわたって一〇〜二十数パーセントも潮流が減少していることが、毎日のように海に出て肌で海の変化を感じている漁師によって体験されています。

また国と県の水産調査研究機関が協力して、有明海の広範囲で簡易なひも流し法による一斉観測を行ないました。その結果がノリ第三者委員会に報告されていますが、堤防締め切り後は全域の平均で潮流は約一二パーセント減少したという内容になっています。

この漁師の体験とひも流し法による二つの結果は、精度がよいとはいえず、量的な判断には十分な注

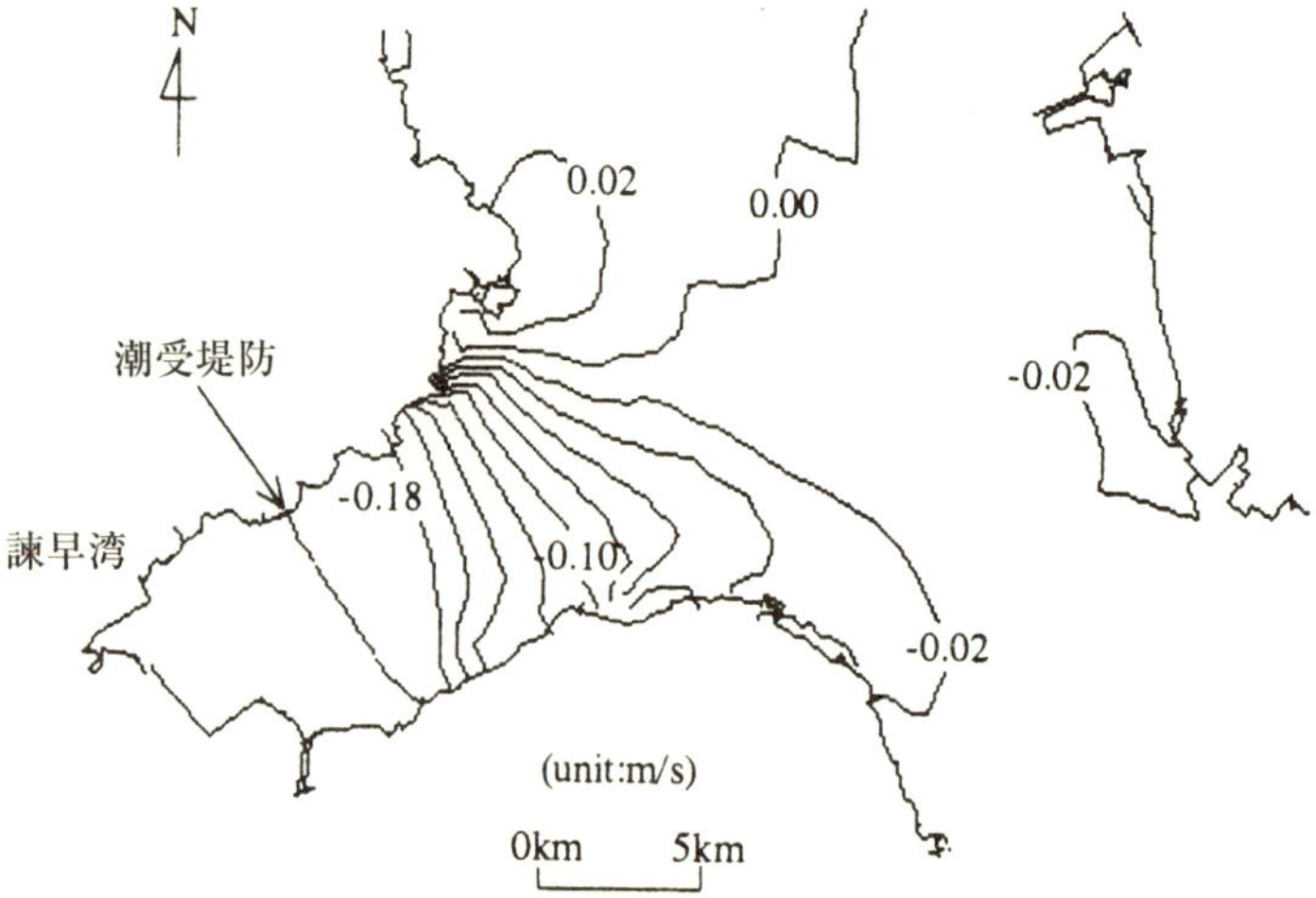

図5.7 数値計算から求めた夏季の潮受堤防の有無による最大流速の変化量(cm/秒)、マイナスが減少〈灘岡・花田(37)による〉

意が必要ですが、堤防締め切り後において、両者とも有明海の広い範囲に潮流が減少傾向にあることを示しています。

潮流に関して、現場の海から得られる情報は以上のとおりです。これらの現地情報は、地形効果を受けた一部海域を除き、すべてが潮流の減少を指し示しており、そこに注目することが重要です。さらに理論的にいえば、干拓事業による潮汐の減少に対応して、有明海全体でこれと同程度の潮流の減少が生じていることを忘れてはなりません。

一方、最近では潮流に関して多数の数値シミュレーションが実施されています。代表例として、堤防締め切りの前後における潮流の変化について、灘岡和夫と花田岳の両氏が慎重に計算した計算結果を**図5・7**に示しておきました[37]。

これによれば、潮受堤防前面から湾口までの諫早湾における締め切り後の潮流の顕著な減少は、量的にも**図5・3**の観測結果を裏づけています。そして諫早湾外の有明海においても、地形効果を受けた一部海域を除き、堤防締め切り後に計算流速は減少しています。裁定委員会の専門委員の計算では、熊本県沿岸で最大一〇パーセント程度の減少が生じていますが[17]、このことは**図5・7**にも認められます。

ただし一般的には、有明海において計算で求められた減少量は小さめであって、上記の実際の海で各種の方法で得られた値を下回っていて、その理由は今後の検討が必要です。なお農水省は数値計算にもとづいて、堤防締め切りが有明海の潮流に与える影響はほとんど無視できる程度であると主張していますが、これの計算結果が信頼性に乏しいことは第10章2節で示されます（後出の**図10・1**や**表10・1**参照）。いずれにしても、諫早湾外の有明海においても、潮汐の減少に対応して潮流が減少しているのは疑いの余地はないといえます。

これまで述べたような堤防締め切り後における、潮流の諫早湾における顕著な減少、有明海における全般的な減少は、以下に示すように、有明海に生起するさまざまな現象に重大な影響を与えています。

3　巨大な汚濁負荷生産システムの形成

日本自然保護協会が調べた、諫早湾表層における有機汚濁物質を代表するCOD（化学的酸素要求量）の分布を**図5・8**に表わしました[47]。海水一リットル当たりミリグラムの単位で、潮受堤防の前面では一

○というきわめて大きい値が存在します。CODの一〇という値は、たとえば環境省の発表によると、二〇〇〇年度の全国ワースト三番目の湖沼、千葉県印旛沼が年平均としてもつ値と同じです。諫早湾奥のこの大きなCODの値も、湾口に向けて次第に小さくなりますが、それでも湾口で二という程度です。

環境省が定めたこの海域のCODの環境基準は二以下です。農水省による当初の環境影響評価では、事業後でもこの環境基準が達成できるとして、事業の反対者を説得していたのですが、結果的にこの影響評価は誤った情報を与えたことになります。またこの水質予測のいい加減さが理解できます。

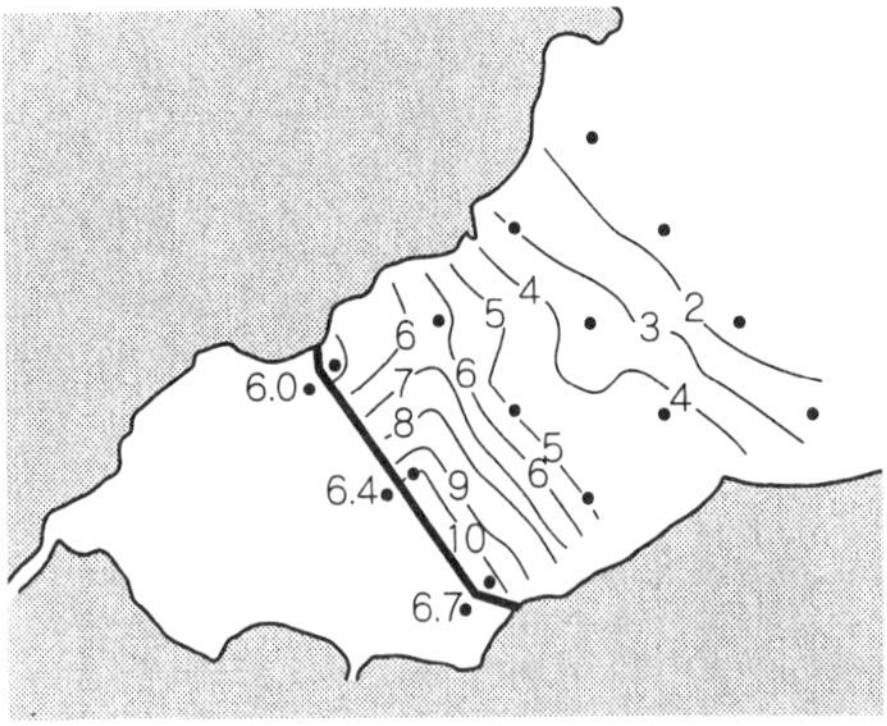

図5.8　諫早湾における表層のCOD（mg/ℓ）の分布、2002年3月28日〈佐々木・程木・村上（47）による〉

佐々木克之氏らの見積もりによれば、堤防の水門を通って調整池から外へ排出される負荷量は、締め切り後の一九九八～二〇〇二年の平均で、トン／年の単位でCODが三〇九一、全窒素が五五五、全リンが九七になります[47]。一方、河川から調整池へ流入する負荷量は、一九九八～二〇〇二年の平均で、同じ単位でCODが一三二七、全窒素が四〇七、全リンが五一です。したがって調整池へ流入する負荷量に対して、調整池から外へ排出される負荷量は、CODが二・三三倍、全窒素が一・三六倍、全リンが一・九〇倍に増大しています。つまり潮受堤防と調整池は、諫早湾に向けて大量の負荷を発生放出する機能をはたしているのです。

それではなぜこのような機能が生まれるのでしょうか。

これは基本的には、潮受堤防がいわば長大河口堰の役割をはたしているからです。豊富な栄養塩を含む河川水が堰き止められる河口湖《かこうこ》（調整池）では、観測でもよく認められるように、水が停滞するきわめて閉鎖性の強い環境になり、河川水は著しく富栄養化して底質はヘドロと化します[15]。また、堤防内の

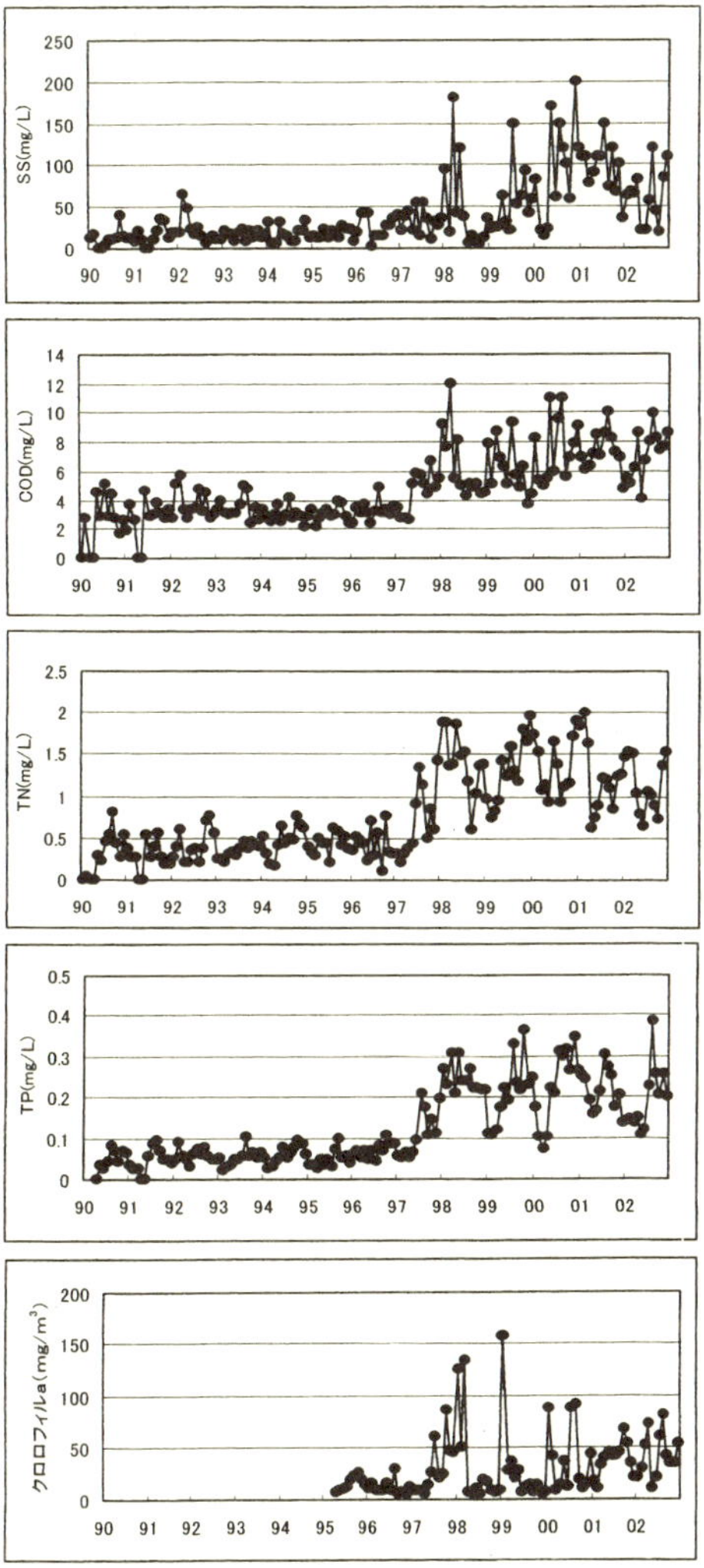

図5.9 調整池内のモニタリングB1点（図5.10の地図参照）における水質諸要素の経年変化〈佐々木（48）による〉。堤防締め切りの1997年から急激に水質が悪化している

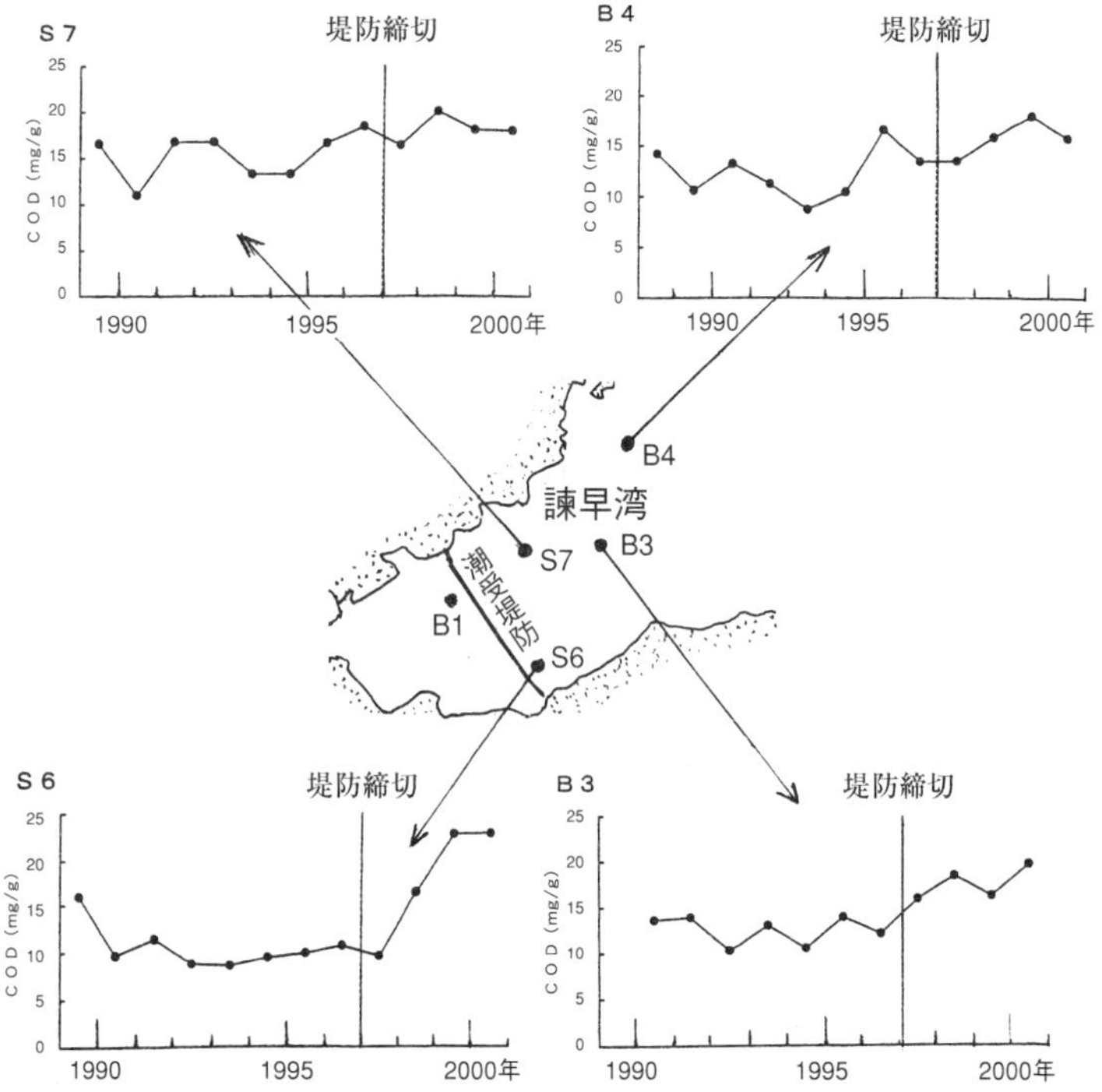

図5.10　諫早湾の4点における底層のCODの経年変化〈農水省資料(49)をもとに作成〉

広い干潟と浅瀬が喪失して、そのすぐれた浄化能力が失われたことも重要な要因です。

図5・9に調整池内のSS（懸濁《けんだく》物質）、COD、全窒素、全リン、クロロフィルa濃度の経年変化を示しました。堤防締め切りのため池内の水質が著しく悪化したことが明瞭に認められます。しかも悪化する速さに驚かされます。このような水質の悪化は、川と海を断ち切る河口湖の宿命であって、たとえば同様な河口湖である岡山県の児島湖でも激しい汚濁状態になって問題になっています（後出の**図11・2**参照）。

調整池の富栄養化した淡水は、外側の水位が低いときに水門の下方を通って外部へ排出されます。このとき水流は非常に強いので、ヘドロとなった底泥を激しく巻き上げながら流出し、外側で浮上します。このようにして水と泥に含まれる多量の負荷が、水門から諫早湾へと排出されることになります。栄養の豊富なこの排水が広がる堤防の外では、光を受けて活発な生物生産が行なわれ、赤潮も発生します。ところが堤外の水は締め切りのために、**図5・3**に示されるように著しく停滞しており、さらに淡水と海水が重なる強い密度成層のために、底層には貧酸素水塊が形成されます。この密度成層の強化には**図2・6**から推測されるように、有明海湾奥部の河川水が諫早湾へ流入する効果も加わっていると思われます。底層における貧酸素水の分布の一例は、後出の**図5・18**(a)に示してあります。この結果として諫早湾では、日本自然保護協会の観測によれば、ヘドロ化した底質が、われわれの常識をこえて堤防内部よりも厚く堆積しています。**図5・10**に諫早湾底層の数地点におけるCODの年々の変化を示しておきましたが、堤防締め切り後に海域の環境が次第に悪化してきたことが、明瞭に認められます。これは赤潮の激増に対応しています。

このように諫早湾干拓事業がもたらした調整池・潮受堤防・諫早湾からなるこの構造は、まさに大量の汚濁負荷を生成する巨大システムというべきもので、有明海の環境崩壊にきわめて重大な役割をはたしていると考えられます。

4　河川水輸送の変化

有明海に流入する河川流量のほぼ半分は、その奥部に注ぐ九州最大の川で筑紫次郎の愛称をもつ筑後川からのものです。ところが最近漁師たちから、潮受堤防締め切り後、筑後川の水の動きが変わったという話を聞きます。たとえば大浦の漁師は、筑後川の水が鹿島方面へよく回るようになったといっています。これに関して公害等調整委員会裁定委員会の専門委員は、これを裏づける非常に興味深い結果を報告しています[17]。

それによれば、専門委員は精度の高い数値シミュレーションを実施して、潮受堤防締め切り前に比べて締め切り後は、有明海奥部から流出した河川水は河口を出たのち、南方の大牟田・荒尾方面に広がることが弱まり、より多く西方の佐賀県沿岸から諫早湾方面へ輸送されているという結果を得ています。

しかも専門委員の染料拡散実験の結果は、**図2・6**の恒流《こうりゅう》図に示される流系より岸側の、直接測流が困難な広大な干潟域においてもその傾向が見られます。この現象には地球自転にともなうコリオリの力（四二ページ）が関係していると思われます。有明海の潮流は、堤防締め切りのために全般的に弱くなっているので、相対的にコリオリの力の影響が増してきて、**図2・9**に示す河川水流出にともなうエスチャリー循環が強まったと考えられます。エスチャリー循環は密度流の性質をもち、密度流は潮流が弱まって密度成層が強くなると発達する性質をもっているのです[9]。なお筑後川から流出した河川水のこの

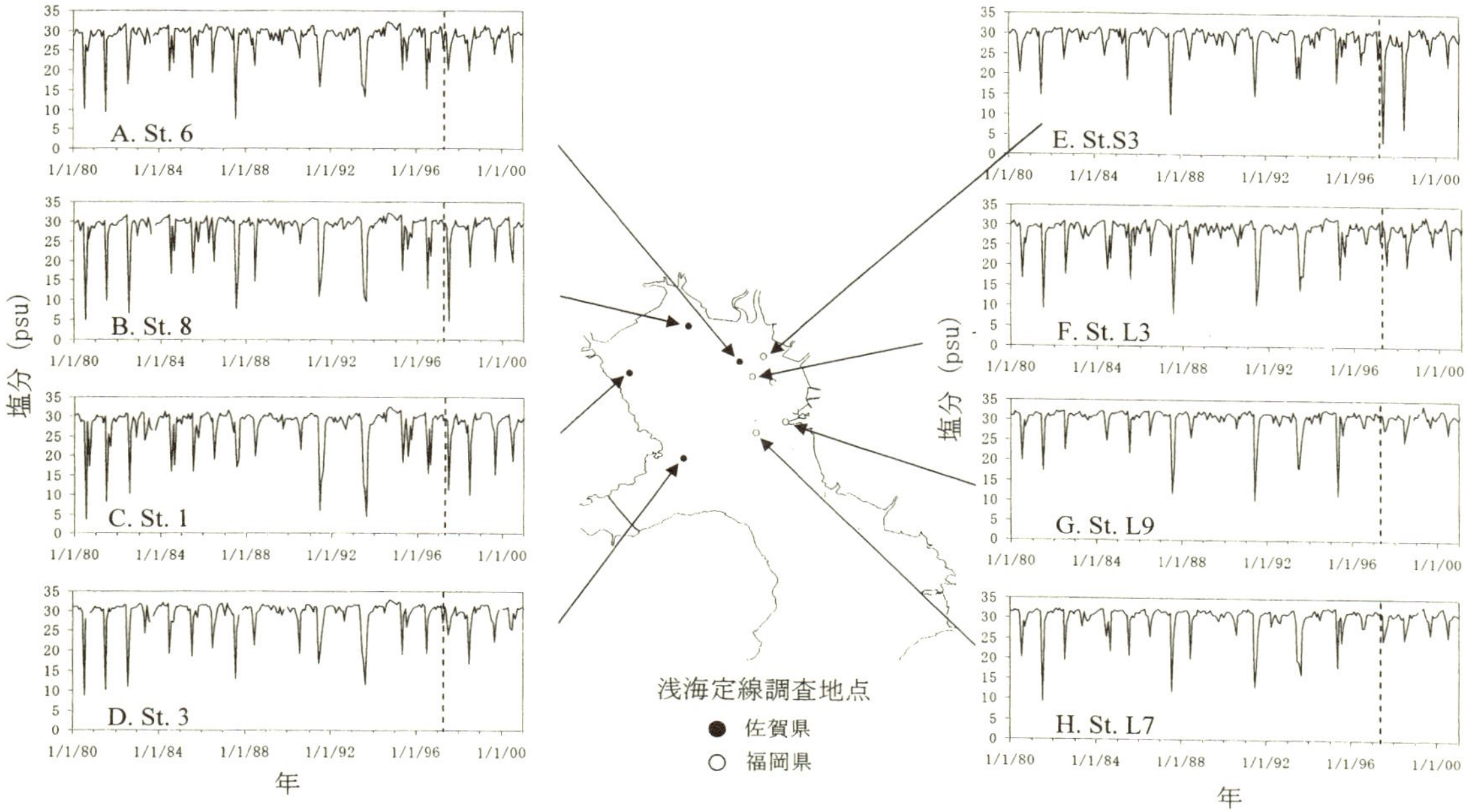

図5.11　有明海北部海域における表層塩分の経年変化、浅海定線観測データにもとづいて作成〈程木(51)による〉

ような挙動は、堤防締め切り後に対する山口創一と経塚雄策の両氏の数値拡散実験によっても認められます[50]。

このような計算結果を実証するために唯一利用できるデータは、有明海沿岸県の水産調査研究機関による浅海定線観測なので、その解析結果を紹介しましょう。有明海北部の測点における表層塩分データの経年変化の一部をならべると、**図5・11**のようになります。これによれば、堤防締め切り前後の塩分の変動を比較すると、筑後川の河口沖から西方の地点では特別な変化は見出されませんが、南方の二つの測点では締め切り後に変動が小さくなって、河川の影響が衰えてきたことが理解できます。

そこで程木義邦氏は統計的な解析を実施して、定量的に次の結果を得ました[51]。すなわち筑後川に由来する水の輸送は、堤防締め切り後に、大牟田方面には平均して四二パーセントの減少、西の佐賀県方面へは平均二九パーセントの増加になります。さらに熊本県北部の荒尾沖では、筑後川の影響が減じただけでなく、菊池川由来の水も輸送されにくくなって二八パーセントの減少が生じています。なお諫早湾口においても、堤防締め切り後に、筑後川と菊池川の水の影響がともに強まる傾向が見られました。

締め切り後のデータ数が限られているので、より高い精度を得るためには今後の資料の追加が必要ですが、専門委員の結論が観測データによってはっきりと裏づけられたといえます。なお浅海定線観測は月に一回で、しかも成層が壊れやすい大潮のころに実施されるために、もともと実証は困難であると考えられていました。それにもかかわらずこの程度に実証ができたというのは、計算結果が示す事実の確実性を示すものといえます。もし小潮のころのデータが利用できれば、潮受堤防締め切り後における河川水輸送の上記の変化は、よりいっそう明確になると思われます。

以上の結果は、堤防締め切り後に河川の豊富な栄養塩が大牟田・荒尾方面に届きにくくなったこと、また筑後川の西方沿岸域には河川水の供給が多くなって成層が強まることを意味し、環境とノリ養殖などに大きな影響を与えることを予想させます。

5　表層における密度成層の強化

さらに、裁定委員会の専門委員の計算結果によれば、筑後川から西方の諫早湾方面にかけて、密度成層が強まる傾向があることが示されました[17]。これは第5章2節に示した潮流の減少と、上記の第5章4節で確かめられたこの方面への河川水の輸送強化の結果として、当然認められることです。

そこでこれが、浅海定線観測結果でどのようになっているかを調べます。**図5・12**は佐賀県三測点における表層と中層五メートルにおける塩分の長期変化を描いたものです[51]。堤防締め切りの時期を縦の点線で示しておきます。堤防締め切り後の期間が短いので確定的なことはいいがたいのですが、三測点のいずれにおいても、表層においては締め切りの前と後で、塩分には顕著といえるほどの変化は認められません。ところが締め切り後の中層においては、それ以前と比べると著しい塩分の低下がなくなって、塩分の変動幅が小さくなる傾向が認められます。このことは、堤防締め切り後に、中層は表層の変動の影響を受けにくくなったこと、つまり鉛直混合を抑制する密度成層が強まったことを意味します。

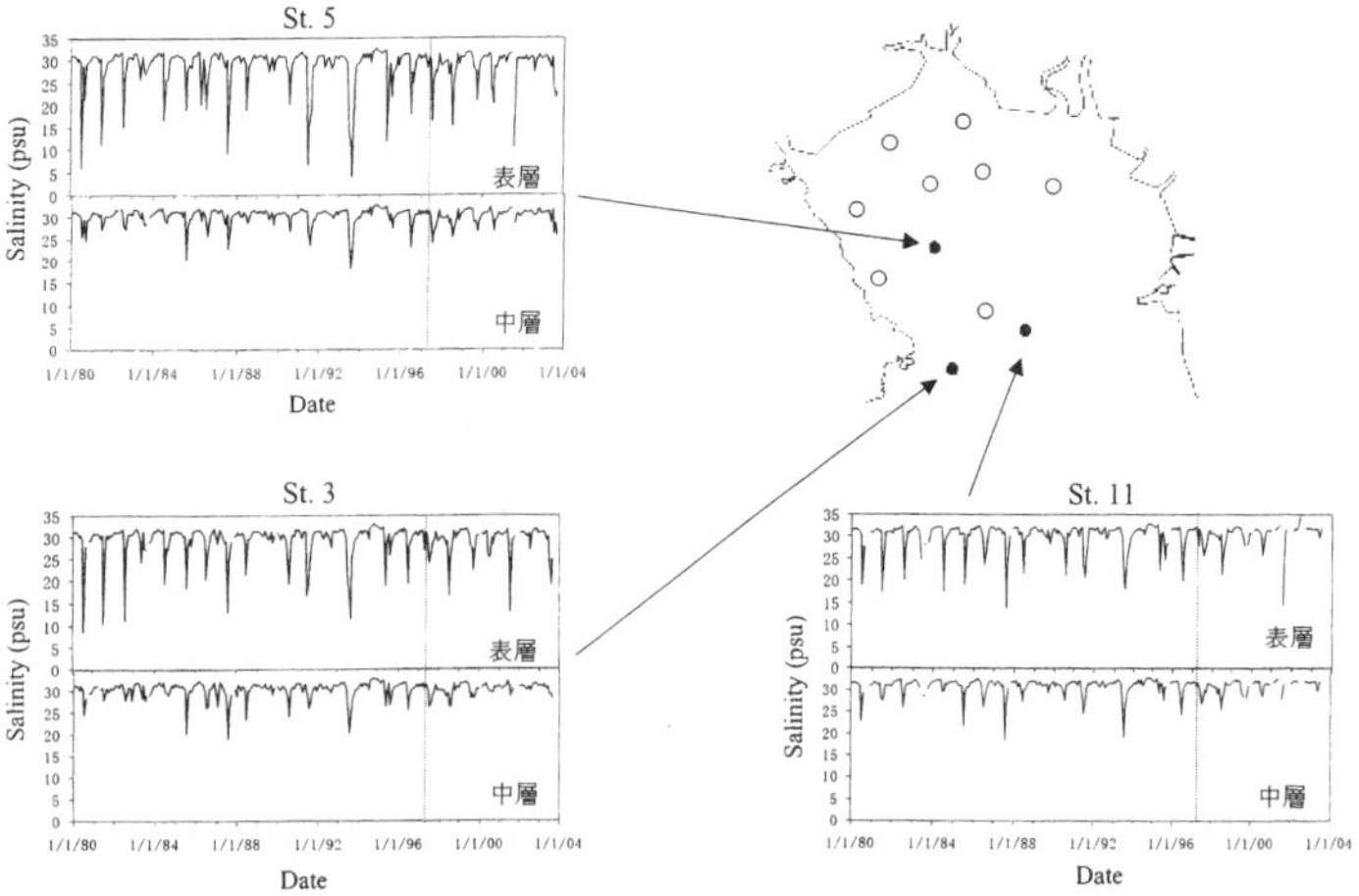

図5.12 有明海北部海域の表層（0m）および中層（5m）における塩分の経年変化、浅海定線観測データにもとづいて作成〈程木（51）による〉

さらに程木義邦氏はこの表層における成層化の問題も統計的に解析しました。この結果は東氏らの意見書のなかに紹介してあります[52]。ここでは密度成層を塩分成層で代表させています。**図5・13**は解析結果にもとづいて、堤防締め切り後に表層の成層が強まった測点（●）、または成層が弱まった測点（◎）と統計的に有意と判断される測点の範囲を示したものです。不明は○です。佐賀県(a)と福岡県(b)のデータを用いているので、二県に分けて描いてあります。これによれば、筑後川河口前面と、西側佐賀県沿岸から諫早湾にかけて成層が強まっています。有明海最奥部の干潟に接する浅海域ではもともと成層は生じにくいのでこの傾向は明瞭でありません。一方、筑後川の南側の大牟田・荒尾沖では成層が弱まっています。この結果は前項に述べた堤防締め切り後における河川水の広がりの変化と矛盾していません。

そしてこれは、密度成層が壊されやすい大潮期の

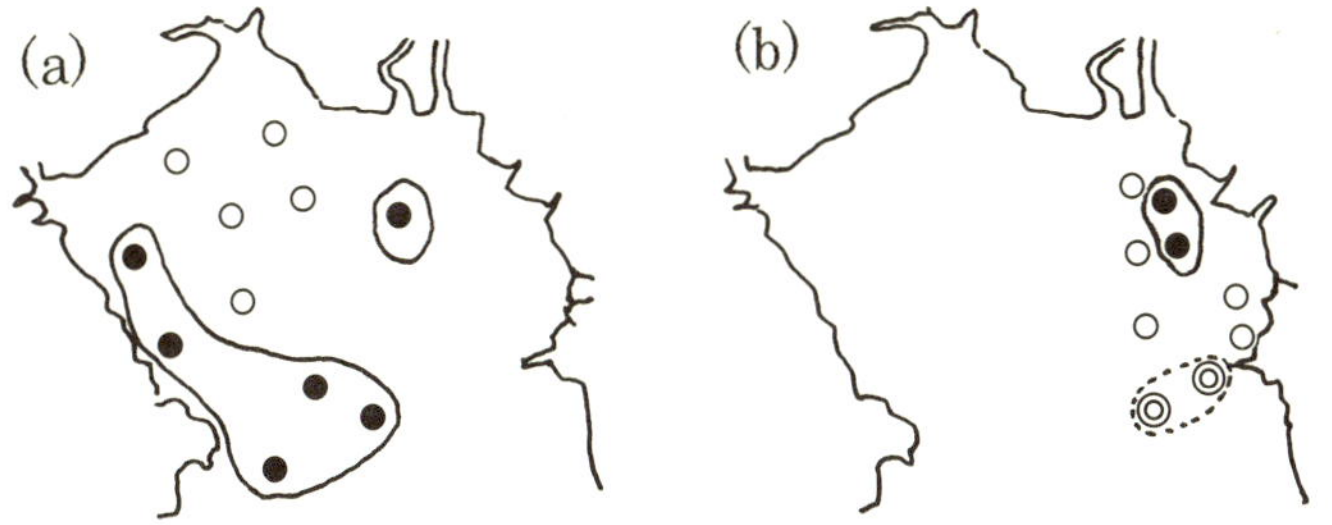

図5.13 潮受堤防締め切り前後における中層と表層の塩分差（中層−表層）の分布、程木の解析にもとづく。(a)佐賀県のデータ解析の結果、(b)福岡県のデータ解析の結果。締め切り後に塩分差が有意に増大を●、減少を◎、不明を○で表わす〈東ら(52)による〉

観測でもこの程度に認められるのですから、もし小潮期の観測データがあれば、筑後川河口より西側沿岸域における、堤防締め切り後の表層における密度成層の強化はよりいっそう明白になると思われます。

ただし、ここでは密度に及ぼす水温変化の効果は、塩分の場合より小さいとみなされるので無視していますが、正確には確認する必要があります。

6　表層における赤潮の激化

前にも述べましたが代田昭彦氏は、有明海は瀬戸内海よりも汚染が進み赤潮が発生する条件が揃っているにもかかわらず、これまで問題にするような赤潮は一度も発生したことがないと報告しています。[24] この理由は第3章で説明しました。

ところが最近になって有明海で大規模な赤潮が頻発し、環境の悪化をもたらすとともに、ノリ養殖事業に大被害を生じています。赤潮最大面積と継続日数の積で定義した赤潮発生規模指

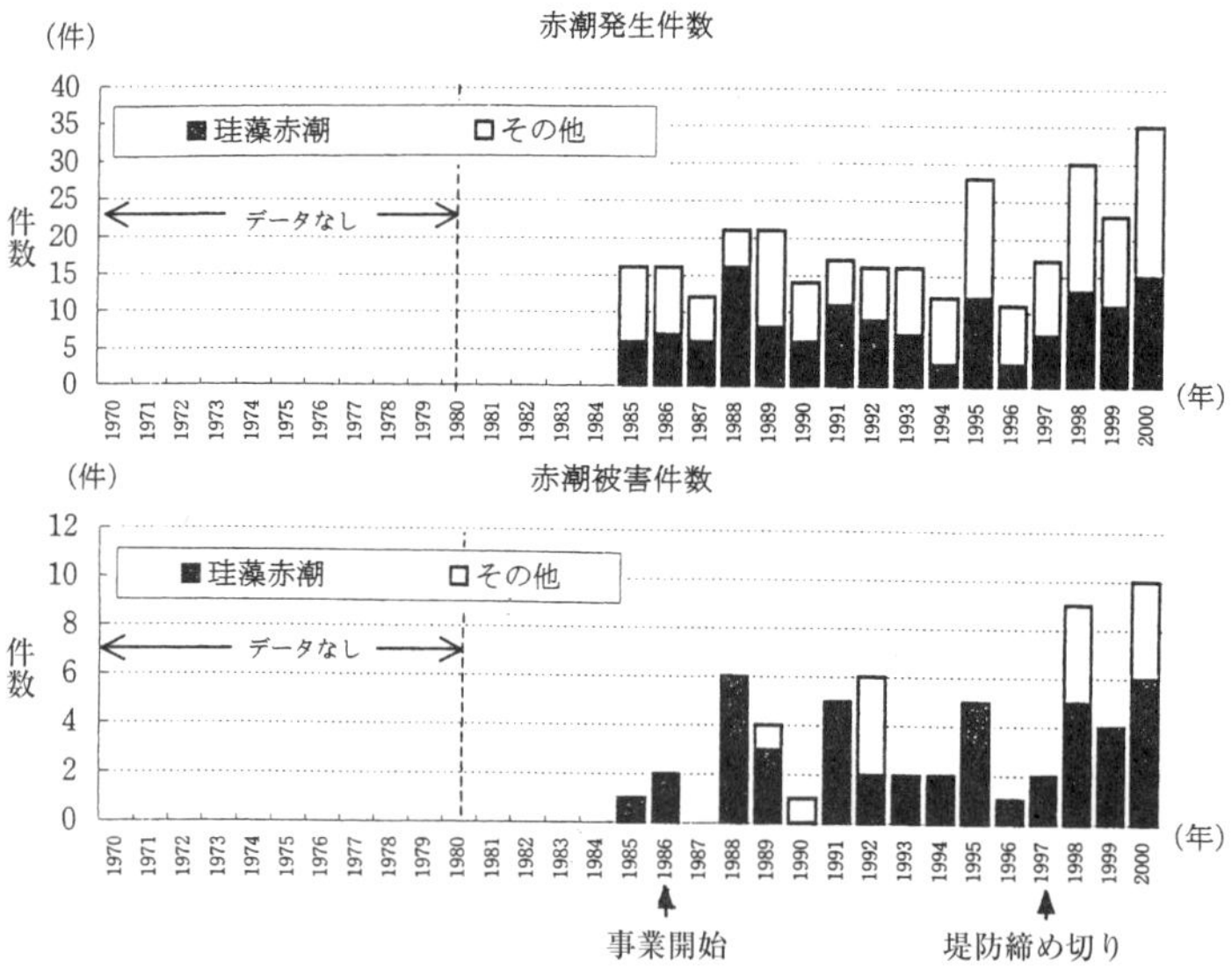

図5.14 有明海における赤潮発生件数と被害件数の経年変化、有明海30年の推移のとりまとめの結果〈農水省(53)による〉

数の、ノリ養殖にとってとくに重要な一〇～一二月における経年変化を示した**図1・3**を見れば、上記のことは潮受堤防が締め切られたのちに顕著になっていて、その原因は諫早湾干拓事業であることは、だれしもが容易に推測できるでしょう。

年間を通しての赤潮発生回数と被害件数を、農水省の資料[53]から引用すると**図5・14**のようになります。一九八〇年以前にはデータがありませんが、最初の赤潮と被害の発生は諫早湾干拓事業開始一年前に始まり、堤防が締め切られた一九九七年のあとで、それらがとくに顕著になったことがわかります。

図1・3を作成した堤裕昭氏らの研究グループは、さらに顕著な赤潮の場合について、この指数と赤潮発生前の降水量

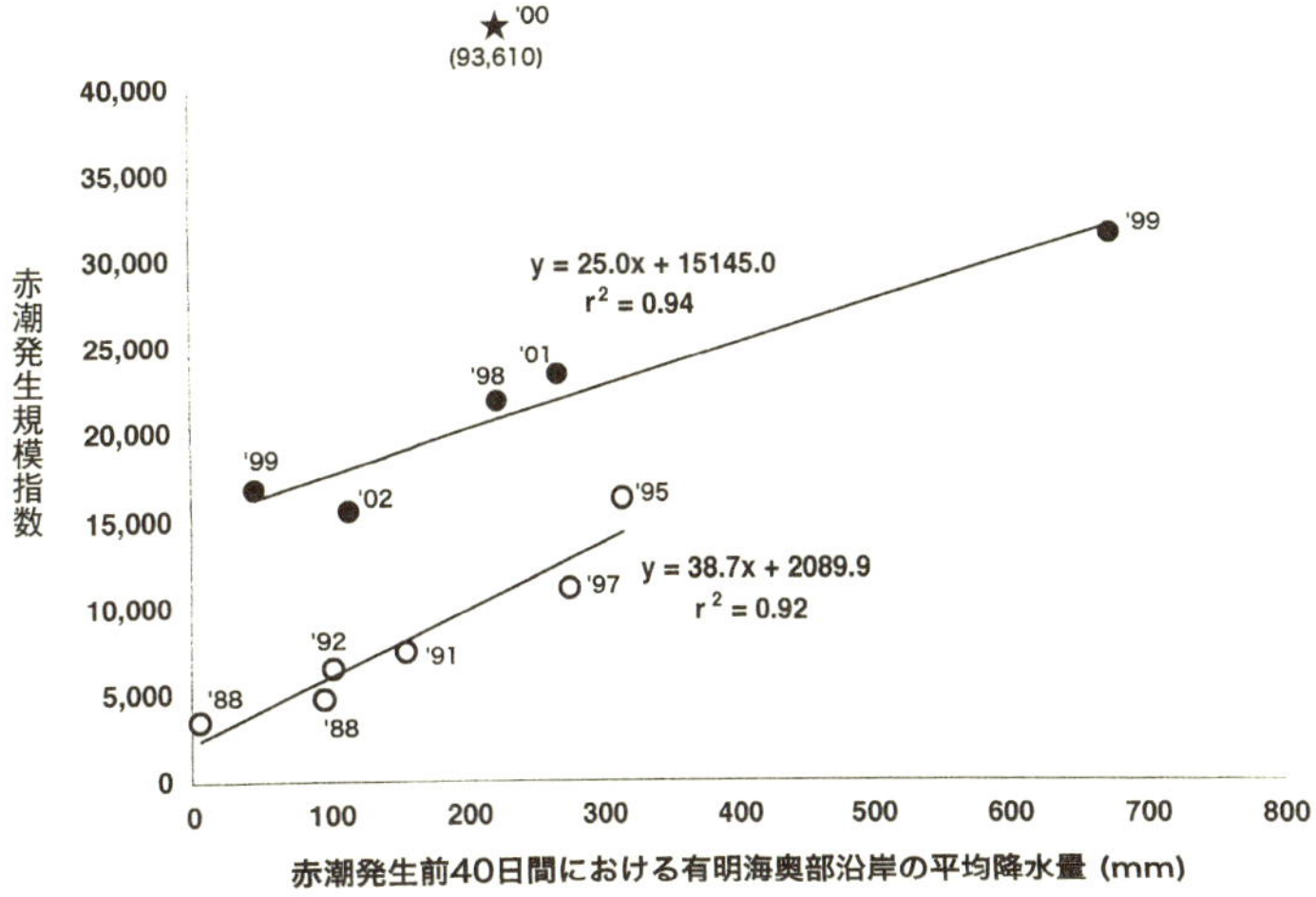

図5.15 有明海における赤潮発生規模指数と平均降水量との関係、潮受堤防締め切りの前後に存在する定量的関係のジャンプの存在に注目〈堤(3)(54)による〉

との関係を調べて**図5・15**に示す結果を得ました[3][54]。この図によれば、降水量が多くなると赤潮の規模も比例して大きくなることがわかります。

ここで注目すべきなのは、一九九七年に潮受堤防が締め切られる以前と、それ以後の一九九八〜二〇〇二年の間には、赤潮発生規模と降水量の比例関係が明らかに異なっていることです。堤防締め切り後は、その前に比べて、同じ降水量であっても、発生する赤潮の規模は一段と大きくなっているのです。たとえば降水量が一〇〇ミリメートルの場合は約三倍、二〇〇ミリメートルの場合は約二倍にも増大しています。ただし歴史的ノリの大凶作をもたらした二〇〇〇年の赤潮は特別で、その他の場合よりもはるかに大きな倍率になっています。

ところで、河川流量が流域の降水量に比例すると考えることは、近似的には許されるでしょう。すると図5・15の結果は、同じ河川流量であっても、堤防締め切り後は発生する赤潮が大規模になったことを意味します。なぜでしょうか。

東京湾、伊勢湾、瀬戸内海など、わが国における多くの内湾の顕著な赤潮は、一般に陸域などからの栄養塩負荷の増大によるものです。しかし有明海に注ぐ一級河川から海域に流入する栄養塩の量は、第7章3節で述べますが長期的な変化傾向は認められず、堤防締め切りの前後でとくに変化があったとは考えられません。そこで考えられるのは、河川から流入する栄養塩量は変化しなくても、潮受堤防締め切り後に富栄養化が発達しやすい状態が、有明海湾奥海域で発生するようになったということです。その理由はつぎのように考えられます。

ここで読者は、堤防締め切り後に、筑後川の水が有明海奥部から西方へかけてより多く輸送されるようになったことが第5章4節で、およびこの海域で表層の密度成層が強まっていることが第5章5節で、事実をもって明白に示されていることを思い起こしてください。

つまり、潮受堤防締め切り前に比べて、有明海奥部から西方にかけて河川水がより多く輸送されてきます。なおまたこの海域では、潮流の弱化も重なって表層の密度成層が強まり、鉛直混合も衰えているので、河川水を含む低塩分水は海面表層に薄く広がります。このような海洋構造が発達した有明海奥部の表層においては、もとの河川から海への栄養塩の供給総量が同じであっても、海域表面の薄い層の濃度が著しく高くなって顕著な赤潮が発生しやすくなるのは当然のことです。すなわち栄養をたっぷりと含む表層水中では、光を受けてプランクトンは活発に光合成を行なって増殖し、赤潮も大規模化するは

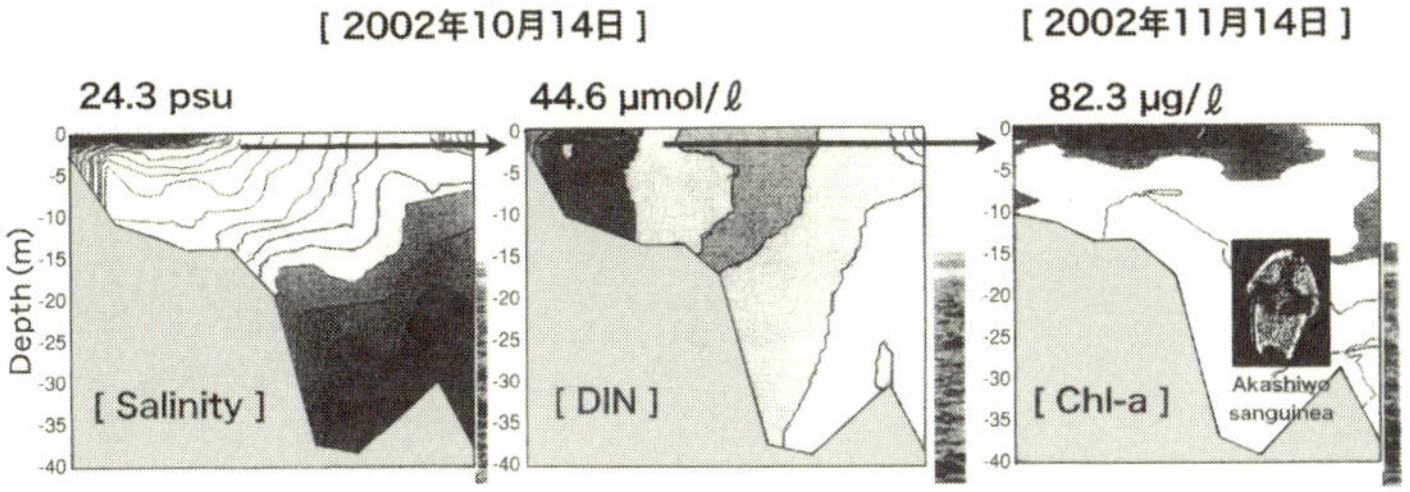

図5.16 有明海湾奥から湾口に向かう鉛直断面における、塩分（左）、溶存態無機窒素（中）、クロロフィルa（右）の分布、降雨後の河川水の広がり、表層の溶存態無機窒素の増大、赤潮の発生の過程を示す〈堤ら(55)による〉

ずです。

このような機構で有明海奥部において顕著な赤潮が発生することは、堤氏らの研究グループが綿密な現地観測をくり返し実施して実証しています(3)(54)(55)。

たとえば**図5・16**には、湾奥部から湾口に向かう縦断面における塩分（左）、溶存窒素（中央）、および植物プランクトンに含まれるクロロフィルａ（右）の鉛直分布が描かれています。クロロフィルａは、植物が光合成を行なうときに使われるもので、植物プランクトンの存在量を代表しています。**図5・16**の左図では、洪水後の湾奥部に河川水を多く含む低塩分水が表層に流入して、塩分の最低値は二四・三にも下がり、強い密度成層が形成されていることがわかります。この低塩分水の流入によって、中央図が示すように、表層の栄養塩濃度は急激に上昇して、最高値は四四・六マイクロモル／リットルに達しています。そして右図のようにクロロフィルａ濃度が高まり、やがて最高値は八二・三マイクログラム／リットルになるような顕著な赤潮になるのです。

なお有明海における顕著赤潮の発生域には、この奥部海域のほかに図5・8から推測されるように、栄養豊富で海水が停滞した諫早湾があります。事実、堤防締め切り後に、ノリの歴史的不作をもたらした二〇〇〇年の大赤潮の場合には、赤潮の発生は諫早湾付近から始まったことが、衛星画像の解析によって認められています[56]。

以上のことから、最近における赤潮の頻発に対して、堤防締め切りの影響が甚大であることは間違いないと思われます。なお図5・15によれば、二〇〇〇年の歴史的大不作は、締め切り後の一般的な比例関係からはずれて特大の赤潮となって例外的ですが、これを考えなくても以上の結論が導かれることはきわめて重要です。なお二〇〇〇年の赤潮が特別大きくなった理由は第8章3節で考察します。

7　底層における貧酸素水塊の頻発

代田昭彦と近藤正人の両氏は有明海の溶存酸素について、「有明海では夏の成層期でも大きな潮汐に影響されて鉛直混合が活発で、他の内湾に比べ成層の発達は顕著でない。そのため、低酸素水塊の発達はほとんどみられない。(中略)したがって、季節的にはどの水域も夏に低く、冬に高い明瞭な変化を毎年繰り返している。このように、溶存酸素の値は夏でもそう低下しないため生物生産にはほとんど影響は現れていない」とまとめています[25]。

このように、本来は閉鎖的で汚濁に弱い有明海で、以前には貧酸素水塊の発生が問題になることはなく、わが国内湾で瀬戸内海とならんで最大級の生産力を誇っていたのです。そして図5・14によれば、

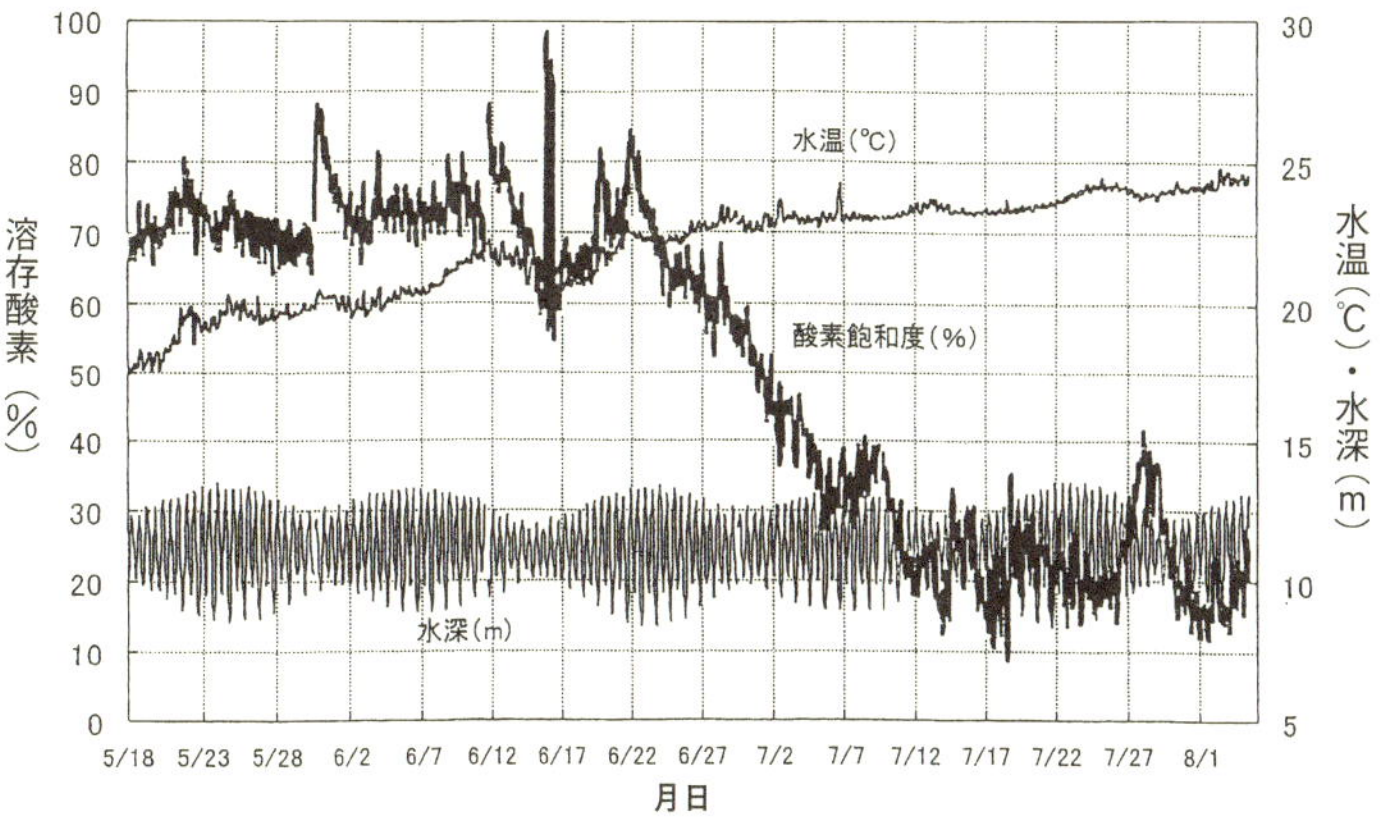

図5.17　諫早湾口における酸素飽和度、水温、水深の時間変化〈西海区水産研究所の観測、ノリ第三者委員会資料による〉

最初の赤潮被害は一九八五年に発生したのでした。

最近になって、梶原義範氏ら[57]木元克則氏ら[58][59]や田中勝久氏ら[60]、その他の研究者によれば、事情が大きく変わったことがわかります。すなわち有明海では夏季の小潮期間に、底層の溶存酸素濃度が大きく低下する現象が頻発するようになりました。そして発生域は貝類資源をはじめとする有明海の水産業にとって非常に重要な海域であるために、たいへん憂慮すべき問題になっています。諫早湾口の底層で連続測定された溶存酸素の時間変化の例が**図5・17**に示されていますが、底層水が貧酸素化する状況がみごとにとらえられています。貧酸素状態はその後台風の働きで、海水がよくかき混ぜられるまで続きました。最近では貧酸素水塊の動態や生成機構もだいぶ理解できるようになりました。第九回有明海・八代海総合調査評価委員会資料では、「貧酸素水塊発生場所の中心は、有明海湾奥部の干潟周辺域と諫早湾内にあり、夏季の小潮時に急速に発達し、潮汐により沖側へ輸送されるもの

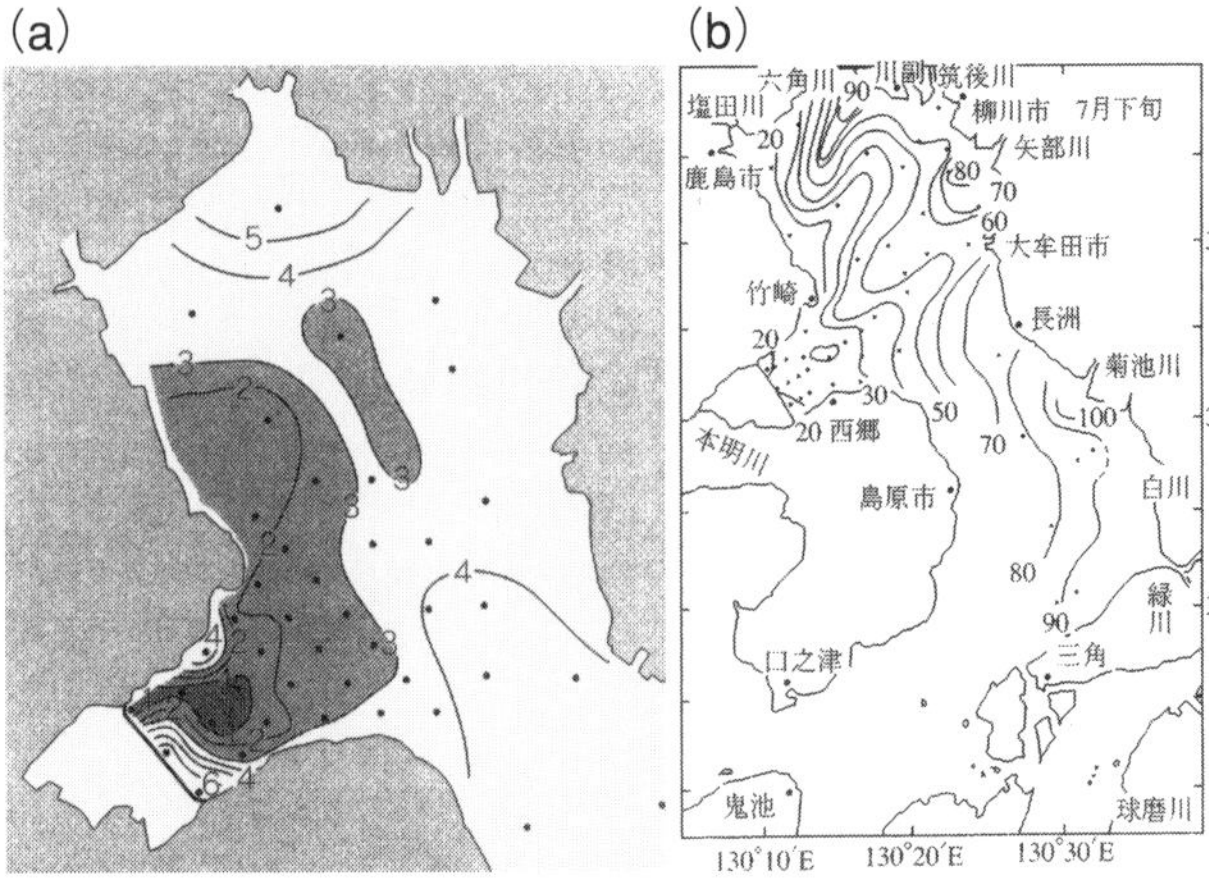

図5.18 (a)有明海北部海域における底層(海底上0.5〜1m)の溶存酸素濃度(mg/ℓ)の分布、2001年8月5〜7日〈日本自然保護協会(61)による〉
(b)有明海底層における溶存酸素飽和度(%)の分布、2001年7月下旬〈西海区水産研究所作成、ノリ第三者委員会資料による〉

と推察される」と述べています。

図5・18(a)は程木義邦氏らが観測して得た、諫早湾付近の底層における溶存酸素の分布を示したものです。[61] 生物の生存のためには海水一リットル中に三ミリグラム程度の酸素が必要といわれますが、三ミリグラム以下の貧酸素水が諫早湾から有明海西部にかけて、のびて拡大していることが注目されます。なお公害等調整委員会の専門委員は数値シミュレーションによって、諫早湾前面に存在する谷地形に沿って北上する流れが存在し、湾口から湾奥に進むエスチャリー循環の一部を形成していると報告していますが、[17] これは上記程木氏らの観測結果を支持しています。なお諫早湾における堤防締め切り後の貧酸素水塊の発生は、東幹夫氏によっていち早く見出されました。[62] 同氏はまた、貧酸素水塊の形成には、東京湾などの浚渫跡で深刻な問題になっていることですが、干拓のた

めに諫早湾口付近に残された深い浚渫跡の影響も指摘しています。

一方、有明海奥部の貧酸素水塊については、前記西海区水産研究所の研究者たちによる綿密な観測があります。それによれば、湾奥部の貧酸素水塊は一般に小潮時に発生します。だが水深がより大きな沖合では、潮汐の影響は浅海域ほど大きくなく、成層が形成されると徐々に溶存酸素が低下して貧酸素化し、台風などによる擾乱が起きるまで貧酸素化は持続すると報告しています。図5・18(b)に西海区水産研究所が得た有明海底層の溶存酸素飽和度（パーセント）の分布が示されています。有明海奥部の干潟域から諫早湾奥にかけて、潮受堤防締め切り前には見ることもなかった貧酸素水塊の広大な広がりが見てとれます。

ここで、貧酸素水塊の二つの発生域すなわち有明海湾奥と諫早湾は、前節に述べたように、堤防締め切り後に赤潮がとくに顕著に発生するようになった海域と、およそ一致することに注目してください。有明海だけでなく閉鎖的な内湾においては、顕著な貧酸素水塊の発生域は、顕著な赤潮の発生域とほぼ重なることは一般的なことですから、このことは当然といえます。

赤潮で発生した膨大な生物の遺骸は、海底へ沈んで堆積します。しかしこの時期は密度成層が発達しているために、表層から底層への酸素の供給は大きな制限を受けます。その結果、底層の酸素は消費されて著しく不足し、微生物による有機物の分解は進まず、底層は貧酸素化、底質はヘドロ化することになるのです。

有明海奥部と諫早湾において、これほど顕著な貧酸素化を生じる要因はほかに見出されないので、上記の事実から判断して、有明海における最近の著しい底層の貧酸素水塊の頻発は、諫早湾干拓事業にともなう潮受堤防の締め切りの結果であると考えて、まず間違いないと思われます。そしてこれが、有明海の底層と海底の環境と生物に与える影響ははかりしれないと想像されます。

8　底質の泥化・細粒化

(1)　泥状海底の拡大

漁師たちから諫早湾の堤防締め切り後に、有明海で底泥の範囲が広くなったという話を聞くことがあります。事実、**図5・19**に農水省のノリ第三者委員会にも提出された佐賀県の資料を引用しておきましたが、このことがじつにはっきりと認められます。図によると中央粒径値Mdφが7以上の微細な底泥域は、潮受堤防締め切り直後の一九八九年八〜九月には湾奥部の佐賀県側に限られていましたが、堤防締め切り後の二〇〇〇年九月には湾中央部にまで広がってきました。

ここで海底の砂や泥の大きさを代表する中央粒径値Mdφについて少し説明を加えておきます。一般に沿岸の海底にはさまざまな大きさの砂や泥が存在し、それらの粒径は広い範囲に広がっています。それゆえにある場所の底質を採取して大きさを分類するときに、細かい底質にも配慮するためには、粒径値(D、ミリメートル)そのものでは適当でないので、代わりにφ(ファイ)とよばれる量が用いられます(式で表わすと$\phi = -\mathrm{Log}_2 D$、すなわち$D = 1 \div 2^{\phi}$、2^{ϕ}は2をφ個かけあわせたもの)。この量φ

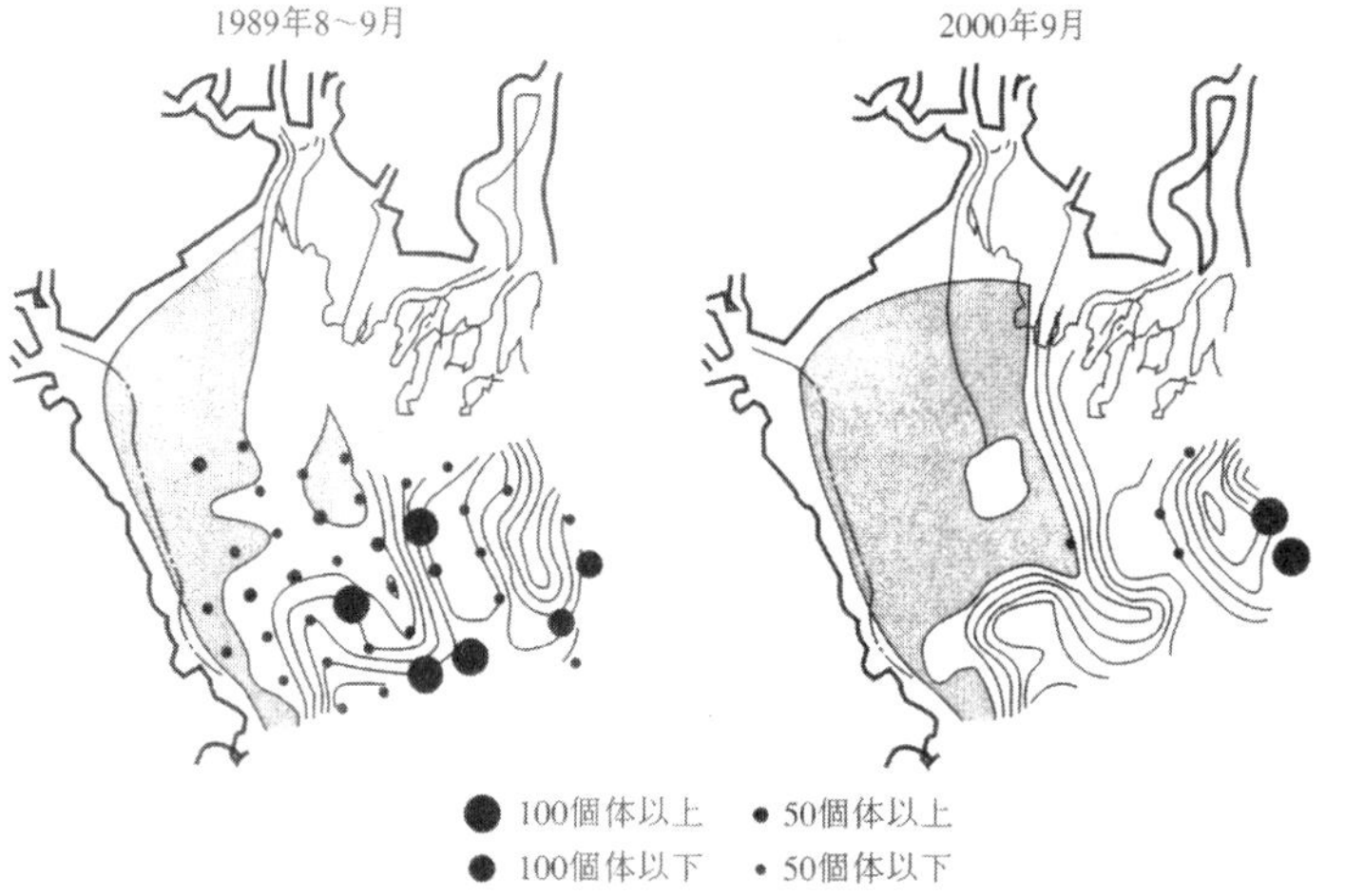

図5.19　有明海北部海域における潮受堤防締め切り後の底泥の広がりとタイラギの生息状況の変化、灰色部分はMd ϕ が7以上（0.0078ミリ以下）の有明粘土の分布範囲〈佐賀県有明海水産振興センター資料による〉

を用いて底質資料の粒度頻度分布図を作り、その中央の粒径をもつ粒子の大きさを、この底質の中央粒径値Md ϕ といいます。Md ϕ が1のとき中央粒径はD＝1/2＝0.5ミリメートル、4ならばD＝1/16＝0.063ミリメートル、そして7ならばD＝1/128＝0.0078ミリメートルの大きさになります。

なぜ泥状域が拡大したかといえば、第5章2節で示した観測事実が示すように、堤防締め切り後に有明海では全般的に潮流が減少してきたことから当然といえます。なお有明海では、三池港以南の熊本県沿岸の干潟は基本的に砂質ですが、三池港以北から西方の諫早湾にかけては泥質の干潟になっています。これは、有明海西岸には大きな川が乏しく、また有明海奥部では反時計回りの環流が卓越しているためと考えられます。そして第5章4節で示したように、堤防締め切り後には筑後川などの河川水の影響が、有明海奥部の西側に強まってきたこととも深く関係していると考えられます。

（2）中央粒径値の劇的変化

有明海の底質について、これまで鎌田泰彦氏[63]、木下康正氏ら[64]および中嶋健太氏ら[65]によってくわしい粒度分析結果が報告されています。これらを比較すると、有明海の中央粒径の分布が最近劇的に変化していることが明瞭に認められます[66]。比較した結果を**図5・20**の左側に示します。左側の三つの図は、それぞれの図中に記してある有明海の多数の各底質採集地点において求められた中央粒径値Ｍｄφの、有明海全域に対する頻度分布を描いたものです。

これによると、堤防締め切りにいたる一九五七年から一九九七年までの間、中央粒径の最大頻度は中粒砂（1～2φ）であって、過去四〇年間に変化がなかったことがわかります。ところが堤防締め切り後の二〇〇二年には、中粒砂が減ってそれより細かい細粒砂（2～3φ）が著しく増えて頻度が最大になっていることが認められます。底質は水質などに比べて安定性が強いので、この結果は堤防締め切りが有明海の底質に及ぼした影響をきわめて明瞭に示しています。

東氏はさらに、諫早湾から有明海湾奥部を対象にして、堤防締め切り以後における中央粒径値の頻度分布の変化をより詳細に観測しました。その結果は**図5・20**の右側に描かれてあります。これらの一連の調査結果によると、頻度のピークが中粒砂（1～2φ）から細粒砂（2～3φ）への転換は、左側の

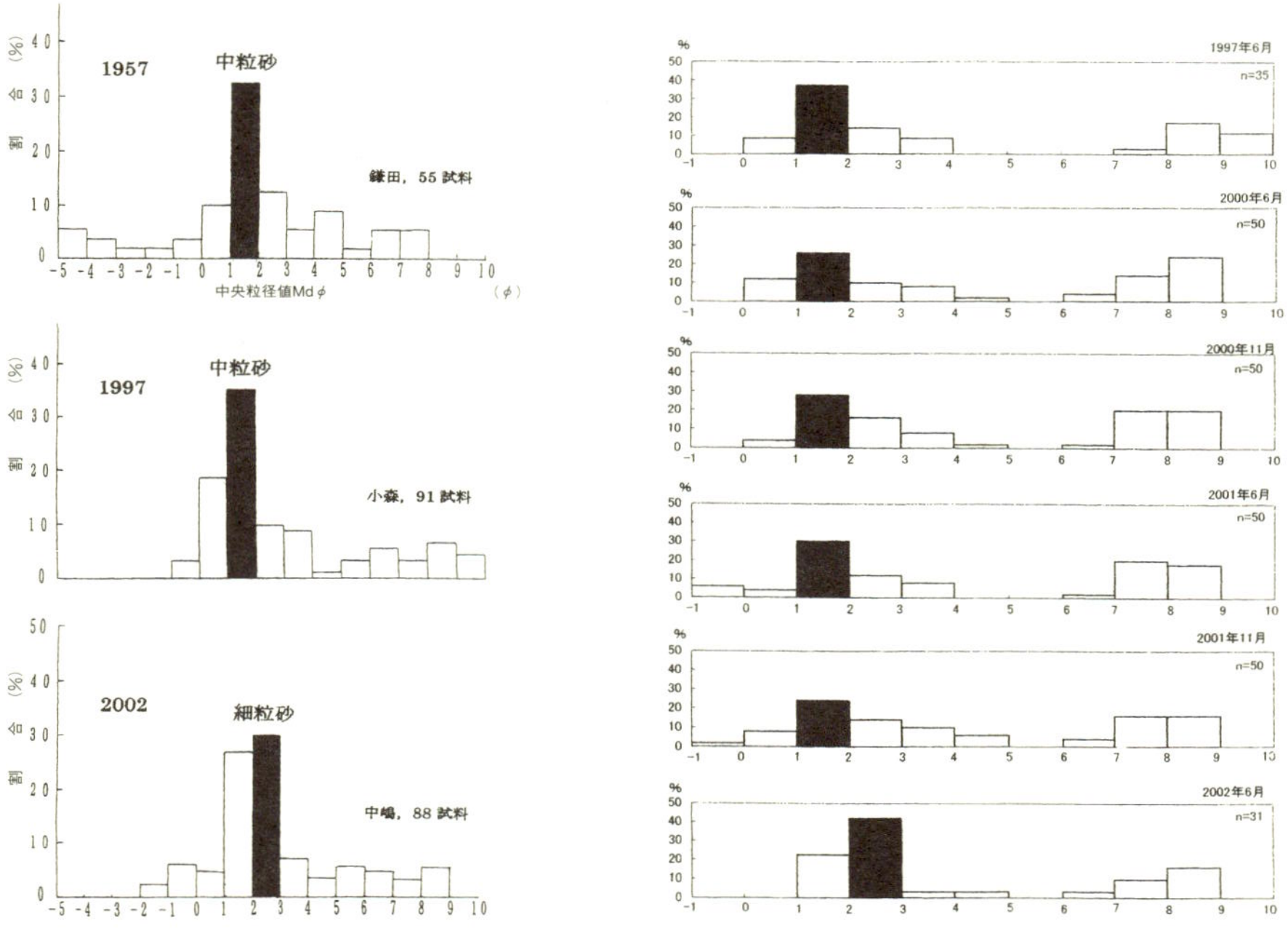

図5.20　有明海における中央粒径値（Md φ）の変遷、左：1957年、1997年、2002年の比較、右：潮受堤防締め切り後の比較、いずれも2002年に変化が出現〈東(66)による〉

結果と一致して二〇〇二年ごろであることがわかります。堤防締め切りによる潮流の減少に対する底質の応答時間が、このように具体的に把握できたのは興味深く貴重です。

（3）空間分布

東氏はまた、諫早湾から対岸の熊本県に向けて、中央粒径値の水平分布の時間変化を詳細に調べました[66]。その結果、図には示しませんが、細粒砂の分布範囲が時間の経過とともに、諫早湾口から湾外の有明海中央部へと広がっていることが明瞭に認められました。

諫早湾では干拓事業にともなうもろもろの工事（杭打ち、干拓、埋め立て、浚渫）、さらに工事船の頻繁な往来などのために土砂が激しく攪乱され、さらに湾内では**図5・3**に示されるように潮流の減少がとくに顕著なので、底質は細粒化しやすく、これが湾外へ広がっていったものと思われます。

そして東氏は有明海全域の粒度分布を解析して、堤防締め切りが底質に及ぼす影響は有明海全域に及んでいることに注意を喚起しています。このことは第2章1節で指摘されていることですが、内湾の共振潮汐の特性として、湾奥近くの開発事業にともなって生じる横断面通過流量の減少は、じつは遠く離れた有明海の湾口で最大に達するという事実からありうることと考えられます。

9　透明度の上昇

第3章1節で、有明海は閉鎖性が強くて非常に汚濁しやすい海域であるにもかかわらず、かつては瀬戸内海にならんで日本の沿岸漁業で最高水準の生産力を誇っており、それは有明海にはずば抜けて浮泥が多いことが重要な理由であることを述べました。浮泥が多いことは透明度が低いことを意味します。

ところが最近、漁師たちから、浮泥が減ってきたとか、透明度が高くなったという話を聞くことがあります。またノリ第三者委員会の最終報告書[67]や中田英昭と野中裕子両氏[68]によれば、有明海で近年透明度が上昇していると述べてあります。とくに後者においては一九九〇年代後半の上昇が顕著であり、これに対応して赤潮の発生件数も増えていると指摘されています。

最近清本容子氏らは、浅海定線観測結果を統計的に解析して、有明海の透明度の経年変化について確度の高い結果を得ている[69]ので、紹介しておきます。

この研究によれば、有明海奥部のかなり多くの地点において、透明度の年平均値に有意な上昇傾向が認められました。変動の激しい沿岸浅海域でしかも月にたった一回の観測で、有意な長期傾向が把握できたというのは重要です。そして四～九月と一〇～三月にわけると、前者よりも後者の季節のほうが、透明度の上昇がより明瞭で顕著でした。後者の季節では前者よりも河川流量が少なくて密度成層が弱いので、より安定した変化傾向がつかめたものと思われます。一〇～三月における透明度平均値の顕著な経年変化の二例（太良町沖と諫早湾口）を**図5・21**に示しておきました。黒丸で示される塩分はほぼ一定で安定していますが、白三角で示される透明度においては明瞭な上昇傾向が認められます。

　海域別で見ると過去二九年間の間に、諫早湾口部から太良町沖合にかけての有明海湾奥の西部海域ではとくに上昇傾向が明瞭で、年平均値で一・一メートルの上昇が認められる地点もあります。なお一〇〜三月の期間に限れば、一・六メートルもの上昇地点も見出されます。これに対して、湾奥の東部海域では一般に上昇傾向は明瞭でなく、三池港沖や筑後川河口ではわずかながら透明度の低下傾向も生じています。

　清本氏らは透明度上昇の原因についても考察を加えて、潮流の流速低下による浮泥の巻き上がりの減少など、環境変動にともなって浅海域においてSS濃度が長期的に低下した影響が大きいと推察してい

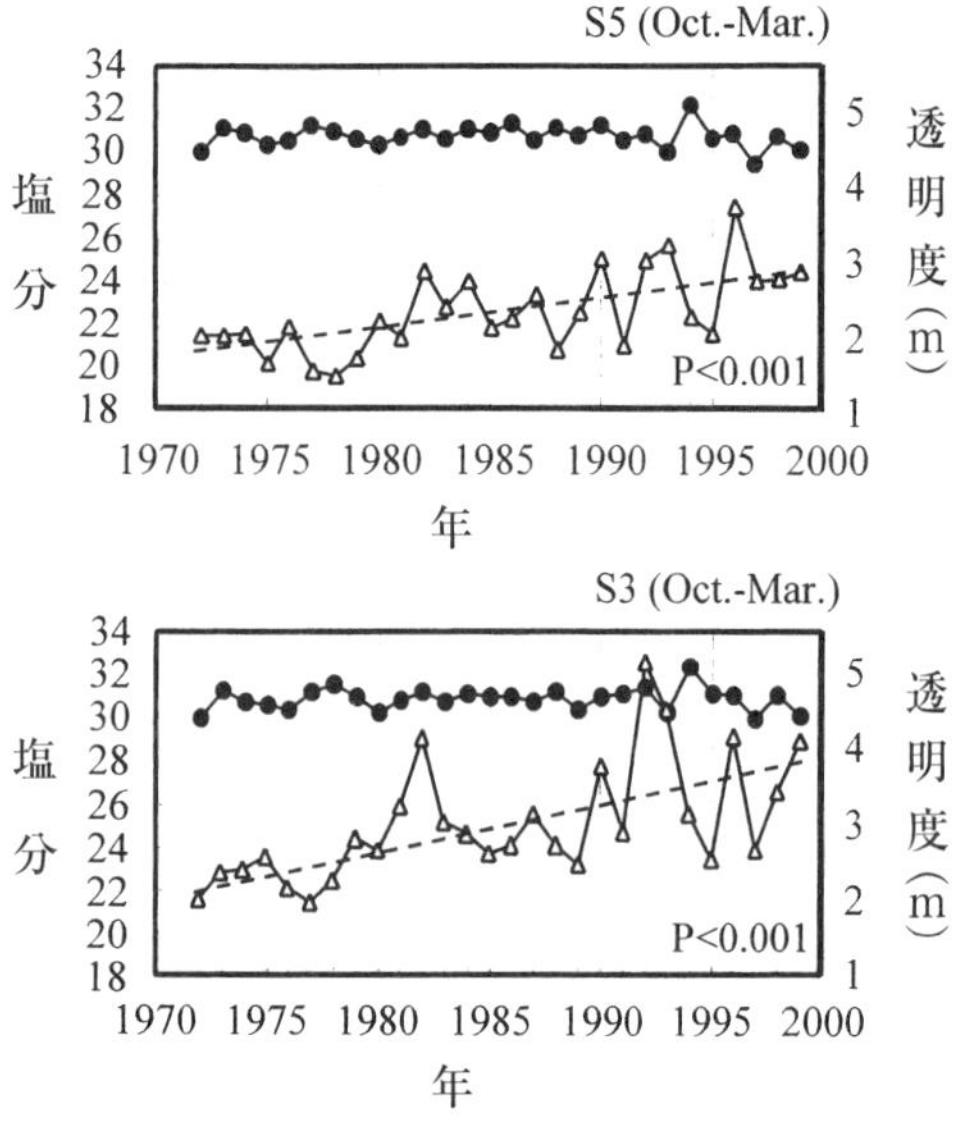

図5.21　有明海北部2点（上段S5は太良町沖、下段S3は諫早湾口）における寒候期の透明度（白三角）と塩分（黒丸）の経年変化〈清本ら(69)による〉

ます。というのは、有明海の外部海域では干拓事業開始前の一九八〇年ころから潮汐が減少する傾向が見られ[34]、これに応じて当然のこととして湾内の潮汐および潮流も減少してきました。そして一九八六年から始まった諫早湾干拓事業による潮汐と潮流の減少が、これに加わりました（**図5・1**参照）。このような潮流の長期的低下が、SS濃度の減少を引き起こして、この透明度の長期的上昇に大きく寄与したと思われます。

潮受堤防の締め切り後における潮汐、つまり潮流の減少に対する干拓事業の影響は、第5章1節に述べたように、灘岡・花田両氏の数値シミュレーション[37]および私のデータ解析[36]によれば、全減少量の半分程度になります。それゆえこの透明度の長期的減少に対して、干拓事業の効果は重要な役割をはたしていると判断されます。透明度の上昇が環境に与える影響として杉本隆成氏ら[27]や田中勝久氏ら[70]は、小潮時における懸濁粒子濃度の低下すなわち透明度の上昇による光条件の好転が、赤潮の発生発達に大きく関与する可能性を指摘しています。

以上のように本章では、九項目の重要な環境要因すべてが諫早湾干拓事業後に変化するか、または変化が急になったこと、およびその発生理由に干拓事業が関与している可能性が高いことが、観測事実にもとづいてかなりの程度明確にすることができたと思います。これらの変化が生物や漁業に与えた影響については、第8章で検討します。

第6章 有明海の漁師が肌で感じたこと

海のことは漁師に聞けという言葉があります。漁師は毎日のように海に出て、海の変化を肌で感じています。激変する有明海に働く漁師たちから、海の環境と漁業の変化について、私たちが教えられることは少なくないでしょう。かつて水俣の漁師が、新日本窒素肥料（のちにチッソと改称）の工場排水が水俣病の原因であるといいだしてから、因果関係を政府が認定するにいたるまで、じつに数十年の歳月を要しました。この結論に終始執拗に反対した事業者、関係政府当局、これに迎合した学者たちの責任はきわめて重大であり、これに立ち向かった被害者と漁師、それを支える医師・研究者、弁護士、一般市民たちの苦労と努力ははかりしれないものがあったと想像されます。

諫早湾干拓事業の場合には、同じ過ちをくり返してはなりません。事業者たる農林水産省、有明海に面する県とくに長崎県、およびわが国の環境に責任ある環境省、有明海の環境・漁業問題に関連して設けられた各種委員会委員とくに学識者、さらにこの問題を扱う司法関係者には、漁師の体験にもとづく発言を真摯に受け止めて、そのなかから真実を読みとる姿勢と努力を切望します。

諫早湾干拓事業の中止を求めて、有明海沿岸四県の漁民、一般市民、弁護士や研究者などが二〇〇一年に結成した「有明海漁民・市民ネットワーク」は、有明海に生じている諸現象と諫早湾干拓事業との関係を理解するために、約六〇〇名の漁民にアンケート調査を行ないました。そして約二〇〇名から回答を得て、これをまとめて「諫早湾干拓が海を変えた――有明海漁民アンケート調査結果報告書」（アンケート報告書）を二〇〇三年に発表しました。[71] 一方、これより前に諫早干潟緊急救済東京事務所・諫早干潟緊急救済本部・ＷＷＦジャパンは、「市民による諫早干拓『時のアセス』」（市民アセス）を二〇〇一年に公にしました。[72]

両報告書には漁師が体験した内容が多数掲載されています。アンケート報告書を中心にして、市民アセスと、私が二〇〇一年に有明海四県を回る珍道中で得た聞き書きとをあわせて、漁師が実際に体験したことの要点を、本章で簡単に紹介することにします。第5章で得られた結果も、漁師の実感の大部分を裏書きするものであったといえます。ただし、漁師が伝える内容には主観が入り、また数値的精度に限度があることは当然と考えなくてはなりません。したがって私たちがこれらから、必要で真実と思われる情報をくみとるときには、慎重な配慮が必要なのです。

1　潮流と潮位の変化

（1）潮流

ほとんどの漁師は最近の潮流の変化を伝えています。具体的にはノリの支柱の揺れが少なくなった、網やロープなどの漁具がからまなくなった、潮が魚網などを押し流す力が弱くなった、浮きの沈みが軽くなった、これまでは流れが強くて作業ができずに時間待ちをしていたのにその必要がなくなった、岩礁に潮があたって渦を巻いて底から砂や泥が巻き上がっていたのがなくなった、海面のごみやプランクトンなどが流れていかなくなった、などの現場の体験者でなければわからないことです。

その他、流れの向きが変わった、潮の回り方が違ってきた、潮止まりの時間が短くなった、潮が速い時間が短くなった、底層が流れなくなった、底のヘドロが流れていかずに堆積するので網の汚れがひどくなった、などの話を聞くこともできます。ただし潮の流れの変化状態は、当然ながら場所によって一様ではありません。

そこでまず、最近流速がどの程度変化したかについて、アンケート結果を統計的に処理して、その結果を図6・1に示しました[33]。各海域の上段は平均の流速減少率（パーセント）、下段は回答人数です。ただし回答者一名以下の場合は空欄とし、また五割以上の潮流の減少値は過大であるので異常値として統計には加えてありません。上段の数値によれば、プラスとマイナスが消しあって変化がゼロの一海域を除いて、有明海の広い範囲で潮流の減少が生じています。最大の減少率四一パーセントは諫早湾内に生じていて、**図5・3**が示す結果と矛盾していません。諫早湾外の有明海における一〇～二〇パーセント台の減少は、第5章2節でくわしく述べた農水省および小松氏らの研究グループによる観測結果と同程度です。しかし、有明海全域におけるこのように大きな減少は、数値計算結果に比べると大きめであって、なお検討を要すると思われます。一方、流速が増えたとの報告もありますが、それは局所的でごく少数の地点のみです。

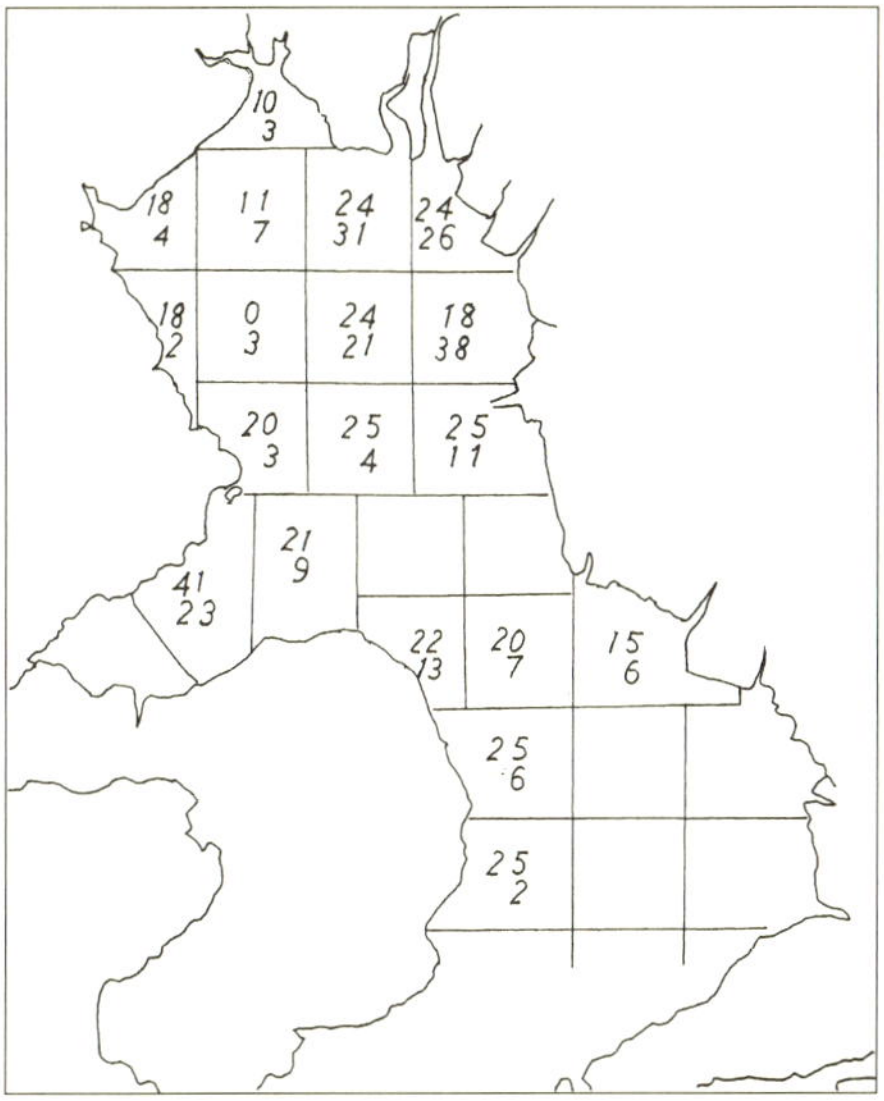

図6.1 有明海漁民・市民ネットワークの漁民へのアンケート（2003）の結果にもとづく各海区の流速平均減少率（上、%）と回答人数（下）〈宇野木（33）による〉

つぎに流速の変化にいつごろ気がついたか、という設問に対する回答を統計した結果を、**図6・2**に紹介しておきます。縦軸は変化を認識した年が二〇〇三年から何年前であったかを表わし、横軸は回答人数です。

これによれば、回答は二〇〇三年から五～六年前、すなわち潮受堤防の締め切りがあった一九九七年

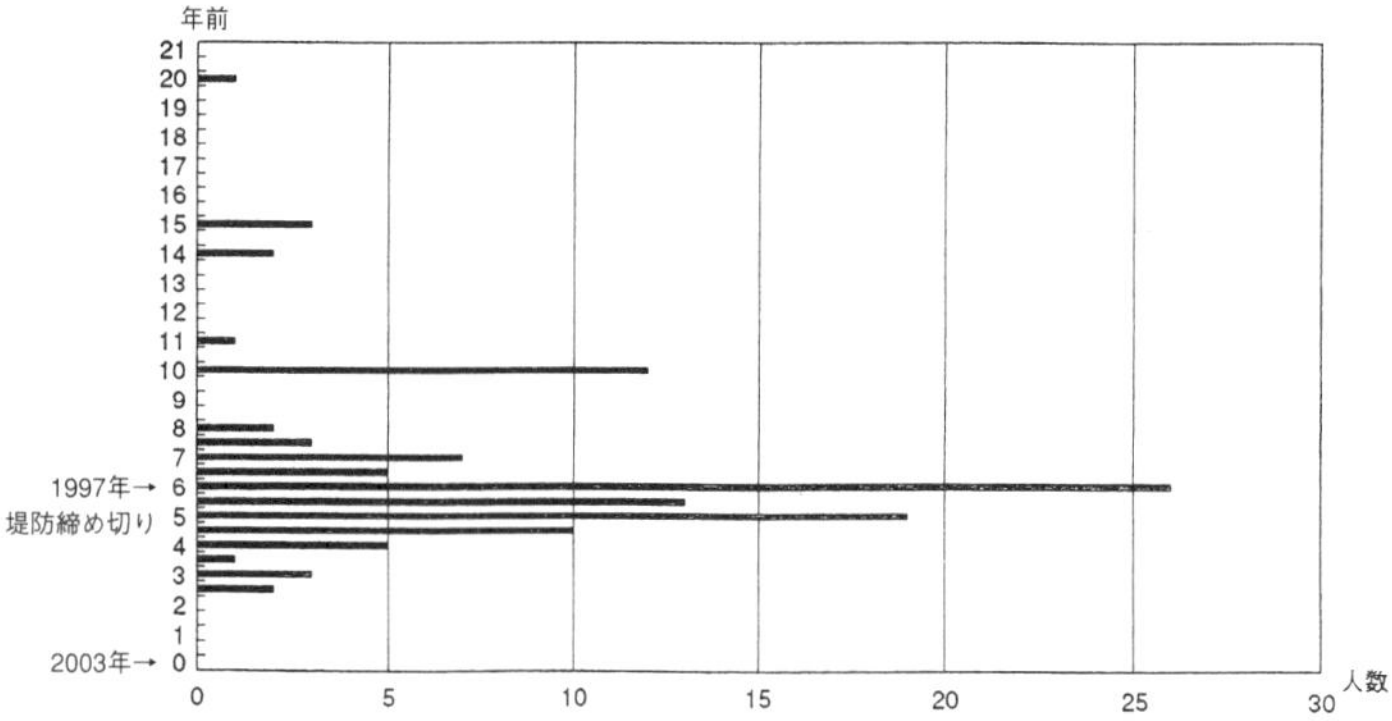

図6.2　漁民が潮流流速の変化を意識した年（2003年より前の年数）の頻度分布、横軸は人数〈有明海漁民・市民ネットワーク（71）による〉

直後から一、二年程度の短期間に集中しています。さらに流れの向きの変化に気がついた時期についての回答も、流速の変化の場合とほぼ同様な結果を与えています。以上のことから漁師たちは、潮受堤防締め切り直後から潮流の流速の減少や流向の変化が生じて、その変化は諫早湾内はもちろん、湾外の有明海でもかなり顕著であると実感しているといえます。

（2）潮位

一方、潮汐《ちょうせき》の大きさの変化、これは満潮と干潮の高さの差すなわち潮差（あるいは振幅）の変化を意味しますが、現場で認識しにくいために、これに関する情報はほとんど得られていません。そのかわりに認識しやすい満潮や干潮のときの潮位、つまり海面の高さの変化に関する回答は非常に多くあります。ただしこれは潮汐の変化そのものでないことに十分に留意する必要があります。

海面の高さの認識には、岩礁、ノリ支柱の天場、海岸階段との比較や、ノリ網の浸水状況、船着場や道路への浸水など、具体的な指摘が少なくありません。そしてほとんどの証言が、潮受堤防の締め切りのころから満潮位も干潮位もともに高くなったといっています。この海面上昇のために、すでに公表されている潮位表が海の作業や操業に参考にできなくて困った、という不満の声が多く聞かれました。

潮位の上昇量の認識では、地域差が存在するようです。有明海の西岸側では一〇～二〇センチメートル程度の上昇ですが、湾奥から東岸側ではそれより高くて三〇～四〇センチメートル程度の上昇という証言が多いのです。しかしこれを平均海面の違いとするならば、湾の両側におけるこのような上昇量の相違は、物理的には理解しがたいものです。なぜならば、有明海内で大きな水位差ができる理由が考えられず、またこれだけ顕著な水位差があると、この水位差から生じる流れは著しく大きくなるはずですが、そのような強い流れは認められません。

また、検潮所の観測結果に関してはすでに第4章5節において、堤防締め切り後は締め切り前に比べて、満潮と干潮のいずれの場合も一〇センチメートルあまり海面が上昇していること、およびこの海面上昇は干拓事業との関係は乏しくて、広範囲の海洋変動によって生じていることを述べました。この上昇量は有明海西岸側の漁師が報告した値には近くなっています。なお有明海の西岸の大浦と東岸の三角《みすみ》の検潮所で観測された年平均潮位はほぼ同様な経年変化をしていて、上記のような有明海内の大きな平均海面の差異は認めにくいのです。

漁師が経験した海面上昇は、それを認識した状況から見れば事実と思われます。ただしこれは特定の

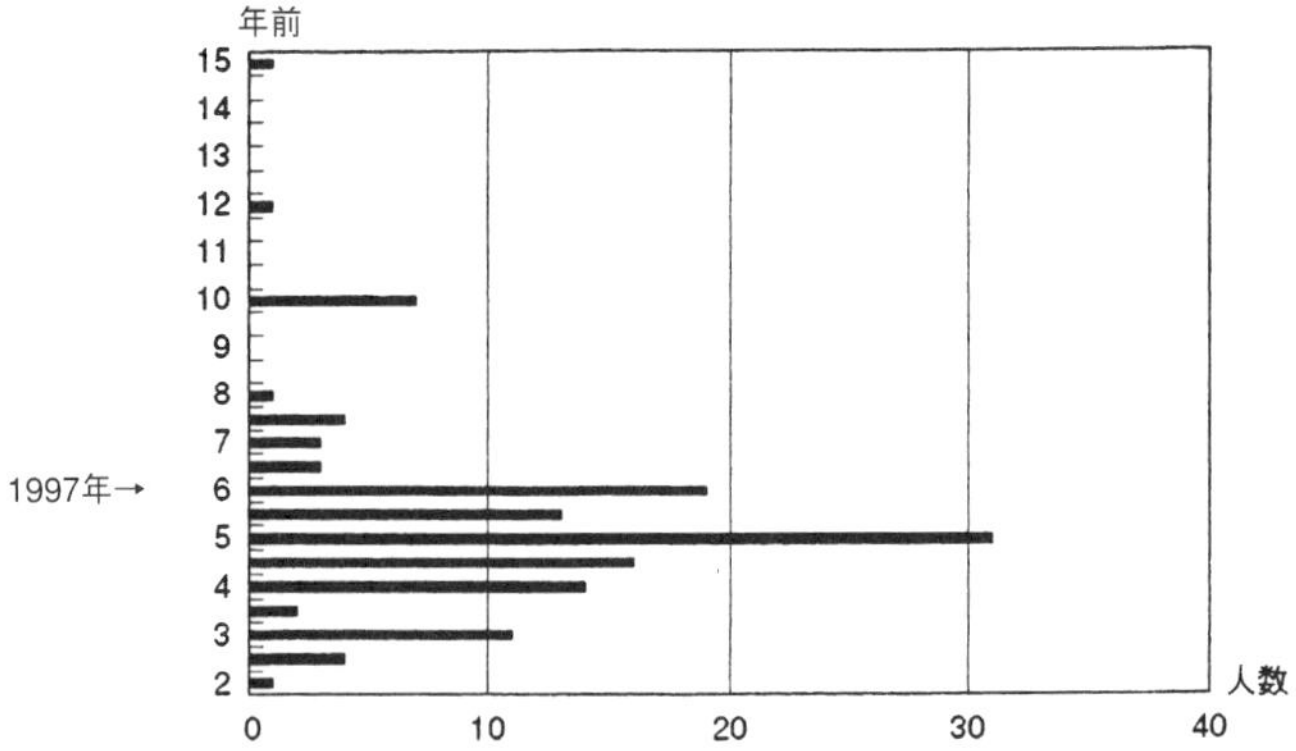

図6.3 漁民が赤潮発生の増加を意識した年（2003年より前の年数）の頻度分布、横軸は人数〈有明海漁民・市民ネットワーク(71)による〉

期間に発生し持続したかもしれない黒潮変動や気象擾乱による異常潮位などにともなう海面上昇を指している可能性があります。もしそうであれば、これを長期間の平均潮位とみなして議論するのは、海面上昇を過大視することになります。したがって潮受堤防の締め切り後に漁師たちによって認識された満潮面や干潮面の上昇は事実でしょうが、干拓事業との関係は薄いと考えざるをえません。潮位上昇の実態と原因はまだ残された問題です。

2　環境と漁場の悪化

多数の漁師たちは、赤潮の発生回数が増えたという話をしています。そこで赤潮の発生が顕著になりはじめた時期についての回答結果を集計すると、**図6・3**のようになります。潮流の減少の時期について得られた**図6・2**の場合と同じように、潮受堤防締め切り直後から一、二年に赤潮が発生しはじめたという返事が集中しています。さらに発

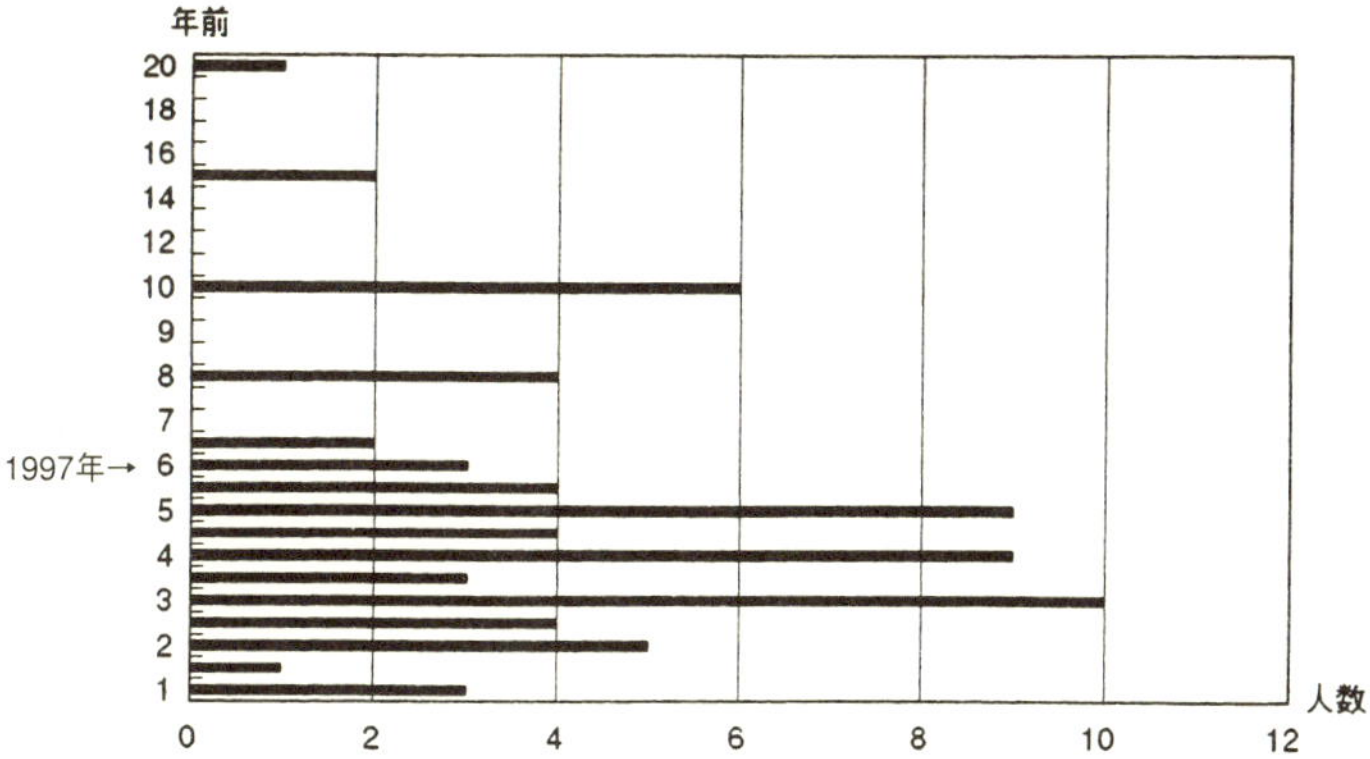

図6.4　漁民が透明度上昇を意識した年（2003年より前の年数）の頻度分布、横軸は人数〈有明海漁民・市民ネットワーク（71）による〉

生の季節については、以前は梅雨明けから約一五～二〇日ぐらいのころに発生していたが、近年は早い時期から赤潮プランクトンが出るようになった、また昔は九月、一〇月、一一月にはほとんどなかったのに、最近はこの時期にも発生するようになり、いまでは赤潮は一年中どこかで発生している、というような返事が返ってきます。

降水との関係では、ここ何年かは少しでも降雨があれば赤潮が発生しやすくなり、発生域は広く、赤潮による海の着色期間も長いという答えも見出されます。以上のことは潮受堤防締め切り後に、赤潮の発生回数が増大したこと、また以前よりも早くまた遅くまで、さらに広い範囲で、赤潮が発生しやすくなったことを教えています。

このようにして赤潮の発生が多くなり、その規模が大きくなったことが、ノリをはじめとする漁業の著しい衰退を招いたと漁師は主張しています。

つぎに多数の漁師が、透明度が近年上昇してきたことを指摘しています。そこでいつごろから透明度の上昇を認識しはじめたかと聞いたところ、**図6・4**の結果が得られています。これによれば認識しはじめた時期が、潮流の減少（**図6・2**）や赤潮の発生（**図6・3**）の時期よりも早い年代から始まっていて、全般的に期間が広がっています。このことは、**図5・21**に示されるように、諫早湾干拓事業の開始前からすでに透明度の上昇が始まっていることに対応しています。とはいえ透明度の上昇を最初に認識した時期の多くが、潮受堤防締め切り後であることは、この現象に対する干拓事業の影響が大きいことを表わしています。そして締め切り後の期間で、透明度をさらに上昇させる要因は、この干拓事業以外には考えられないのです。

最近、有明海底層の魚介類の不漁は目をおおうものがあります。この原因として漁師たちは、底層と底質の漁場環境の悪化を訴えています。貧酸素自体は溶存酸素の測定を要するので、具体的な記述は難しいのですが、その結果として生じた底質の悪化と魚介類への影響について、漁師たちは数多くの事例をあげています。実情を知るために、これらに関する漁師の証言を、地域にわけていくつか紹介しておきます。

荒尾・河内の漁師の話：潮の流れが悪くなりヘドロをかぶって魚介類が死んだ。＊ヘドロが増え、漁具の汚れがひどくなった。＊ヘドロの厚さは二〇～三〇センチメートルもあった。＊全般的に腐敗臭が漂うようになり、その後タイラギ・エビが急に取れなくなった。＊底質の上層の砂は昔と変わらないが、五～六センチメートル下は、黒く硫化水素の臭いがする。＊海底を掘り返すと土が黒くなって腐った臭いがして、カレイ・ヒラメ・クツゾコが少なくなった、クルマエビ・大きなゴカイ類なども めっきり見えなくなった。＊貝とタイラギは生まれても育たなくなった。＊西の風で諫早の悪水が運ばれてきて被害が出るようになった。＊生態系が狂ってきて昔の経験がものをいわなくなった。

大牟田・柳川の漁師の話：海底にヘドロが積もって、クルマエビ・カニが棲める砂地がなくなった。＊タイラギ漁のとき潜水器で海に潜ると、あらゆるところへヘドロがたまり、一年ごとに底質が悪くなるのがよくわかる。干潟の状態も変わってきて、タイラギが減り、アゲマキ・メカジカ・ワラスボなどはほとんどいなくなった。＊潮の干上がった土を掘り起こしてみると、その下は真っ黒になっているところがある、以前はこのような現象はあまり見られず、漁場の回復力がものすごく落ちている。＊アサリが育たなくなり、クツゾコ、コノシロ、イワシ、スズキ、赤貝などが減少した。＊筑後大堰ができてから水の流れが変わり、漁場環境が悪くなった。

佐賀沿岸の漁師の話：泥の海底が広がってきたようだ。＊近年砂底はヘドロ化し真っ黒になって悪臭を放ち、赤潮と貧酸素でアサリは死滅した。カキ養殖にも参加したが、やはり赤潮と貧酸素で全滅した。＊タイラギ・クツゾコを主体に漁をしてきたが、ヘドロの蓄積により底生の魚介類はたいへん減少し、絶滅の道をたどっている。＊堤防締め切り後に潮流が弱くなって、まず海が濁らなくなった、次の年から赤潮と貧酸素水が発生、港のなかに生かしていた魚やカニなどが全滅し、養殖場のアサリもほとんど死んだ。＊前年稚貝が発生したタイラギも、六月ころから死にはじめて一〇月には全滅した。＊餌として重要なゴカイが全然いなくなった。

島原半島沿岸の漁師の話：潮の流れが弱まり、潮待ちの必要が減った。＊瀬がなくなってヘドロがたまるようになった。＊汚れた底土が集まってきてホトトギス貝が出るようになった。＊海底のヘドロは干拓工事着工の半年後ぐらいから目立ち、それにつれて干潟で育つ生きものがだんだん少なくなり、とくに砂地にもぐるカニ、クルマエビ、ヒラメなどの生物が減少した。＊減少した魚類はスズキ、クツゾコ、ヒラメ、メイタガレイ、イワシなど。＊昔は沈めていたロープに藻がついたが、いまは海が汚れてつかなくなり、かわりにいままでにないものがつくようになった。＊ゴカイ類が少なくなった。＊昔の経験がいまは使えなくなった。

3 漁師が有明海異変の原因と考えるもの

アンケート報告書では、有明海の漁師が有明海異変の原因として考えるものを、自由方式で問うた結果が掲載されています。回答記入者は一六一人でした。このなかで一〇パーセント以上の漁師が原因と考えているものを、**表6・1**に載せておきました。おもなものは諫早湾干拓事業、筑後大堰、ノリの酸処理、家庭排水、海底炭鉱の陥没です。

筑後大堰は一九八五年に筑後川河口から二三キロメートル上流に建設された河口堰です。ノリの酸処理は、養殖ノリの病原菌や雑菌を有機酸で殺菌処理することです。海底炭鉱の沈没は第2章2節で説明しました。なお**表6・1**の欄外に書いてありますが、一〇パーセント以下の漁師が原因と考えている項目としては、熊本新港の建設、荒尾の下水終末処理場からの排水、ノリ漁場への施肥、その他がありま

表6.1　漁師が考えている有明海異変の原因
〈有明海漁民・市民ネットワーク(71)による〉

アンケート結果、回答者161人		
諫早湾干拓事業	144人	89.4%
筑後大堰	55	34.2
ノリの酸処理	33	20.5
家庭排水	32	19.9
海底陥没	20	12.4

10%以下：熊本新港、下水終末処理場、ノリ漁場施肥、その他

す。

諫早湾干拓事業を有明海異変の原因と考える者は、回答した漁民の大多数約九割を占めていて、もっとも多くなっています。ただし有明海異変が、たんに干拓事業だけによるものでなく、複合要因と考えられていることには留意する必要があります。また県別に見ると、各県で共通して圧倒的に多いのは諫早湾干拓事業ですが、地域によって原因とみなされる項目に差が生じています。福岡県では筑後大堰や海底陥没が、佐賀県ではノリの酸処理やノリ漁場への施肥が、熊本県では熊本新港や荒尾の下水終末処理場など、地域に特有な事業が問題にされています。

以上に示したアンケートの結果を総括すると、漁師たちはやはり農水省の諫早湾干拓事業が、有明海の環境崩壊や漁業衰退の最大要因と考えていることがはっきりとわかりました。

第7章 諫早湾干拓事業以前に有明海の体力低下を招いた要因

　ここでは、諫早湾干拓事業以前に有明海の体力を消耗させた若干の要因について検討します。ただし、有明海異変の経過と比較して理解できるように、これらの効果は、諫早湾干拓事業のように、有明海において豊かさを保ってきた自然のバランスを、一挙に突き崩すほど大きなものではありませんでした。

　それでは有明海の体力低下はいつごろから始まったのでしょうか。**図1・3**によれば、赤潮発生規模指数は事業開始一年前の一九八五年にごくわずかに大きくなっています。また農林水産省による赤潮発生件数と赤潮被害件数の経年変化を示した**図5・14**を見れば、一九八〇年以前にはデータはありませんが、最初の赤潮被害（下の図）が発生したのは一九八五年です。またあとで述べますが、たとえば有明海の漁獲量の系統的な減少もこのころから始まっています（**図8・3**）。それゆえに有明海の体力が目に見えるほど弱まりはじめたのは、一九八〇年代半ばからと考えても大きな誤りではないでしょう。

　そこでおもにこれ以後における体力低下の要因に注目します。関係要因は前章にあげてあるように多くありますが、以下の四項目について考えます。熊本新港の建設などその他の要因も、ある程度有明海の環境悪化に寄与していると思われますが、ここではとくに取り上げませんでした。

1　干潟・浅瀬の減少

有明海の干潟面積は環境省によると、一九七八年に二二二・三平方キロメートル、諫早湾干拓事業着工直後の一九八九〜一九九一年には二〇七・一平方キロメートルです。ゆえにこの間に有明海の面積が約一五平方キロメートル狭くなったことになります。これは諫早干拓以前の干拓埋立と三池炭鉱跡の海底陥没によると考えられます。この減少面積は、諫早干拓の潮受堤防の締め切りによる減少面積三五平方キロメートルの約四三パーセントに相当します。したがってこの面積減少に相当する潮汐《ちょうせき》と潮流の減少や、干潟の浄化能力の低下が生じているはずですが、その詳細は把握されていません。一方、諫早干拓事業開始後における有明海の面積の減少は、ほとんどが諫早湾干拓事業によるものです。

ところで環境変化に対して、従来の干拓埋立によって海岸線がたんに沖に向けて若干移動した効果は、川と海を断ち切る特異な構造と機能をもつ複式干拓の諫早湾干拓事業の効果ほど顕著ではありえません。というのは、諫早干拓の場合には、二、三〇パーセントから九〇パーセントにも及ぶ潮流の減少域が諫早湾内に広く出現しており、また第5章3節に述べた巨大な汚濁負荷生産システムが形成されているからです。ゆえに諫早湾干拓事業以前に行なわれたこの程度の単純な干拓埋立が、それ以後に生じた環境の急激な悪化に匹敵するような悪影響を与えることは期待できず、実際にもそのような事実は生じていません。

2 河川事業

ダムや河口堰の建設、河床からの採砂などにともなって、取水による河川流量の減少、ダム湖の堆砂と汚濁化、急激な放水、砂の供給の減少などが生じて、海域の地形、環境、漁場が重大な影響を受けることが多くなりました。このことは最近私が著した『河川事業は海をどう変えたか』(15)という小冊子において、具体的に示されています。またこの問題は、河川集水域の影響を含めて、古川清久と米本慎一の両氏の著書『有明海異変』(73)においても指摘されています。有明海に流入する河川における開発事業の内容は、佐々木氏がまとめているので、以下ではそのデータを利用することにします(48)。

有明海に注ぐ河川にも多くのダムが建設されています。その主要河川と全河川における総貯水量（建設当初の貯水可能容量）の累積変化曲線を**図7・1**に示しました。現在の総貯水量は三億五〇〇〇万立方メートルにも達し、このなかの六割は筑後川におけるものです。総貯水量は一九七〇年代初期に急激に増えていますが、それ以後は緩やかです。

このようなダムの建設は、有明海の環境に大きな影響を与えていると思われますが、影響は継続的です。しかしこの図を見ると、有明海の急激な環境の悪化が始まった一九九〇年前後において、ダムの貯水容量に特別大きな変化は認められません。したがって有明海異変といわれる海域の急激な変化が、ダ

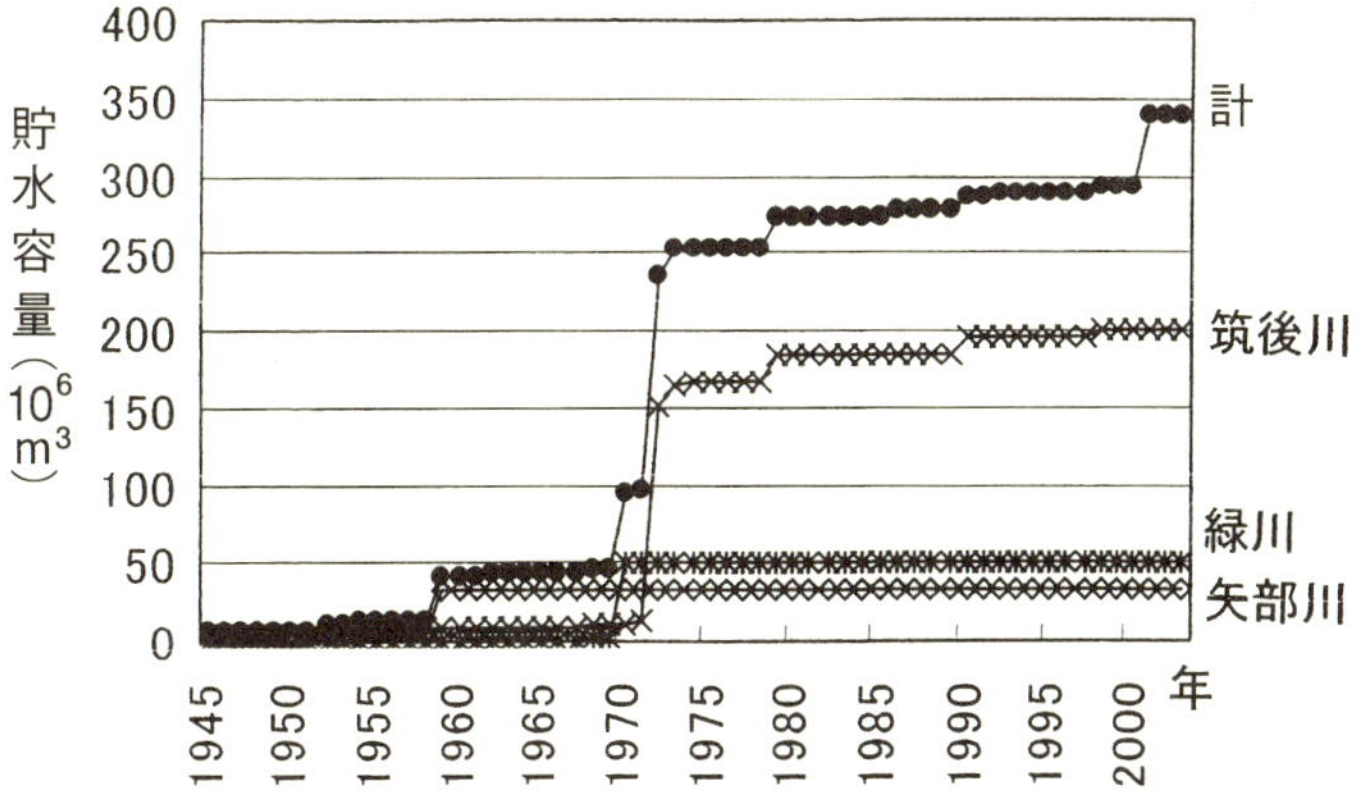

図7.1　有明海に流入する河川に建設されたダムの貯水容量の累積曲線〈佐々木（48）による〉

ムの影響によって生じたと考えるのは無理だといえます。また一九八五年から運用が開始された筑後大堰の効果についても同様に考えられます。

一方、国土交通省のデータにもとづくと、一九七九年以降二〇〇二年までの河床からの採砂量は、**図7・2**の累積変化曲線によって知ることができます。これによると、この期間に六九二万立方メートルの砂が河床から採取されています。さらに、ダムが建設されるとダムには次第に砂が堆積します。年堆砂率を一定とすれば、**図7・1**の総貯水量の累積変化曲線と相似の曲線を描いて堆砂量が増大することになります。九州地方のダムの年平均堆砂率八パーセントを仮定し、河床からの採砂に揃えて一九七九～二〇〇二年の期間の堆砂量を計算すると、六八四万立方メートルが得られます。両者を合わせると、一三七六万立方メートルの砂が川から取り去られたことになります。

この砂の量は、約二八平方キロメートルの海底を、

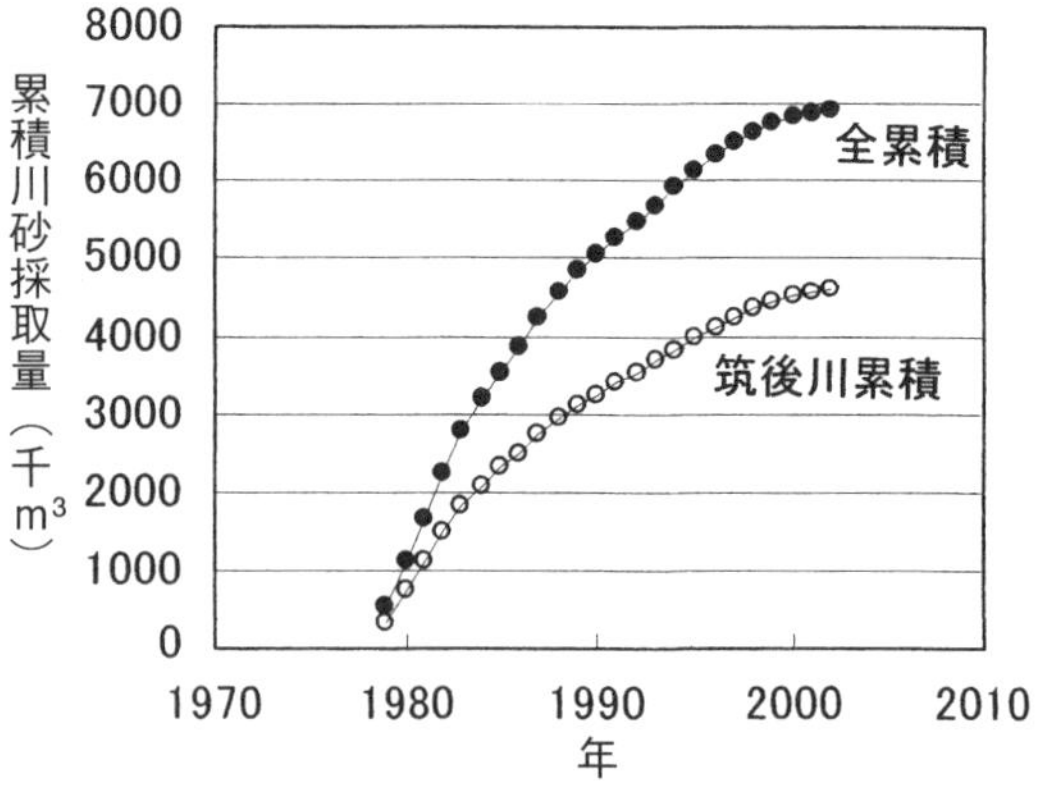

図7.2　有明海に流入する河川から採取された採砂量の累積曲線〈佐々木(48)による〉

厚さ五〇センチメートルずつ削るのに相当する膨大な量です。この結果として海に届く砂の量も著しく減少し、海の環境はかなりの影響を受けると思われます。ただし**図7・1**と**図7・2**で、最近の起伏の少ない累積変化曲線を考慮すると、このことを潮受堤防締め切り後に、不連続的な有明海異変を引き起こした責任に帰することは困難です。

3　汚濁負荷

佐々木克之氏は、有明海における筑後川など八つの一級河川の流量と水質濃度に関する国土交通省のデータをもとに、河川からの全窒素と全リンの負荷量を求めて**図7・3**のような結果を得ました(48)。これによると全期間の平均として河川からの一日当たりの負荷量は、全窒素が約三〇トン、全リンが約二トンの程度であり、この二〇年あまりの間に系統的な変化は認めにくい状態です。ま

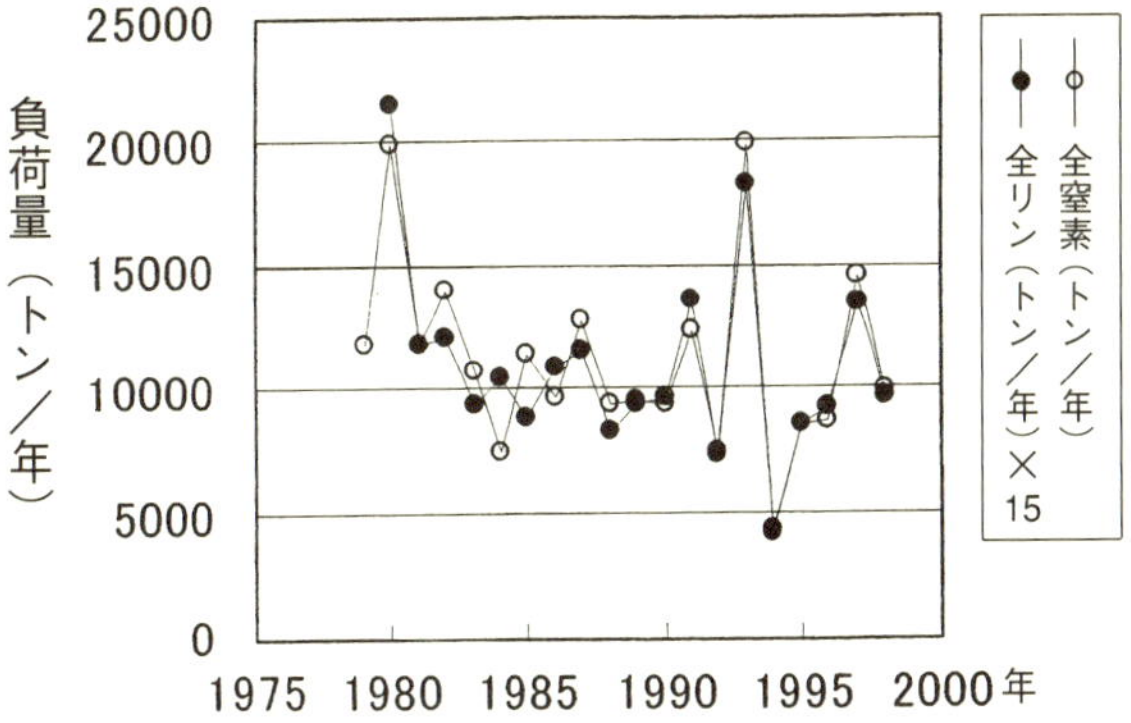

図7.3　有明海に陸域から与えられる負荷、全窒素と全リンの経年変化、両者の縦軸のスケールが違っていることに注意〈佐々木(48)による〉

た湾内のCODも大きくは変化していません（後出**図13・2**参照）。したがって汚濁負荷量の変化によって、急激な有明海異変が生じたという主張は認められません。

4　酸処理

ノリはアオノリに比べて酸性への耐性が強いので、酸処理剤を用いてアオノリを駆除して、ノリの品質をよくすることが行なわれています。酸処理剤にはメーカーによって異なるいろいろな種類があり、成分組成も一様ではありません。**図7・4**に酸処理剤の販売量の推移を示しておきました。酸処理剤は酸性であることと、おもな成分が有機物で窒素やリンを含んでいることなどから、ノリ漁場の他の生物に対する影響が懸念されます。

江刺洋司氏は『有明海はなぜ荒廃したのか』という著書のなかで、有明海の荒廃の真因はノリの養殖にさいして、酸処理剤を大量に使用したことにあると主張してい

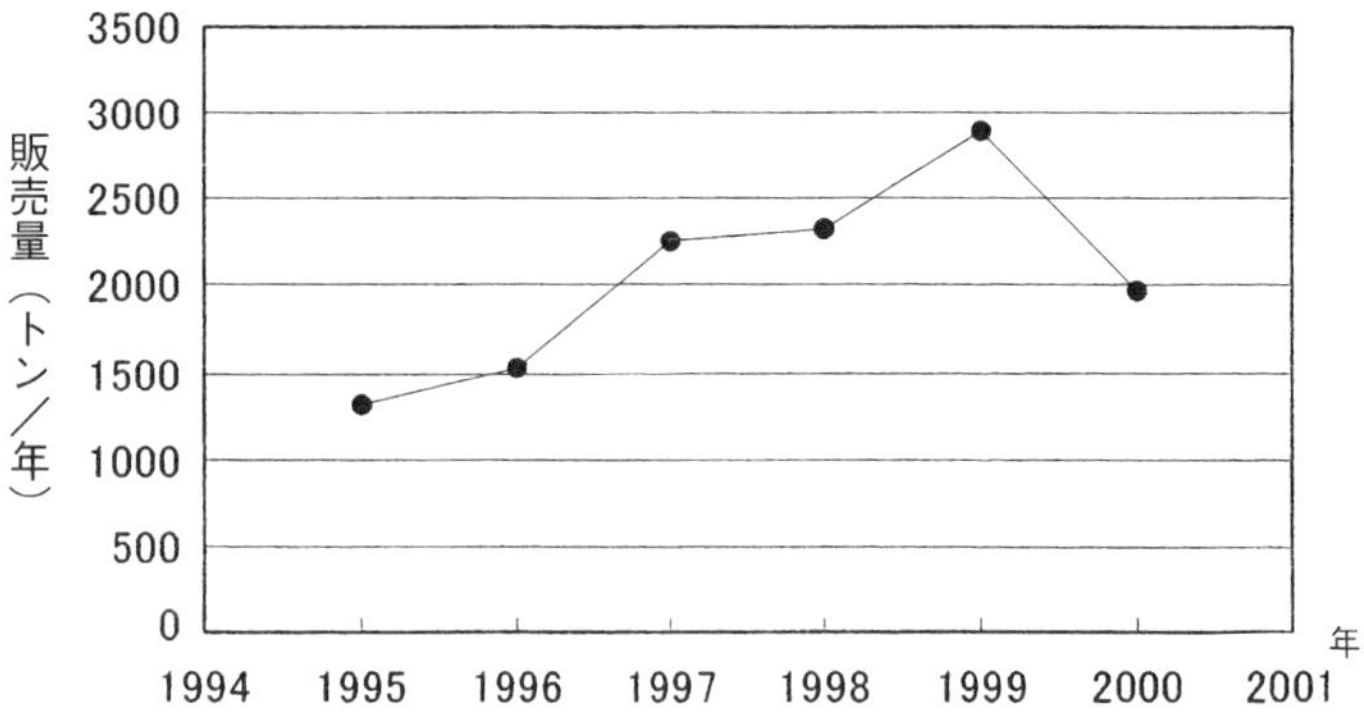

図7.4　有明海におけるノリ酸処理剤の販売量の経年変化〈佐々木(48)による〉

ます。[74] つまり酸処理剤使用のためにノリ漁場で赤潮が発生し、発生した赤潮が大量に底に堆積すると考えているのです。そしてこれら有機物が分解されるときに酸素を消費して貧酸素水を引き起こし、底生生物に悪影響を与えるというものです。

これに対して佐々木克之氏は検討を加えて、議論の展開に必要な具体的なデータの提示が乏しく、また酸処理剤が大規模な有明海異変を引き起こすことは疫学的にも科学的にも納得しがたい内容であると指摘しました。[48] とはいえ、酸処理剤が生物に与える影響は危惧されるところではありますが、その理解は乏しいので、評価を十分に行なう必要があると述べています。このような事情を考慮して、最近は酸処理剤の使用を制限する動きがあります。

第8章

諫早湾干拓事業が有明海の生きものと漁業に与えた影響

諫早湾における多様でユニークな生物の種類と生態は、佐藤正典氏編の『有明海の生きものたち』のなかに詳細に紹介されています。ところが諫早湾干拓事業が始まってから、とくに潮受堤防締め切り後に、すでに第5章で明らかにしたように有明海の環境と生態系が崩壊してきました。この結果、この環境に生息する生きものたちも大きな影響を受け、絶滅の危機に襲われている生きものもある一方で、異常な繁殖を遂げている生きものもいます。また全般的に漁獲対象の生きものが減少するとともに、ノリの生産も地域的に著しく衰退して、多くの漁師が苦しんでいます。本章では、諫早湾干拓事業が生きもの、さらに漁業に与えた影響について考察します。

ただし植物や動物を含む生物の場合には、生存条件や生活史が複雑で多様であるために、諫早湾干拓事業のみの影響を、他の要因と切り離して明確に示すのは簡単でありません。とくに漁獲対象の水産資源では、海洋環境とともに、漁獲努力、地域特性、気象条件、市況条件などの要因が絡むので、定量的に漁獲量と事業との関係を明確にするには難しい問題を含みます。

そこで本章では、日本海洋学会編の『有明海の生態系再生をめざして』(2)を中心に、その他の報告書も頼りにして、専門を異にする私が理解できる範囲内で、諫早湾干拓事業の影響をおもに疫学的観点から要点を紹介いたします。しかし、この方面の知識が乏しい私が誤りなく紹介するには限界があり、記述に偏りと理解不足が存在する可能性があります。読者のみなさんにご指摘いただければ幸いです。

1 汚濁に強い底生生物の異常繁殖

環境が変化したときに、これにすばやく対応して難を避けることが困難な底生生物(ベントス)は、環境の指標として有用です。ここでは、有明海における底生生物の変化を追求した東幹夫氏の研究成果(66)を利用して、海底の環境がいかに悪化したかを説明しましょう。

図8・1は、諫早湾口から有明海奥部の海域において、一平方メートル当たりのマクロベントスの個体数が、堤防締め切り直後の一九九七年から二〇〇二年までに、どのように変化したかを示したものです。季節を揃えるために同じ六月に注目しています。なおマクロベントスとは、採集資料をふるい分けしたときに、一ミリメートルの網目に残る大きめの底生生物を指します。

図によれば、全ベントスは堤防締め切り直後には一平方メートル当たり一万四〇〇〇を上回る高い個体数があったのに、一九九七年を一〇〇パーセントとしたとき、一九九九年は四〇パーセント、二〇〇〇年には三〇パーセントと次第に減少しています。ところが二〇〇一年に四二パーセントまで回復した

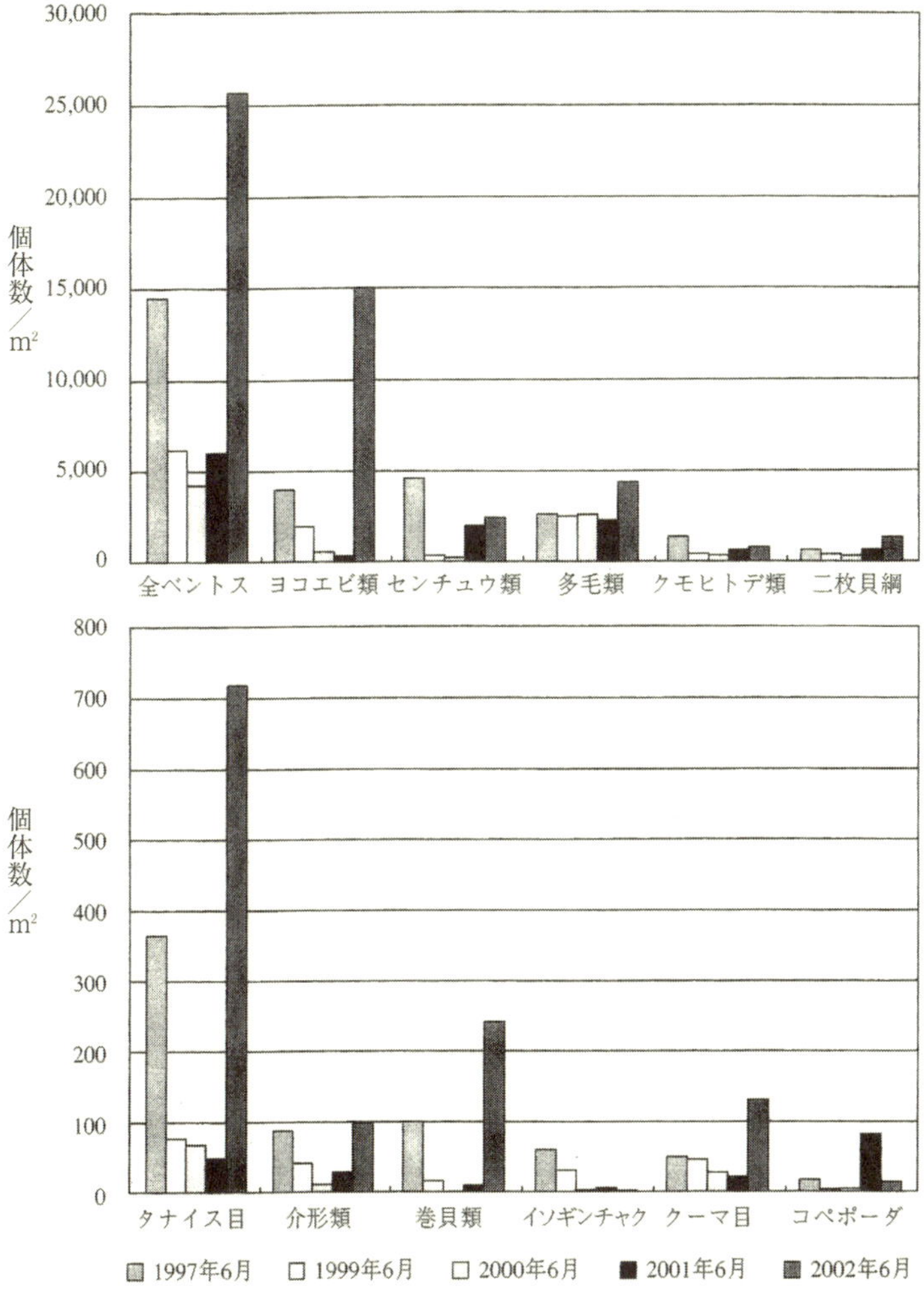

図8.1　諫早湾から有明海湾奥海域における6月の全ベントスおよび各高次分類群の平均生息密度の1997年から2002年までの経年変化〈東（66）による〉

後、二〇〇二年にはじつに一七一パーセントまで激増しました。そしてこのように、生息密度数が潮受堤防締め切り後の一九九七年から三〜四年の間には次第に減少を続け、それから増加に転じたのは多くの種類に共通して見られます。

最初に減少しはじめたのは、堤防締め切り後の底質環境の悪化によるものです。つまり、これまで事実をもって示してきたように、浄化機能の高い広大な干潟の喪失と、潮流の弱化による密度成層の強化にともなって、底質の細粒化と夏場を中心にした貧酸素水塊や硫化水素の発生が生じるようになりました。このような底層水や底質環境の劣悪化によって、マクロベントスの生存が脅かされたのです。

ところがこの隙間を埋めるようにして、そののちに個体数が増大に転じたのは、劣悪環境に耐えられる生物が交替して大きく繁殖してきたからです。激増の主体となったのは、全マクロベントスの六七パーセントを占めるドロクダムシ科ヨコエビや数種の二枚貝（年ごとに優占種を交替したヤマホトトギスガイ、チヨノハナガイ、ビロードマクラガイ、シズクガイなど）でした。

たとえば、ドロクダムシの仲間は泥やデトリタスを固めて細い円筒状の巣を作って棲んだり、泥底にU字型の坑道を作って棲んでいます。いずれにしても泥質を好むことから、底質の泥化にともなって激増したものです。そしてこれらは、貧酸素ないし無酸素の環境悪化に耐えられる生物でもあるのです。

以上の結果は、環境省水環境部の採泥調査結果[75]と矛盾していません。そして結局、諫早湾干拓事業は有明海の底質環境を劣悪化させて、汚濁に強い生物の著しい繁殖をもたらした蓋然性が非常に高いことを教えています。

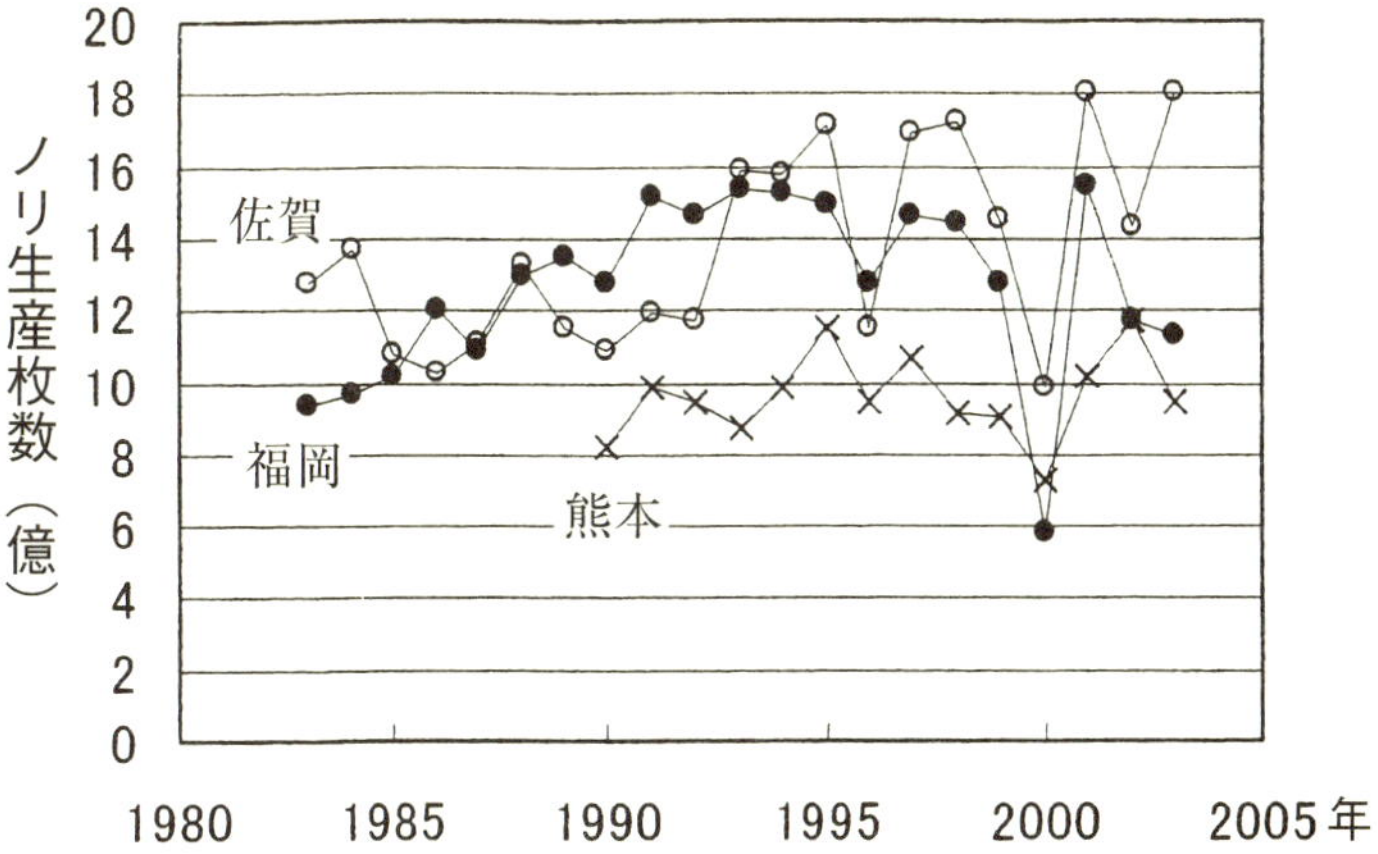

図8.2 有明海の佐賀県、福岡県、熊本県におけるノリ生産枚数の推移〈佐々木（48）による〉

2　有明海の漁業

日本一広大な干潟が発達した有明海では、すでに述べたように干潟の高い生産性に支えられて豊かな水産資源が存在します。漁業を海面漁業と養殖漁業にわけたとき、この有明海において最大の生産を上げているのは養殖漁業のノリです。最近一〇年間の有明海におけるノリ生産量は年に四〇億枚であり、全国の約四〇パーセントを占めています。またノリの生産額は年に約四〇〇億円で、これも全国の約四〇パーセントです。この事実は、有明海の干潟面積が全国の約四〇パーセントを占めていることに通じるものがあり、興味深いことです。

図8・2には一九八三年以来の佐賀県、福岡県および熊本県におけるノリ生産枚数の経年変化が示されています。ただし生産枚数が少ない長崎県は除い

てあります。上記のように有明海は一九八〇年代から順調に生産を上げてきましたが、潮受堤防が締め切られたのちの一九九八年からは、三県とも減少を始めました。そして二〇〇〇年の冬に歴史的不作となり大問題になりました。その後一時生産はもち直しましたが、不安定な状態がくり返され、一部地域はひどい落ちこみに陥っています。ノリ生産には地域性が強いので、これを十分に考慮する必要があります。生産が不安定なことは、基礎となる環境が不安定に転じたことが大きく、今年採れても、いつ凶作になるかと生産者にとっては深刻な不安材料です。このようなノリ漁業衰退と諫早湾干拓事業との関係は、本章の3節と4節で考察します。

一方、海面漁業に関しては、**図8・3**(a)に一九七三年からの漁獲量の経年変化が描かれています。なお海面漁業には、通常の船による沿岸漁業のほかに、採貝漁業も含まれます。また図中の水産動物は、魚類・貝類以外のエビ・カニやイカ・タコなどを指します。有明海における海面漁業の大きな特徴は、収穫の大きな部分が二枚貝であることです。これは二枚貝の生息域である干潟が、有明海に広大に広がっていること、そしてそこには豊富な餌が存在するからです。なお生産量は重量で表わされているので、このなかに貝殻の重さが含まれることに注意を要します。総漁獲量は一九七九年をピークにして、全般的に減少の傾向にあります。

海面漁業の生産量の変化を見やすくするために、**図8・3**(b)には一九八〇年を基準にして、対象資源ごとに漁獲量の相対的変化が示されています。漁獲量は全般的に減少の傾向にあり、総漁獲量は二〇〇三年にはじつに二〇パーセントにまで落ちこみ、漁民の苦悩が偲ばれます。個々で見ると、貝類は一九

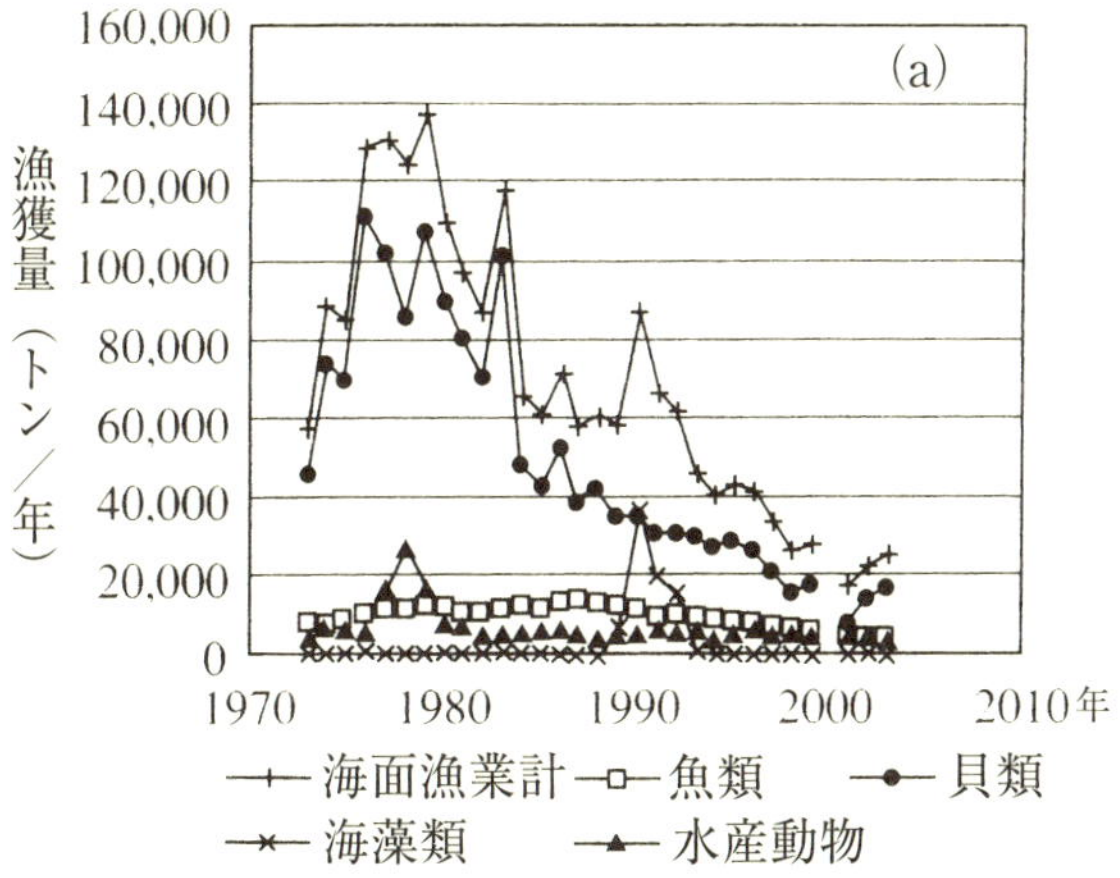

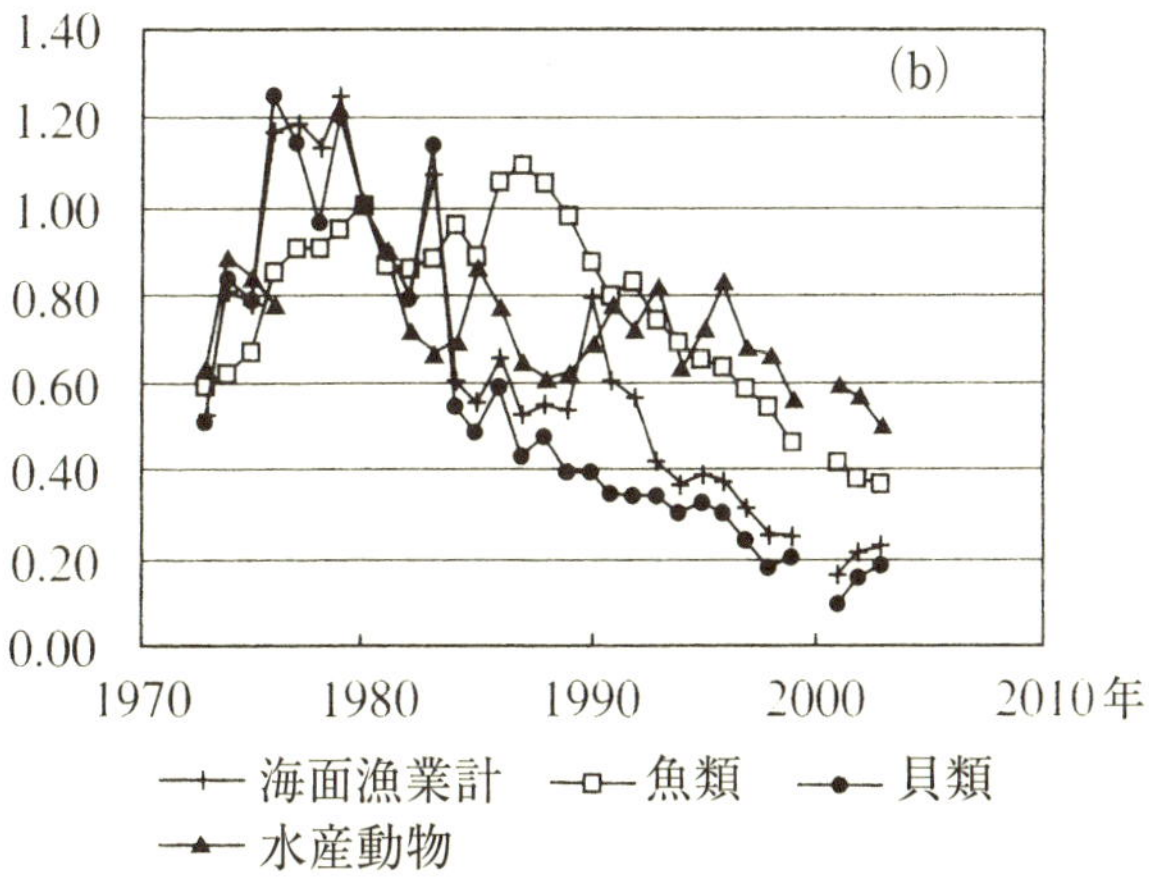

図8.3 (a) 有明海の漁獲量の推移
(b) 1980年漁獲量を基準にした有明海の相対的漁獲量の推移、海面漁業計、魚類、貝類および水産動物別（水産動物の1977～1979年漁獲量は特異的だったので除外している）
〈佐々木(48)による〉

八〇年代末から減衰を続け、恐ろしいことに二〇〇一年には一〇パーセント近くまで減りました。魚類と水産動物も減りつづけましたが、減少の程度は貝類よりも弱く、現在では一九八〇年に比べて魚類は約四〇パーセント、水産動物は約五〇パーセントの水準に落ちています。このように漁獲種によって応答が異なります。しかし潮受堤防締め切りの一九九七年後に、すべての漁獲種が急激に低落傾向に向かったことは、諫早湾干拓事業の影響を考えざるをえません。海面漁業のなかで、もっとも重要でかつ落ちこみが激しい貝類漁業の衰退の原因を5節で調べます。6節では魚類について考察します。その他の水産動物のなかでは、干潟との関係が深いエビ・カニ漁業を取り上げて、衰退の原因を7節で注目します。

3 過去に例を見ないノリの大不作

第5章6節に示したように、一九九七年の潮受堤防の締め切り以来、それ以前に比べて規模が大きな赤潮がしばしば起こるようになりました。しかし**図1・3**や**図5・15**を見れば、二〇〇〇年度の赤潮はずば抜けて大きく、全般的傾向から大きくはずれています。そしてこの年に過去に例を見ないノリの大不作が発生し、社会的に大きな衝撃を与えました。平年に比べて、この年の生産量は五〇パーセントの減、生産額は六〇パーセントあまりの減ということで、そのひどさが推察されます。

発生した大規模赤潮は、珪藻リゾソレニアという種類の植物プランクトンです。赤潮が発生すると、これら植物プランクトンが海水中の栄養塩を大量に消費するので、ノリにとって不可欠な栄養塩とくに無機の溶存態窒素が著しく不足します。この結果、ノリの生育が妨げられ、ノリの色落ちが生じて品質も悪くなり、大きな凶作になるのです。有明海の珪藻赤潮は降雨型で、降雨によって栄養塩の供給が増えたのちに、天気が続いて日射が多いときに赤潮になるといわれています。

ノリの大不作が生じたときの気象状況と赤潮について、ノリ第三者委員会の報告書は次のようにまとめています[67]。「二〇〇〇年度は一一月の初めに大量の降雨があって栄養塩が供給され、中旬は日射が非常に低かったが、下旬に高い日射が続き、これで赤潮が発生したのだが、発生後も一二月から一月までその時期にしては高日射が続き、赤潮を終息させるような荒天もなく、赤潮は三月まで続いた」

これによれば、大量の降雨により豊富な栄養塩が供給されたしばらく後に、一一月下旬から一月まで長期にわたり高日射が続いたことと、赤潮を解消させる嵐が来なかったことが、顕著な赤潮の発生とノリの不作を招いたと考えられます。したがってこの大不作には、通常と著しく異なる気象条件が大きく寄与したことは確かでしょう。

しかし、このような気象条件は過去の長い期間にもあったはずですが、代田昭彦氏が過去には問題にするような赤潮は一度もなかったといっています[24]。したがって今回だけ、なぜ歴史的な不作になったかが問題になります。これは、第5章6節に述べたように、堤防締め切り後に有明海が赤潮を発生しやすい海に転換したことに原因を求めざるをえません。赤潮が発生しやすいこの基本場に、通常でない気象条件が重なって相乗効果で顕著な赤潮が発生して、ノリの歴史的大不作になったと推測されます。

4 ノリ漁業の衰退

有明海全域における最近のノリ生産枚数と生産金額を調べると、前節に述べた歴史的凶作の二〇〇〇年度を除けば、最近では枚数も金額もほぼ一定に保たれていて、一見したところ諫早湾干拓事業の影響はないかのように見えます。しかしこれは皮相的な見方で、実情は前出の**図8・2**に示したように、生産がきわめて不安定になり、また地域的にかなりの差があって、堤防締め切り後に不作が続いている海域も少なくありません。さらにノリの品質もあとに述べるように全般的に漸次低下の傾向にあります。このため漁師は必死になって、なんとか生産額が維持できるように努力を払っているのです。

そこで本節では、佐々木克之氏[48]と有明海漁業被害の裁定委員会に対する弁護団提出の意見書[76]をもとに、ノリの生産に関して、地域性、平均単価と品質、漁獲努力の観点から、諫早湾干拓事業の影響を調べました。

(1) 生産性の地域差

図8・4にデータのない熊本県を除いて、有明海奥部の三海域における二〇〇二年度の溶存態無機窒素（ＤＩＮ）の濃度とプランクトン沈殿量との関係を示しておきました。ＤＩＮの濃度はマイクログラム・アトム／リットル（約一四マイクログラム／リットル）の単位で表わされていますが、面倒なので

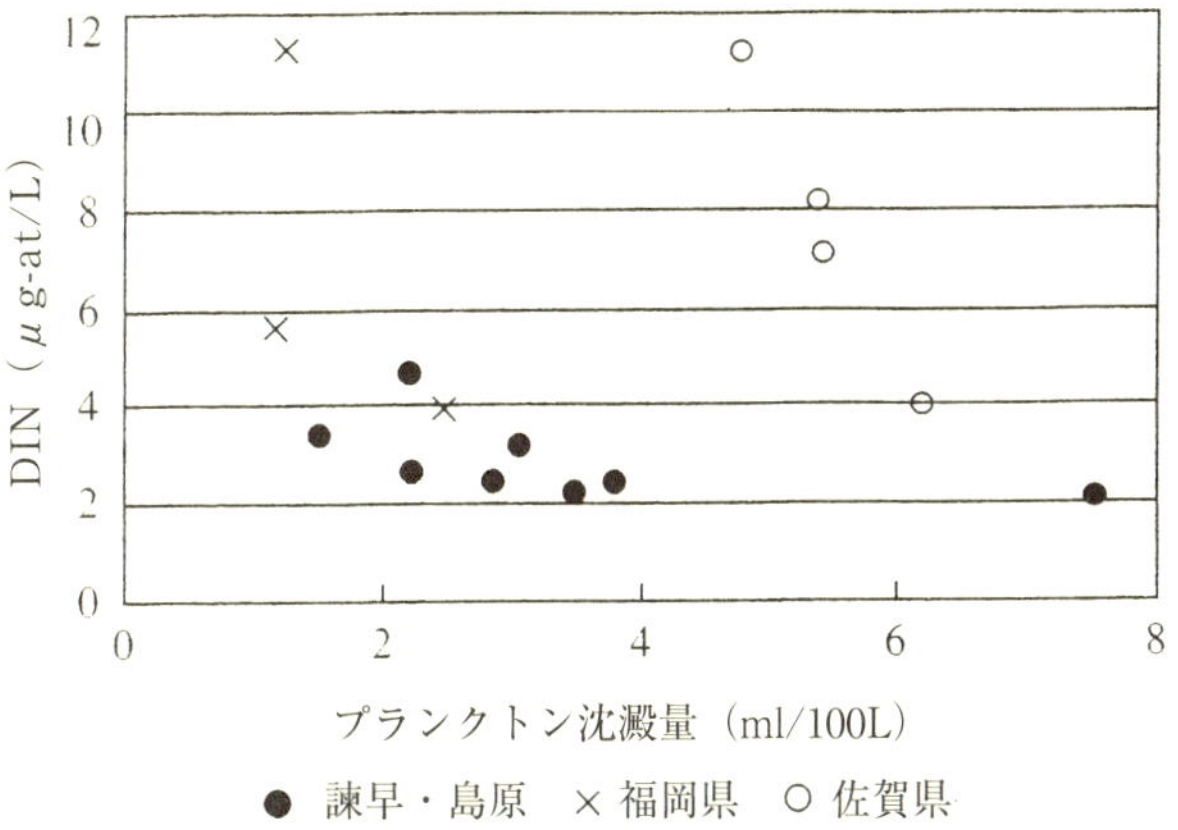

図8.4　2002年度の有明海奥部におけるプランクトン沈殿量と溶存態無機窒素（DIN）の関係〈佐々木（48）による〉

ここではこれを単純に一単位とよぶことにします。

図によると各海域ともプランクトン沈殿量が多くなるにつれて、海水中のＤＩＮの濃度が低くなっています。これはプランクトンが栄養となる海水中のＤＩＮを消費したために生じたのです。逆にノリにとっては、自己に必要な栄養を奪われたことを意味します。赤潮が発生すると、赤潮プランクトンに大量の栄養を奪われてノリの生産が著しく阻害されるので、赤潮はノリ養殖にとってきわめて忌むべき恐ろしい存在になっています。

ノリ漁業は海の農業といわれるように大変な手間と肥料（栄養塩）と適切な管理が必要です。栄養塩としては海水中の窒素とリンが重要ですが、有明海ではＤＩＮが不足になりがちで、これが十分に存在することが不可欠といわれるので、これに注目します。ノリの生育にとって良好なＤＩＮの濃度は、約七単位以上といわれています。そうすると**図8・4**

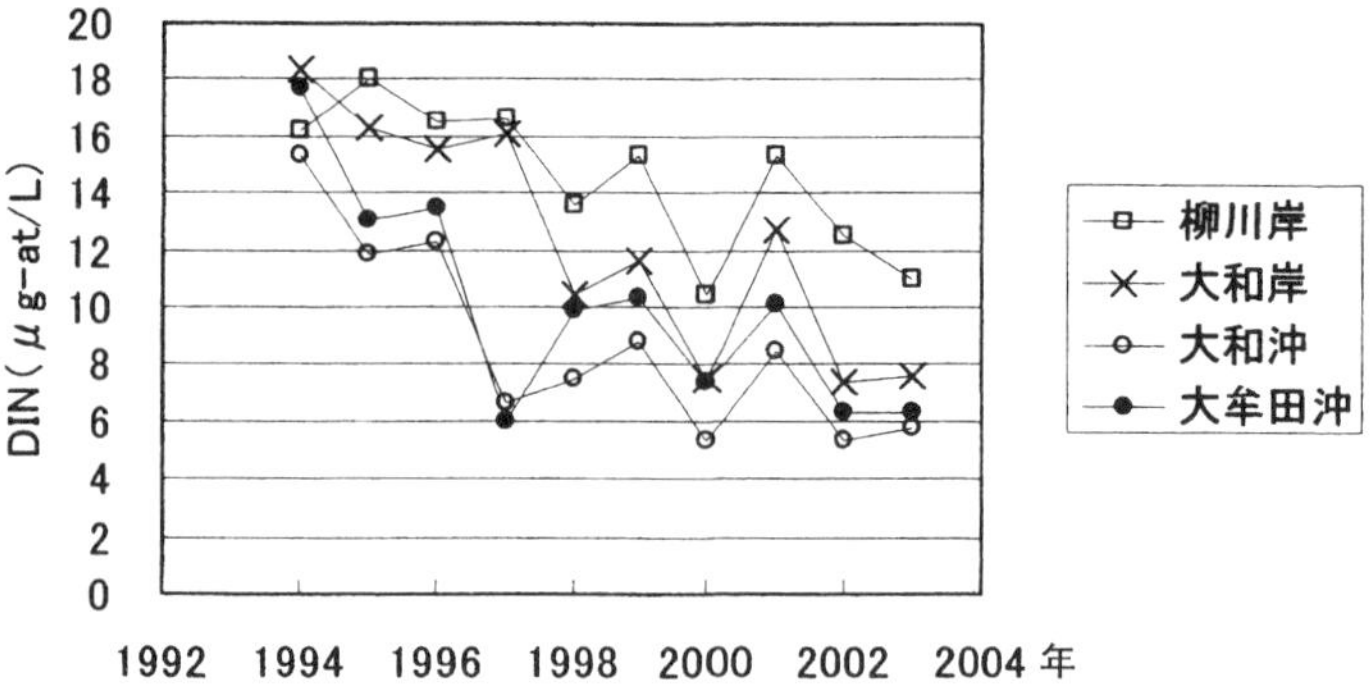

図8.5 福岡県各地のノリ漁場におけるノリ期の溶存態無機窒素（DIN）の経年変化〈佐々木(48)による〉

によれば、諫早・島原地域はノリの生産に適しているとはいえず、また福岡県と佐賀県においてもノリの生産が容易でない地域が存在することがわかります。

図8・5は福岡県のノリ漁場におけるノリ期のＤＩＮの経年変化を描いたものです。近年全地点とも、ＤＩＮの濃度は減少傾向にあることが認められます。これは近年赤潮が大規模化したからです。しかし北部の柳川岸と大和岸では、全期間にわたってその濃度はまだ七単位以上を保って、依然としてノリの生産は順調に行なわれる可能性が高いといえます。これに対して南部の大和沖と大牟田沖では、ＤＩＮの濃度は七単位以下になることが多くなり、ノリ生産は困難を増したことがわかります。南部漁場は北部漁場よりも塩分が高くて河川水の影響が少ないために、もともと栄養塩の濃度が低く、赤潮発生などによる栄養塩の濃度低下の影響をより強く受けやすいと考えられます。

事実福岡県のノリ漁場において、北部の柳川・大川地区と南部の大牟田地区の漁獲を比較したところ、二〇〇〇年度の大不作のおりは両地区とも減少しましたが、それ以降は北部漁場では回復していますが、南部漁場では一九九八年以来減少を続けています。したがって福岡県南部漁場において、潮受堤防締め切り後にノリの生産が低落しつづけていることに対して、諫早湾干拓事業の影響は大きいといえるでしょう。というのは第5章4節に示したように、大牟田方面への筑後川の影響は堤防締め切り後に小さくなったからです。

つぎに、佐賀県の沖は本来河川流量に恵まれて、DINは高濃度であり、ノリ養殖には好都合な海域です。たしかに**図8・4**が教えるように、佐賀県の北部ノリ漁場においてはDINの濃度は高く、漁獲の減少はそれほど目立ちません。しかし佐賀県の諫早湾に近い南部ノリ漁場においては、潮受堤防締め切りのころから赤潮の影響を強く受けて、DINが減少してノリの生産が落ちこんでいます。これも諫早湾干拓事業が原因である可能性が高いです。

熊本県北部の荒尾・長洲のノリ漁場においても、DINの濃度が七単位以下となって、ノリの不作が続いていることが示されます。ここでも赤潮の発生が多くなり、また第5章4節に述べたように河川水の流入が減じているので、諫早湾干拓事業の影響が認められます。なおこのほかに、熊本県北部と福岡県南部のノリ漁場におけるノリの不作の原因として、別の形での干拓事業の影響が指摘されています。すなわち潮受堤防で締め切られた諫早湾は、**図8・4**に示されるようにDINの濃度は他の海域に比べて低くなっています。これは赤潮がとくにこの海域で発達するからです。この低濃度の海水が寒候期に吹く西寄りの風によって東岸側の荒尾・大牟田方面に広がってきて、この海域の栄養塩濃度の低下をもたらし、ひいてはノリの漁獲の減少に寄与しているというのです。このような流れの存在は、第6章2節の漁師の証言や第2章5節の終わりに述べた漂流ブイの観測結果からも認められます。

（2）品質と単価の低落

ノリの単価が低くなることは、ノリの生産者にとっては大変な痛手です。**図8・6**(a)に福岡県大牟田地区におけるノリの平均単価の経年変化を、全国におけるものと比較して示しておきました。全国平均は変わらないのに、大牟田地区においてはノリの単価は堤防締め切りの一九九七年以来低落傾向にあることが明瞭に認められます。

また**図8・6**(b)には、佐賀県におけるノリの平均単価が一五円以上のものと一五円以下のものそれぞれが占める割合の経年変化が描かれています。この場合も、単価の低いノリが年々増えてきて、最近は九割前後を占めるようになりました。有明海のノリの単価は年々減少を続けているといえるでしょう。かつては「有明海ノリ」として高級ブランドの名をほしいままにしていた有明産も、いまでは全国平均とさして変わらなくなりました。

物の値段は、製品の品質、需要と供給の関係、消費者の嗜好の変化、貨幣価値の変動などに関係して複雑に決定されます。でも全国平均の単価は変わらないので（**図8・6**(a)）、有明海のノリの単価が低落傾向にあることは、品質が悪くなったことが大きな理由であるといっても大きな誤りではないでしょう。陸上の作物も同様ですが、海域で赤潮が発生して肥料（栄養）が乏しくなると、育ちが悪くなるだ

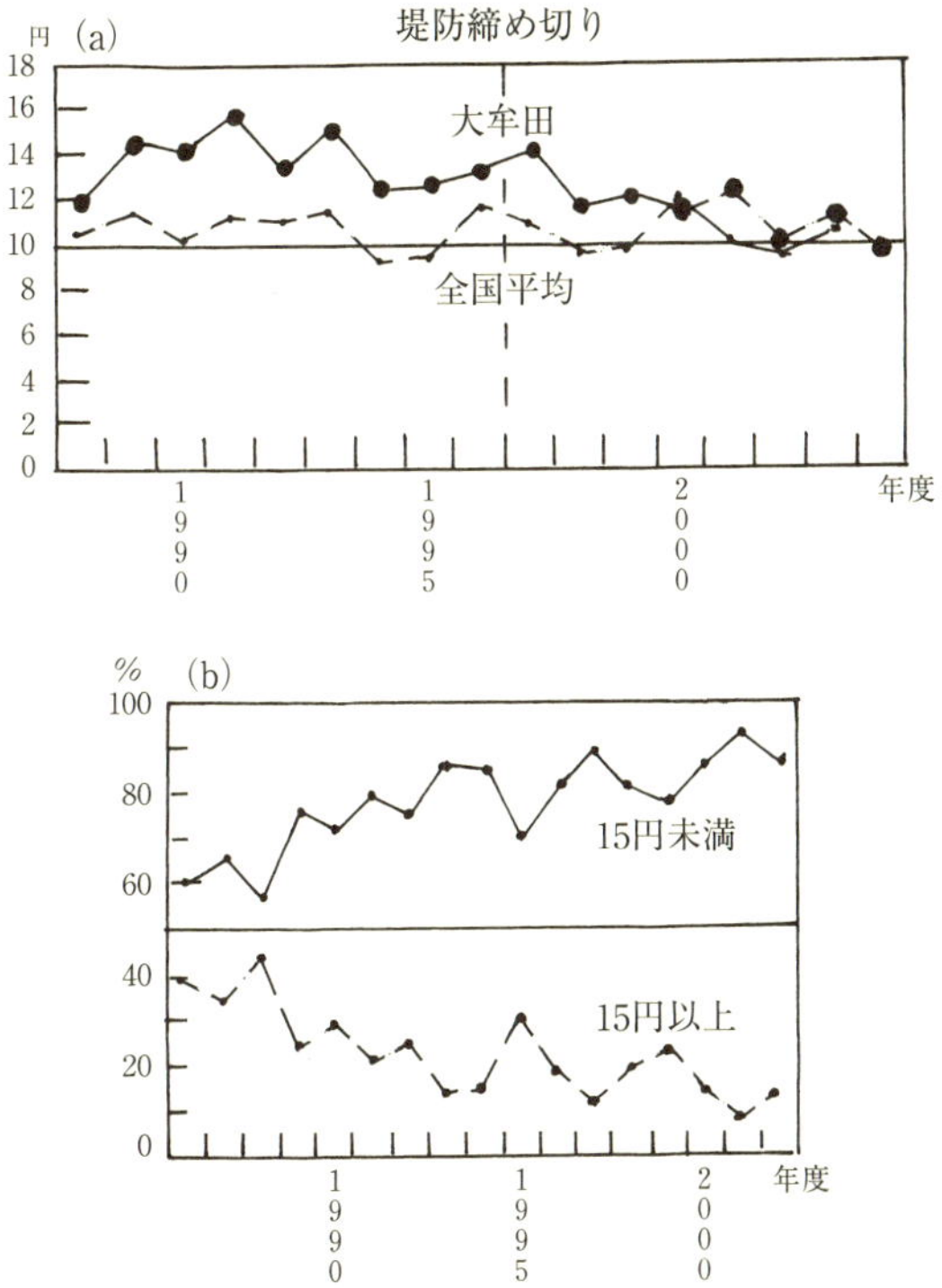

図8.6 (a) ノリの平均単価の経年変化、大牟田と全国平均の比較
(b) 佐賀ノリの単価を15円未満と15円以上にわけたときの各比率の経年変化
〈羽生洋三氏の調査結果による(76)に記載〉

けでなく、色、艶、味もよくなくて品質が下がります。したがって、平均単価の低下が品質の低下を表わすと考えるならば、潮受堤防の締め切り後に品質の低下が続くことは、赤潮の大規模化(図1・3)によって栄養となるDINの不足が顕著になったことを意味し、諫早湾干拓事業がノリの生産に強い悪影響を及ぼしていることを表わしています。

(3) 必死の漁獲努力

諫早湾干拓事業による環境の悪化、とくに赤潮の大規模化によって、生産量が減少するとともにノリの品質が低下すると、生産額も落ちこまざるをえません。栄養塩濃度がノリの正常な生育に必要な濃度に達しない福岡県南部の大牟田・大和地区や熊本県の荒尾地区において、生産額が著しく減少したのはいうまでもありませんが、濃度の低下がそれほどでもない福岡県北部の柳川地区や佐賀県北部地区でも、ノリの生産枚数は順調のように見えても、生産額は潮受堤防の締め切り前の水準を切る傾向も見られます。そこで有明海各地のノリ漁師たちは、生産額の落ちこみをなんとか避けようと、必死の努力を払っています。漁獲努力としては、漁獲技術の向上、漁場の管理強化、労働時間の延長、その他がありますが、ここでは羽生洋三氏の調査にもとづいて、収穫期間の拡大という観点からその実状を見ることにします[76]。

佐賀県有明海漁連の資料によれば、近年はノリの入札の回数が二割も増えていて、しかも入札の最終日は、以前は早ければ三月上旬でしたが、潮受堤防締め切り以降は三月末になり、そして最近五年間はいずれも四月以降にずれこんでいます。これは生産枚数を増やすために、漁師が期間をのばしてできるかぎり収穫回数を多くしようとすることを表わしています。このことは有明海四県に共通して見られます。

もっと生々しい貴重な実例を紹介しましょう。福岡県ノリ漁師の松藤文豪氏の作業日誌によってノリ支柱を引き抜いて漁を止めた日付を調べると、潮受堤防以前（一九九三～一九九六年度）は三月七日から三月二二日までの範囲です。一方、締め切り以後（一九九七～二〇〇三年度）は四月四日から四月二六日となっていて、堤防締め切り後には作業日数を著しく増やさざるをえない実態が歴然と認められます。しかし残念なことに、収穫日が遅くなるとノリの品質も落ちてきて、収穫回数を増やしたほど生産金額は増大しません。

このようにして生産額がそれほど変わらない地域でも、堤防締め切り後は締め切り前に比べて、同じ生産額に対する漁獲努力は大きくなり、単位労働時間当たりの収入は減じています。ましてやこのことは、生産額が落ちている地域においては顕著です。

干拓事業がノリ生産に与える影響として、このような品質下落と労働強化を考慮することも重要で、干拓事業は有明海のノリ漁師に大きな被害を与えているといえます。

5　貝類漁業の衰退

有明海の重要な漁獲対象貝類はアサリ、タイラギ、サルボウ、アゲマキなどですが、ここではアサリとタイラギについて紹介します。ほかは文献[2]を見てください。

(1) アサリ

有明海沿岸において、熊本県沿岸はアサリの生息に適した砂質干潟がもっとも広いので、一九七〇年代後半から一九八〇年代前半にかけては、日本最大のアサリ生産地になっていました。たとえば、一九七七年の年間生産量は約六万六〇〇〇トンで、全国の生産量の約四二パーセントを占めました。しかし一九八〇年代から急速に減少しはじめ、一九九〇年以降には年当たり一〇〇〇~三〇〇〇トンにまで低下しました。

そこで緑川河口干潟においては、アサリ資源回復のために、有明海の沖合の海底で採取した砂を、干潟にまく覆砂を試みました。この結果当初は著しく生産が回復して、覆砂後約二年目までは新規加入による個体密度の増加が見られました。しかし次第に密度は減少してきて、その翌年には貝は消滅してしまいました。したがって覆砂によってアサリの浮遊幼生が砂地に定着して、死亡することなく次世代の集団の形成が正常に行なわれる期間は、覆砂から二~三年後ぐらいまでに限られ、それ以後は効果が失われます。効果を維持するためには、定期的に覆砂を続ける必要があるといわれています。

このようなアサリの激減は、関口秀夫と石井亮の両氏によれば、浮遊幼生の供給が乏しくなったためといわれます[77]。一方、それだけでは説明できない部分があります。堤裕昭氏らは観測と実験の結果、この現象は海水中のマンガン濃度が増加したために生じたものであると考えています[3]。高濃度のマンガンは底生生物のえらに沈着し、また血色素と結合して、呼吸や摂餌活動に重大な支障を与えるといわれています。

それではマンガンの濃度が、以前よりもなぜ高くなるのでしょうか。これについて堤氏らはつぎのように説明しています。ダムの堆砂や河床からの採砂などの河川事業により、沿岸には砂がこなくなりました。その一方、マンガンは河川水中にはイオンの溶存態として存在し、また二酸化マンガンの微粒子として泥などの微細な粒子に付着しています。これらが河川を流下して海水と接触したときに凝集沈殿して干潟に堆積します。この結果、新しい砂の補給は制限されるのに、マンガンはつぎつぎと補給されるので、海底のマンガン濃度は次第に高まらざるをえないというのです。

ただしアサリの生産の激減をマンガンの増加で説明することが困難な場所も存在していて、今後のさらなるくわしい研究が必要となります。

以上のことから、いまのところ、最近の有明海におけるアサリの激減に対して、基礎的なところでは諫早湾干拓事業による環境の悪化が無視できない影響を及ぼしている可能性が高いと一般にいわれていますが、干拓事業が漁獲の激減を生じた主要な原因であると結論するには、まだ検討を要するというのが妥当だろうと考えられます。

(2) タイラギ

タイラギは、三角形の殻をもつ大型の二枚貝で(図8・7)、美味しくて食用に喜ばれます。大きいものは殻長が三〇センチメートルにも達します。おもに二〜一五メートルの深さのところに、海底の堆積物中に突き刺さるようにして生息していて、有明海ではこれを潜水して採取しています。二〇年前までは日本各地の内湾で普通に見られましたが、近年急激に減少し、有明海のほかでは八代海や瀬戸内海で見られる程度です。そして有明海でも最近漁獲が著しく乏しくなり、とくに長崎県では諫早湾干拓事業開始後間もなく収穫できなくなりました。ここでは佐々木克之氏の考察[48]にしたがって、タイラギ漁業の衰退の原因を考えます。

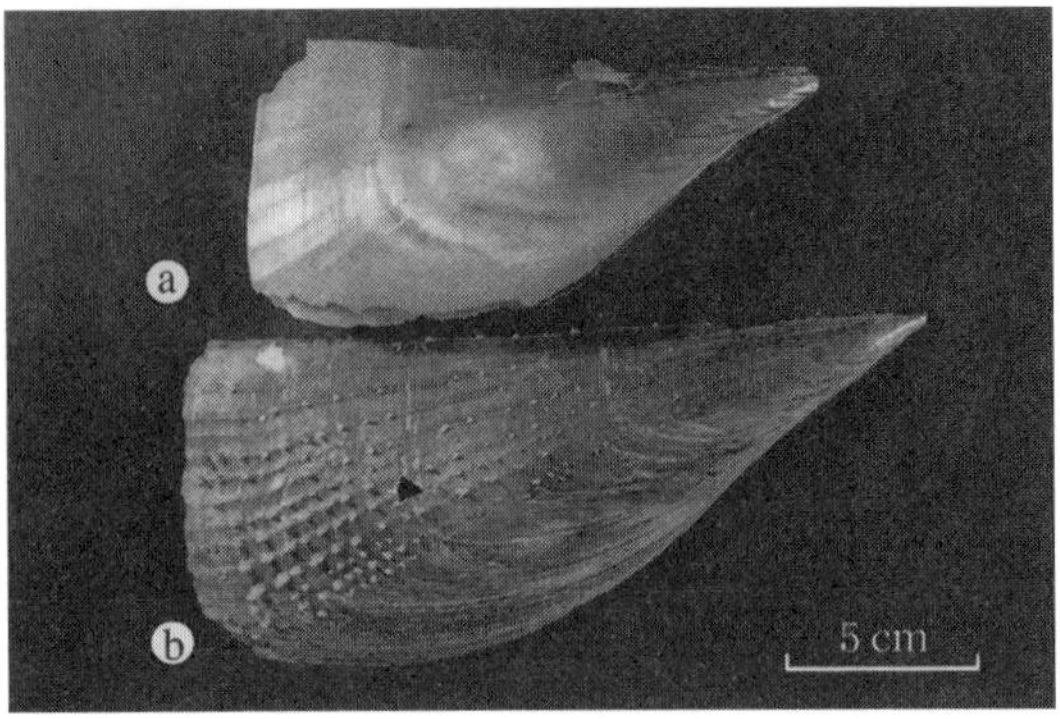

図8.7　タイラギ、aは徳島県産（殻長13.5cm）、bは福岡県産（殻長18.8cm）〈佐藤編（7）による〉

タイラギと環境との関係では、つぎのことが知られています。

まずその生息海域は、**図5・19**から推測されますが、泥に覆われた海底を避けて、それよりも粒径が大きな（中央粒径値Mdφが二〜三程度に小さな）底質のところでよく成長します。したがってある程度の流れが必要です。また粒径が小さいほど病害率が大きく、有機物が非常に多い底質は好まれません。そして同じ大きさのタイラギを比較すると、砂質域に生息するものが泥質域に生存するものよりも、貝柱がより大きく成長していました。

一方、国や県の水産調査研究機関や、九州農政局諫早干拓事務所が設けた諫早湾漁場調査委員会[78]（漁場調）のいずれ

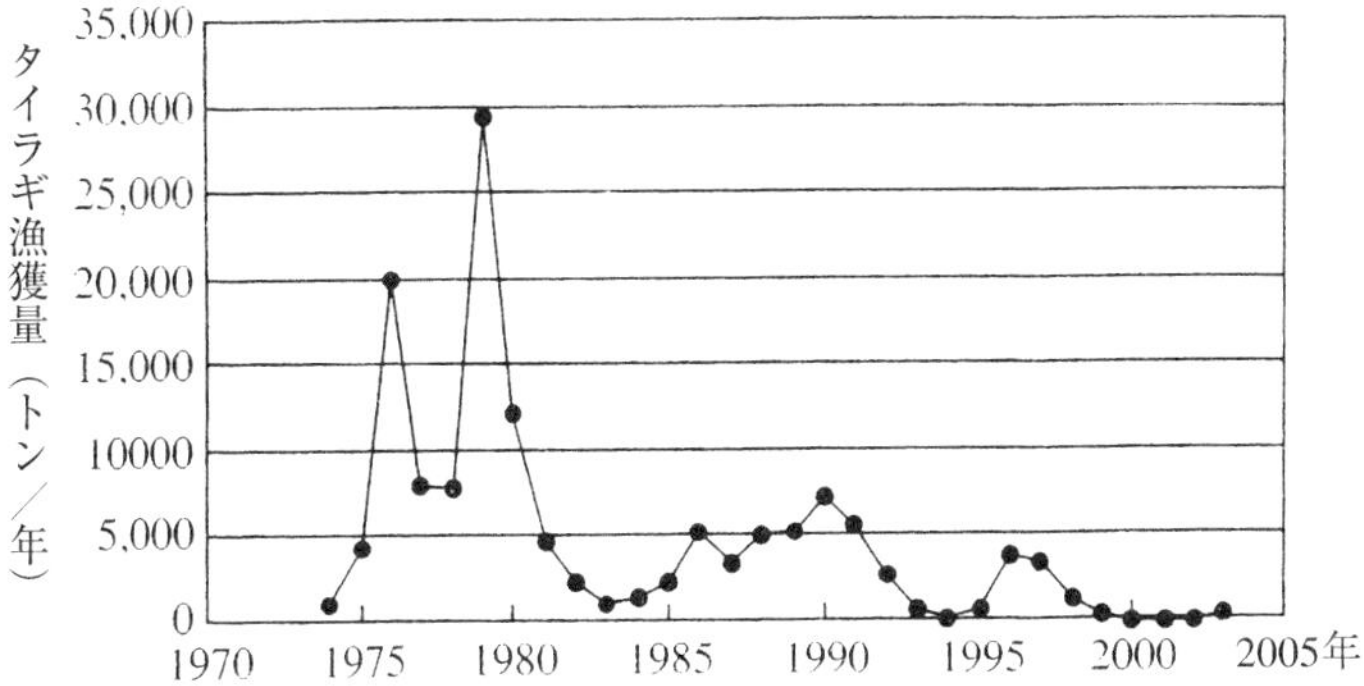

図8.8 有明海におけるタイラギの漁獲量の経年変化〈佐々木(48)による〉

の報告も、有明海においてタイラギの幼生と着底稚貝がもっとも多く存在する海域は諫早湾口周辺であるという調査結果を得ています。したがって浮遊幼生の供給源として、諫早湾口付近は有明海におけるタイラギ漁業にとって、きわめて重要な役割をはたしていると思われます。

図8・8に有明海におけるタイラギの漁獲量の推移を示しました。全般的にタイラギの生産は衰退していますが、漁獲量には明らかに周期性が認められます。周期分析の結果によると、一八～一九年の周期が基本となって、これに六～八年の周期が重なっていると考えられます。この周期性が生じる理由はまだ不明です。なお第5章1節の(2)に、月軌道の一八・六年周期の変動に応じて、潮汐も小さいながら同じ周期で経年変化をしていることを述べました(**図5・2**(a)参照)。佐々木氏は、この変化がタイラギの収穫の一八～一九年周期と関係があるのではないかという、興味深い推論を行なっています。潮差が大きいと潮流も大きくなって、タイラギの生育に具合がよいと考えられます。

さて図8・8によればタイラギの生産には、一九七九年ごろに大きなピークがあるので、周期性からいえば一九九七年ごろに大きなピークが存在しなければなりません。しかしごく小さなピークしか認められず、それ以後は微々たる量であって、とくに長崎県では収穫皆無の状態です。これに関して諫早湾口付近の漁師は、一九九一年春の干拓事業にともなう採砂が行なわれる前には、タイラギは育っていたが、秋にはヘドロをかぶって窒息死していたといっています。また漁場調の報告書は、一九九四〜一九九六年の調査において、当初湾口付近には浮遊幼生が十分に存在していたのに、着底した稚貝は一九九四年と一九九五年には見つからず、一九九六年にもほとんどは死亡した遺骸であったと述べています。[78]

干拓事業着工後から始まった堤防建設のための大量な採砂、堤防工事のサンドコンパクション打設工事、砂を捨てた小江干拓地からの濁水流出、工事船の頻繁な往来による底泥の巻き上げなどによって、工事現場から諫早湾口にかけて大量の浮泥が発生し、長期間継続したことが漁師や地元民によって報告されています。そして第5章2節に示したように本海域では干拓事業のために潮流が著しく弱くなったので、海底に大量の浮泥が堆積したのは必然と思われます。さらに第5章7節に述べたように、本海域の底層には貧酸素水塊が発達しています。

このように見てくると、タイラギの幼生や稚貝が有明海でもっとも集まる諫早湾口において、諫早湾干拓事業による大量の浮泥の堆積および貧酸素水塊の発達のために、湾口周辺のタイラギの生産が壊滅状態になったのは当然のことと考えられます。このことは、タイラギの漁獲量と諫早湾口周辺の採砂量を比較した後出の図12・1からも認められます。

一方、有明海奥部の西側では、一九九三年以来タイラギはほとんど生息しなくなりました（**図5・19**参照）。また東側では一九九六年以降には、大牟田周辺にしか分布しなくなりました。この東側海域においても、タイラギはある程度は成長しても、その多くは立ち枯れとよばれる斃死をしています。なお、タイラギの立ち枯れが諫早湾干拓事業後に生じていることに留意する必要があります。

つまり、諫早湾を離れた有明海奥部海域でも、すでに指摘したように、潮流が弱まって海底に浮泥が堆積し、また貧酸素水塊が広がっているので、タイラギの成長に支障をきたすはずです。さらに浮遊幼生の集積場所の諫早湾付近から運ばれてきたものも、活性が衰えているので成長が困難と思われます。このように、諫早湾の外の有明海におけるタイラギの衰退も、やはり諫早湾干拓事業の影響であると考えざるをえません。

6 魚類漁業の衰退

すでに示してある**図8・3**によれば、海面漁業のなかで、貝類漁業のつぎに漁獲量減少率が大きいのは魚類漁業で、一九八〇年に比べて四〇パーセント足らずの水準にまで落ちています。しかし魚種によって漁獲変化の状況は異なるので、よく知られているいくつかの魚種について、その衰退の状況を述べることにします。

たとえばマダイの漁獲量には変化はあまり見られません。マダイは、比較的水深が深く潮通しのよい海域で、砂礫と岩礁が混じったような場所に生息しているので、干潟や河口域の変化に影響を受けることが少なく、干拓事業との関係は乏しいと考えられます。

一方、ボラ、スズキ、クロダイなどは、成育期間のある部分を汽水域で過ごすので、埋め立て、川砂採取、ダム・河口堰建設などによって、汽水域から沿岸域の環境が変化すると資源量に影響が生じます。

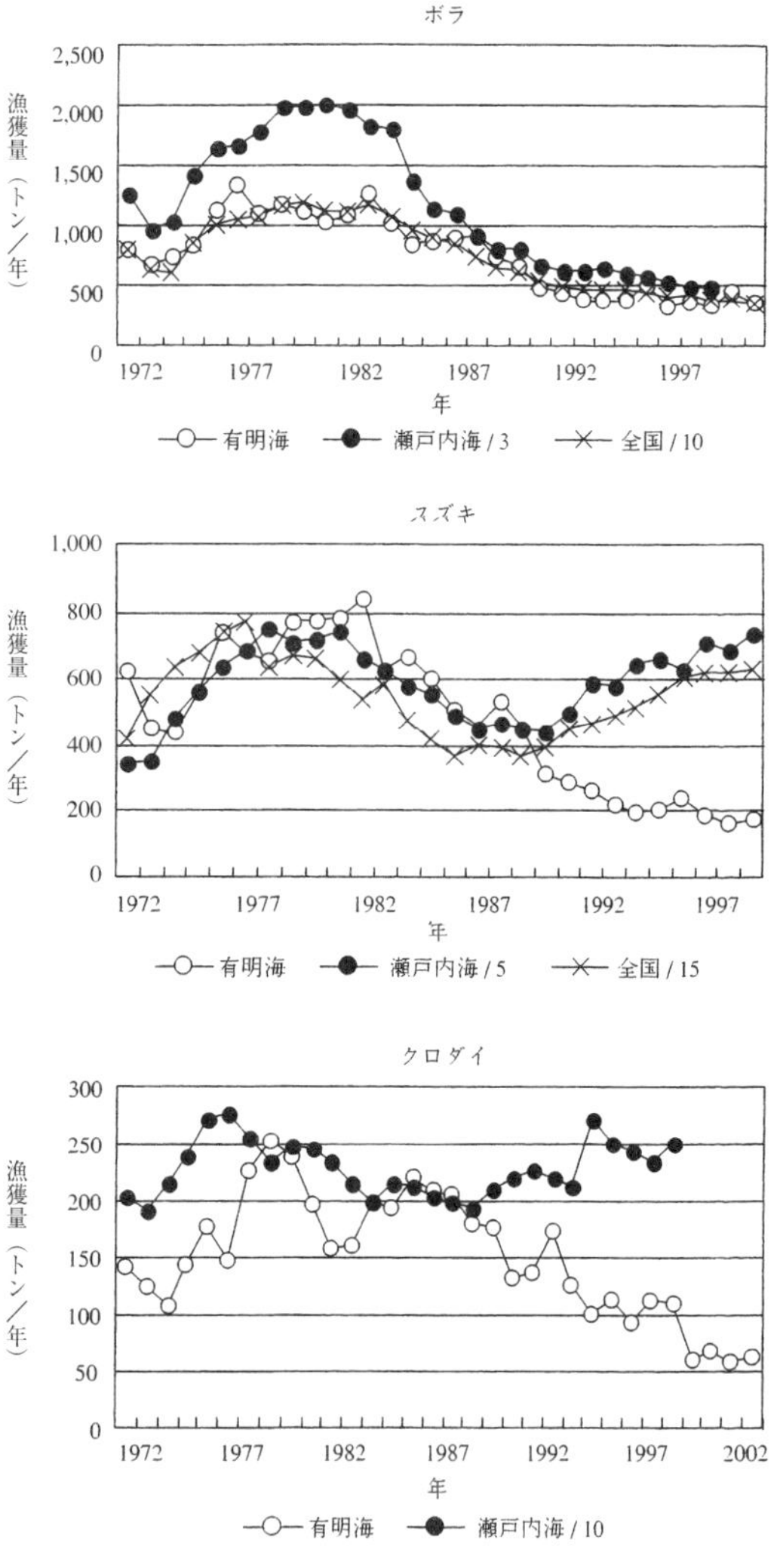

図8.9 ボラ、スズキおよびクロダイの有明海と瀬戸内海における漁獲量の経年変化〈佐々木(48)による〉

図8・9にこれら三魚種の漁獲量の経年変化を示しておきました。図には比較のために瀬戸内海の漁獲量も加えてあります。ただし縦のスケールは有明海と瀬戸内海では変えてあるので注意してください。なお全国のボラとスズキの生産量は、瀬戸内海の生産量の約三倍であり、瀬戸内海とほぼ並行した経年変化をしています。クロダイについては不明です。

図8・9によれば、三魚種は一九八〇年代の半ばごろから一九九〇年の初めまでは、有明海と瀬戸内海はともに減少を続けています。したがって、この減少には共通の要因がかかわっていたと思われます。ところで興味深いことには、その後一九九〇年になるころから、スズキとクロダイの生産は瀬戸内海では上昇に転じたのに、有明海ではさらに減少を続けています。したがって有明海に特有な原因を考えなくてはなりません。その有力な原因として、環境の悪化をもたらした諫早湾干拓事業が考えられます。一方、ボラでも同様な原因による漁獲の減少が考えられます。ただ瀬戸内海において、また全国的に、ボラの生産が減少を続けている原因については知識をもちあわせていません。

最後に、比較的平坦な泥地に生息する魚種の例としてカレイとウシノシタを取り上げます。カレイをはじめとして、このような海域に生息する魚種は、下層に発生する貧酸素水塊の影響を強く受けます。図8・10に両魚の漁獲量の推移を示しました。生産量は一九九〇年より少し前に急激に落ちこみ、しばらくその状態が続きました。そして一九九八年から明らかに減少に転じました。大量の浮泥は一九八九年に着工された干拓事業にともなって大量に発生して、諫早湾さらに有明海の海底へと広がっていきました。また一九九八年には、前年に潮受堤防が締め切られて、とくに大規模な赤潮が頻発するように

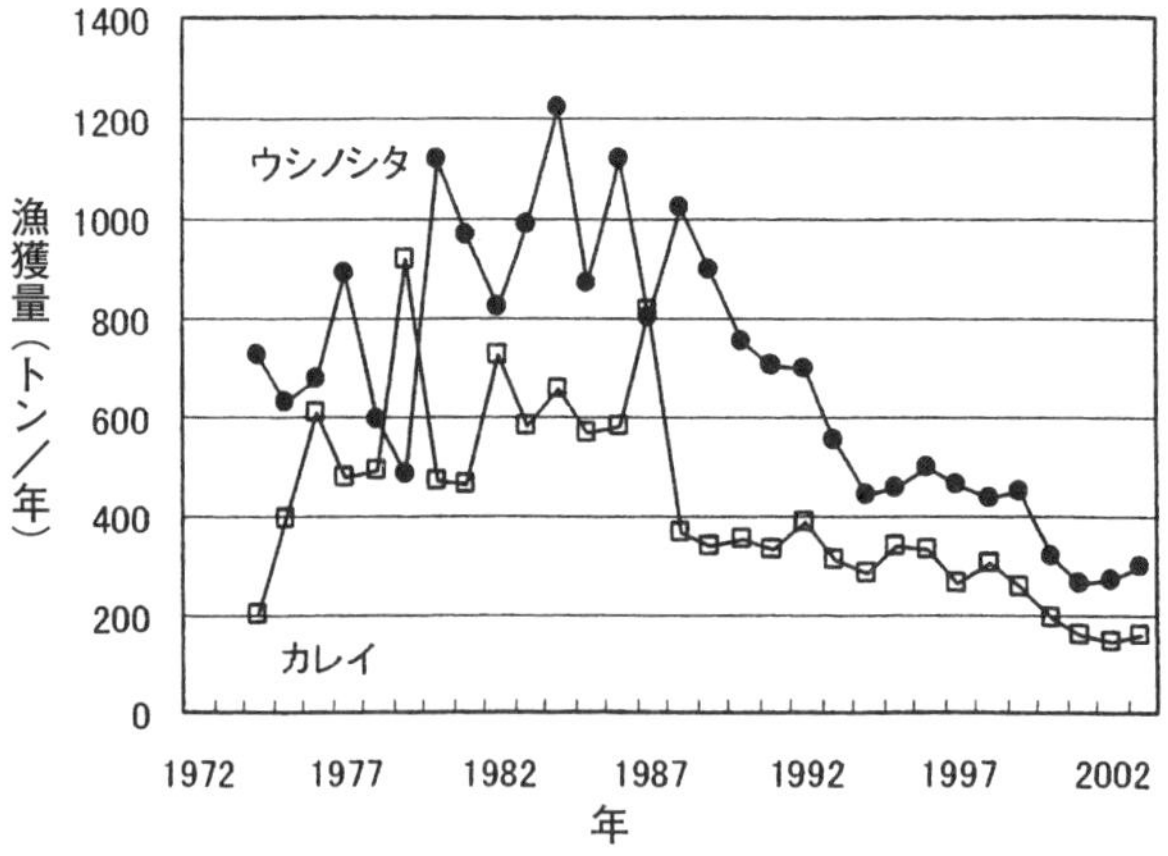

図8.10　有明海におけるカレイとウシノシタの漁獲量の経年変化〈佐々木(48)による〉

なり、発達した貧酸素水塊が有明海の下層を広く覆うようになった年です。海底に接して生活する底生魚であるウシノシタにも同様な事情が考えられます。

以上の事実からこの魚種の減少に、諫早湾干拓事業が重要なかかわりをもっていることは、十分に考えられることです。

なお**図8・10**によれば、干拓事業の開始のころまでは、カレイやウシノシタの漁獲は大きく変動していましたが、その後は変動幅が小さくなり、一方的に減少の道を進んでいることに注目する必要があります。次ページの**図8・11**のエビ・カニ類にも同様な傾向が見られます。これは田北徹氏が裁定結果に関するシンポジウムで強調されていたことですが[79]、生物の資源量は環境と餌との関係で、大きく変動をくり返すのが普通といわれますが、有明海の環境が悪化してその変動を許す余裕すらなくなり、一方的に減少傾向にあることはきわめて憂慮すべき事態といえます。つまり干拓事業は、それだけ生物の生存に重大な影響を与えているといえるのではないでしょうか。

7　エビ・カニ漁業の衰退

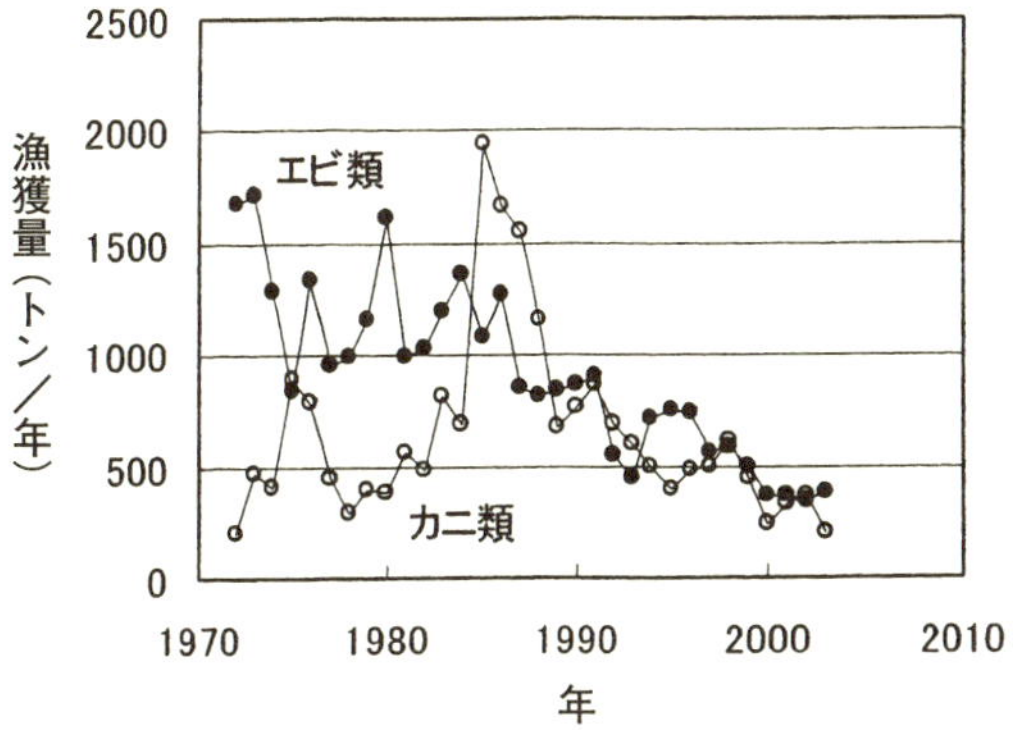

図8.11　有明海におけるエビ類とカニ類の漁獲量の経年変化
〈佐々木(48)による〉

図8・11にエビ類とカニ類の漁獲量の推移を示しました。エビ類は一九八〇年代の初めには一二〇〇トン前後の漁獲量がありましたが、最近は約四〇〇トンにまで落ちこんでいます。カニ類は一九八〇年代半ばに約二〇〇〇トンの漁獲量がありましたが、これをピークにして変動をくり返しながら減少を続け、いまでは年二〇〇トン近くまで低下しました。

漁業統計では、エビ類はクルマエビとその他のエビに分類されます。そしてエビ類には一生を干潟周辺に過ごすものと、稚エビのときは干潟に生息し、親になると深いところに移動するものがあります。クルマエビは後者です。したがって干潟の消失や干潟の環境の悪化が与える影響は、エビの種類によって異なるはずです。

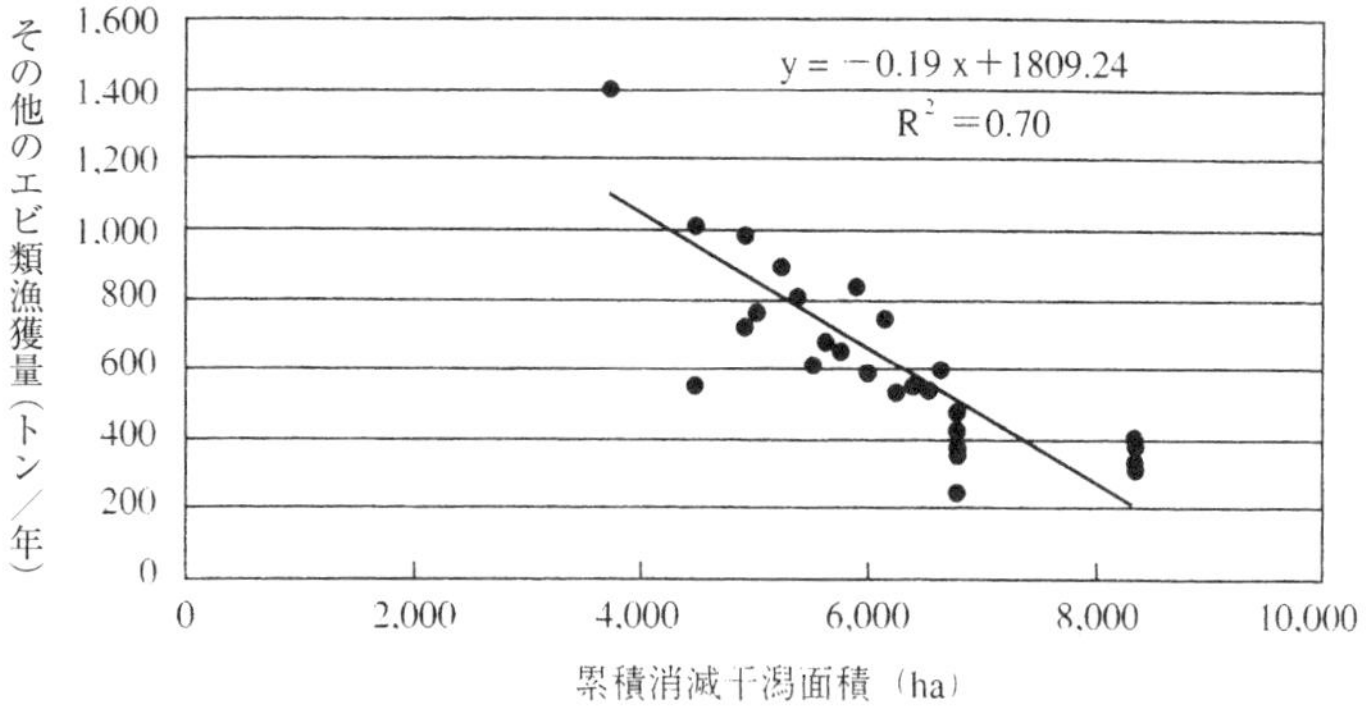

図8.12　有明海におけるエビ類（クルマエビを除く）の漁獲量と累積消滅干潟面積の関係〈佐々木(48)による〉

佐々木氏が干潟の消失面積と漁獲量との関係を調べたところ、一生を干潟で暮らすその他のエビでは明瞭な関係が存在して、**図8・12**から理解できるように、一ヘクタールの干潟が消滅すると漁獲量が約〇・二トン減少するという結果を得ました(48)。干潟の消失だけに注目しましたが、底層付近における貧酸素水塊の発達も影響を与えるはずです。したがって諫早湾干拓事業は、その他のエビに大きな影響を与えて、漁獲量の減少に寄与していると推測されます。

これに対してクルマエビの場合には、干潟の消失面積と漁獲量との間では、はっきりした関係は得られませんでした。しかし熊本県の漁獲量を見ると、一九九六年には二〇七トンでしたが、二〇〇三年には三五トンに落ちているので、一九九七年に締め切られた潮受堤防の影響は否定できないように思われます。

なおクルマエビの場合にはエビの放流も行なわれていますが、漁獲状況は以上のとおりです。なおこれに関して佐々木氏が検討結果をもとに、自然の生産力は放流技術による生産力よりもはるかに大きいと指摘していることは重要です[48]。衰えた海の生産力を高めるためには、環境を回復して自然の偉大な再生力が発揮できるような対策を考えることが基本的に重要です。その上にこそ初めて技術的対策が意味をもつことを銘記すべきです。

ガザミについいては有明海四県のすべてにおいて、一九九〇年代に入って漁獲は減少傾向にあり、その他のカニ類も一九八八年以降減少しています。諫早湾干拓事業による干潟や浅海の環境悪化、とくに底層の貧酸素化と底質のヘドロ化が基本的な影響を与えていると想像されます。

8　滅びゆく小さな生きものたち

有明海の生物研究者のなかには、山下弘文氏[1]がその先駆者でしたが、農水省の諫早湾干拓事業がもたらす有明海の生きものたちの運命を憂え、その貴重さと重要性を指摘し、保全を強く訴えつづけてきた人たちがおられます。本節の内容は、そのなかのひとり、佐藤正典氏の著作[7][80]に多くを依存しています。

国際保護鳥トキは、江戸時代のころは日本各地および中国大陸に広く分布していましたが、日本のトキは明治時代以降に激しく減少し、ついに絶滅しました。これには私たち人間の影響が強く及んだといわれます。佐渡島に最後に残った一羽も、二〇〇三年に死に絶えました。一方、中国大陸のトキも絶滅の危機に瀕していましたが、徹底した保護政策の結果、個体数は増えて、当面の危機は避けることができたといわれます。

トキの話は有名ですが、地球上の生きものの一員である私たちは、名ある生きもの、人間に有用な生きものだけでなく、その名も知られないような小さな生きものにも目を配る必要があると思います。基本的に生きる権利は、人種、身分、職業、老幼男女の区別なく、人に平等に認められているのと同様に、多様な生物間にも存在すると考えるのが自然だろうと思います。

トキの場合には、食糧増産のために使用した大量の農薬と、その農薬がトキの餌となるドジョウやフナその他の小動物を激減させ、トキ滅亡のとどめをさす有力な原因になったといわれています。自然界の生きものたちは、巨大なそして精妙な食物連鎖系を形成していて、そのなかで生きているのです。しかしその系の中身は、現在なお十分に理解されているとはいえないようです。

トキの例に見られるように、系の一部に手をつけて壊し、その上部の生きものが滅びた例はよく聞くところです。これは漁業にも当てはまります。たんに漁獲対象生物の資源量増加のみを考えて、種々手を加えて生態系を破壊してしまい、結局目的の漁獲の増加は得られず、他の生物にも影響を及ぼす例があります。多様な生態系の維持こそが、永続的で健全な漁業の基礎であると考えなくてはなりません。

さらに学術的な価値という観点からも、有明海の生きものを見る必要があります。遠い宇宙の果てで営まれる星の生成消滅の研究は、私たちの実生活にはなんの関係もないようですが、夢と叡智を育て、人間の存在を考えさせます。同様に、海の底の目にもとまらない小さな生きものも、進化の秘密を伝え、生命の不思議さを教え、同じ生きものとしての人間の存在価値に気づかせてくれます。

有明海には、第3章2節で述べたように、他の湾には見出せないような特産種や準特産種が多数生息していて、有明海の生物相の特長になっています。これが有明海の成り立ちに深く関係していることはすでに説明しました。しかし有明海の特産種のあるものは、かつては他の内湾にも生息していましたが、近年の沿岸開発によってそれらに適した生活環境が失われ、現在は諫早湾か八代海の一部に姿が残されているだけなのです。

図1・4の写真に示したハイガイは、古代日本人にとって稲作を始める前からの食料であり、各地の貝塚でよく出てきます。そして約五〇年前までは東京湾や瀬戸内海にも生息していましたが、いまはその生存域は有明海奥部にほぼ限られてしまいました。ところが農水省による諫早湾干拓事業のために、有明海に残されていた諫早湾奥の最大規模の個体群は死滅し、写真に見られるように遺骸が干上がった干潟を一面に白く覆いつくしました。先日私は、児島湾の締め切りが行なわれたわが国最初の大規模干拓とみなされる岡山県の干拓地を訪れましたが、同様にハイガイの絶滅を嘆く漁師にお会いし、大規模干拓事業の影響の大きさを実感しました。古代から身近にあったハイガイは、いまや佐賀県沿岸などに細々と生き残っているだけで、まさに絶滅寸前といわれます。

アカザ科の塩性植物で秋の干潟を真っ赤に彩るシチメンソウも、かつては瀬戸内海に生息していましたが、いまでは有明海の奥部の泥干潟に残るだけです。そして諫早湾にあった最大の群生地が干拓事業で滅ぼされたのちには、佐賀県沿岸の数カ所に点在するのみで、これも絶滅が近いといわれます。

以上の例のように、今日、有明海の特産種や準特産種の大部分は絶滅の危機に瀕しているといわれています。ただし残念なことに、一見地味な泥干潟の生物たちが絶滅の危機にあることは、哺乳類や鳥類などの場合と異なって、一般にはほとんど注目されていないのが現状です。さらにゴカイ類など底生無脊椎動物などの種のなかには絶滅の可能性が高いのに、官庁の絶滅危惧種を記したレッドデータブックに記載されていないものがたくさんあるといわれます。これは研究が遅れていることも一因ですが、研究中でまだ正式に名前がつけられていないものもあります。これらの種は、学問的に認知される前に消滅してしまうおそれがあります。そうなると、私たちは有明海、あるいは日本全体の種本来の姿を永久に知ることができなくなるのです。

第3章3節に述べた特産魚やその他の有明海に特徴的な魚類は、有明海奥部と諫早湾およびそれにつながる河川感潮域の存在によって、その生活史が成り立っています。諫早湾干拓事業によって有明海としてのこの機能を失った面積は、有明海全体のわずか二パーセントあまりで、たいしたことがないように思う人もいるかもしれませんが、それは大きな誤りです。これら魚類にとってとくに重要不可欠な海域を、有明海奥部と諫早湾の水深五メートル以浅の範囲と考えれば、上記の消失面積はこの面積の約一一パーセントにも相当し、重大な影響を与えるのです。

またこれまで何度もあった大きな地変によって、これらの生きものたちの生存が脅かされたと思いますが、有明海奥部と諫早湾という二つの生存適性海域が、二つならんで存在することによって、片側の異変を救いおぎなって、今日の特産魚の生存を可能にしたと推測されます。そうであれば、諫早湾という一方の側が喪失した影響は、長期的には種の絶滅を含む甚大な影響をもたらす可能性があると危惧されます(80)。

トキの場合には、日本では滅び、中国では徹底的保護政策で滅亡を免れました。有明海だけに生息する、ものいわぬ多くの生きものたちの運命はどのようになるのでしょうか。これらを救う道はただひとつだけ考えられます。それは潮受堤防を開放することです。いまであれば、汚濁した淡水に満たされた調整池に海水が導入され、上下左右に潮の動きが始まれば、まだかろうじて残されている種や幼生の働きで、諫早湾という絶滅危惧種にとってきわめて貴重な生息域を、再び取りもどすことは不可能ではないように思われます。また諫早湾の外の有明海でも、干拓事業のせいで汚濁が進み生存が困難になった生きものたちの生命力も蘇ってくるでしょう。そうすれば、数年にわたると思われる生態系復活という、きわめて壮大で価値ある実験を、私たちは経験することになるのです。

9　諫早湾から追われた渡り鳥

広大な干潟が広がり、そこに餌となる豊かな魚介類が生息する有明海は、渡り鳥にとってきわめて重要な場所であり、なかでも諫早干潟はその中心となる存在でした。しかし諫早湾干拓事業のために、その干潟は消え去り、かつて渡り鳥が群れ集まった姿は見られなくなりました。有明海の渡り鳥については、花輪伸一と武石全慈両氏の詳細な報告[81]がありますので、それにもとづいて干拓事業の影響の概略を紹介することにします。

上記の報告は次の文章から始まっています。

図8.13　左：ズグロカモメ、右：ダイシャクシギ〈花輪・武石(81)による〉

「有明海で見られる鳥類は、シギ・チドリ類、カモメ類、カモ類、サギ類などの水鳥が中心で、大部分が渡り鳥である。その多くは、春と秋の渡りの季節に飛来する旅鳥、越冬期に渡来する冬鳥である。これらの鳥類にとって、有明海の干潟や浅い海は、非繁殖期の採食・休息の場として欠くことのできない環境になっている。特に、長距離の渡りをする種にとっては、渡りのエネルギーを補給するためになくてはならない食料庫といってもよいだろう。これらの鳥類は、ゴカイ類、エビ類、カニ類、貝類、魚類などを食べ、漁業を行なう人間とともに、干潟や浅い海の生態系において、有機物を取り除き外部へ運び去る役割を果たし、窒素・リンの循環に寄与している」

　最後に記してある、鳥による窒素・リンの除去が海水浄化にはたす役割の重要性は、第3章1節に述べたところです。

　上記のように渡り鳥の種類は多いですが、ここでは有明海付近を越冬地としている渡り鳥の例としてズグロカモメ（頭黒鴎）を、飛来して通過する旅鳥の例としてシギ・チドリ類を取り上げます。その他の多くの渡り鳥については、文献[81]を見てください。**図8・13**に

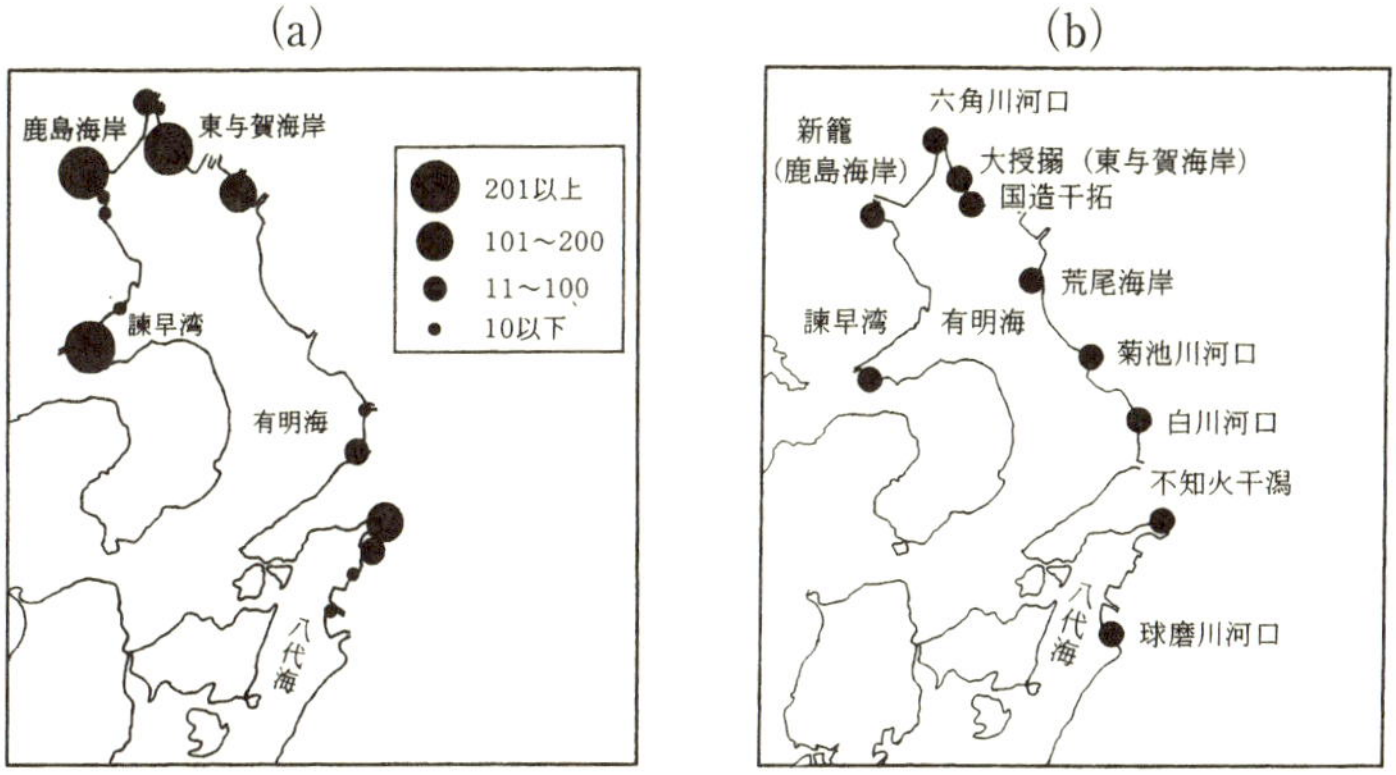

図8.14　有明海・八代海における、(a)ズグロカモメの分布、1994～1999年の最大飛来数、(b)シギ・チドリ類の重要渡来地〈花輪・武石(81)による〉

ズグロカモメとダイシャクシギの写真を載せておきました。

ズグロカモメは体長約三〇センチメートルで、約四〇センチメートルのユリカモメより一回り小さく、世界では東アジアの数カ国の海岸部だけに分布する比較的珍しい鳥です。この鳥の分布域は狭く、その繁殖地と越冬地はともに開発によって次第に失われているので、環境省では「絶滅危惧Ⅱ種」、水産庁では「絶滅危惧」と指定しています。

この鳥の越冬に適した場所は、①カニ類・ゴカイ類などの餌が豊富な泥質・砂泥質の干潟であること、②満潮時に休息に適した場所があること、③とくに上記の場所に連続したノリひびがないことなどです。わが国では有明海がこの鳥の越冬地としてもっとも飛来個体数が多く、一九九四～一九九九年にかけて約五七〇羽から七四〇羽へと増加しています。**図8・14**(a)に有明海・八代海におけるズグロカモメの分布状況を示しておきます。主要越冬地は三カ所ですが、そのなかで諫早湾は一九九六年までは最大の個体数が越冬する干潟でした。

しかし潮受堤防が締め切られた一九九七年からは、諫早湾においてはズグロカモメの飛来数は減りはじめて、一九九九年には群れの姿は見られなくなりました。たまに見える個体の数も一〇羽以下です。諫早湾のズグロカモメは他の越冬地に移ったと考えられます。なお有明海全体での飛来数はいまは増加傾向にあり、**図8・14**(a)に示される残り二つの主要越冬地の鹿島海岸と東与賀海岸において、個体数は増加しています。

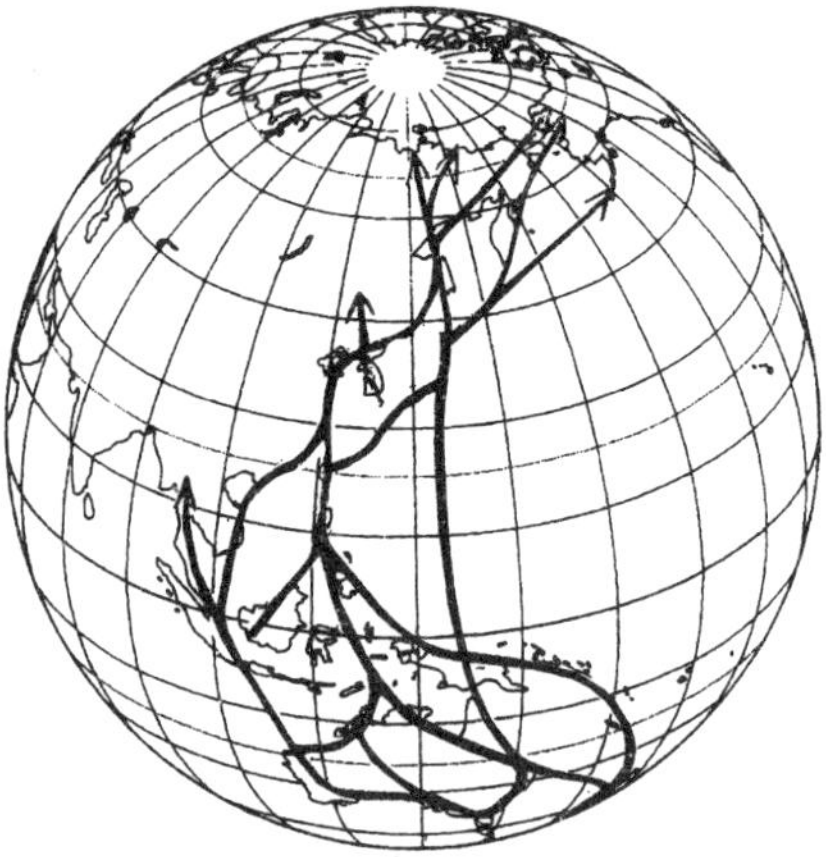

図8.15　東アジア・オーストラリア地域におけるシギ・チドリ類の渡りの推定ルート〈花輪・武石(81)による〉

しかし、これらの地域における海岸堤防前面の干潟は、諫早干潟に比べてカニ類やゴカイ類などの餌は豊富とはいえず、その前面には広範囲にノリひびが設置されていて、採食条件はよいとはいえません。また干拓事業のために、有明海は全体として環境の悪化が進んでいます。そこで残存した主要越冬地においても、鳥の生息密度が大きくなって過密状態になれば、海洋環境の全般的悪化と重なって、鳥への影響が心配されます。

つぎに、シギ・チドリ類は、日本では合計七四種が記録されていて、そのうち年間を通して観察される留鳥は九種で、残り六五種は通過する渡り鳥です。図8・15に、日本付近を通っていくシギ・チドリ類の推定ルートが描かれています。これらの繁殖地の大部分がアラスカやロシア極東地方であり、繁殖が終わると成鳥と幼鳥は別々の群れになって秋の渡りを始め、南下します。大部分は日本よりさらに南に下がり、東南アジア地方で越冬し、さらにはオーストラリア、ニュージーランドにまで渡って越冬するものもいます。そして春になると、越冬地から繁殖地へと向かう渡りが始まり、その途中で再び日本の干潟に懐かしい姿を現わします。

シギ・チドリ類の大部分は湾の奥部や河口に広がる干潟に飛来し、おもに干潟のゴカイ類、カニ類、エビ類、貝類などを餌としています。「とおくなり　ちかくなるみの　はまちどり　なくねにしおのみちひをぞしる」の古歌に、この鳥たちの生態が偲ばれます。

日本で記録されている七四種のなかで、七六パーセントに当たる五八種が有明海に飛来し、有明海は重要な渡りの場所になっています。そしてそのなかの八種は絶滅のおそれがあるとされています。有明海と八代海におけるこれら鳥たちの重要な渡来干潟が図8・14(b)に示されています。不知火《しらぬい》干潟は未調査なので除くと、残り九カ所はシギ・チドリ類渡来湿地の登録国際基準を満たす場所になっていて、有明海・八代海がこれら鳥たちの中継地・越冬地として、非常に重要な位置を占めていることがわかります。

諫早湾の干潟は、かつては日本最大のシギ・チドリ類の渡来地でありました。春の渡りでは最大一万三五〇〇羽（一九八八年）、秋の渡りは一五〇〇羽、冬の越冬数は四〇〇〇～七〇〇〇羽に達しました。

しかし、一九九七年の潮受堤防の締め切り以来その数は激減し、一九九七年の秋の渡りは五〇〇〜一〇〇〇羽、一九九八年の春の渡りは十数羽と壊滅状態になりました。ただし有明海の他の飛来地には、個体数が大きく増加したところがあり、諫早湾からの移動が考えられます。しかしズグロカモメのところで述べたのと同じ理由で、過度の生息密度、おもに干拓事業に原因をもつ干潟環境の悪化などによって、渡来するシギ・チドリ類の渡来数が長期的には大幅に減少する可能性が心配されます。

以上に述べたように、有明海の干潟は渡り鳥にとってきわめて重要な渡来地であるので、それを保護するために、これ以上の干拓埋立によって干潟面積を減らさないこと、干潟環境を悪化させないような措置を行なうことが必要です。さらに、現在これら鳥類の捕獲は禁止されているものの、生息地を鳥獣保護区に指定して、全般的に狩猟を禁ずる必要があります。これによって猟期にも鳥が安心して生息できるという意味には、きわめて大きいものがあります。そして、かつての諫早湾における渡り鳥の賑わいに近づけるためには、潮受堤防の水門開放が最小限必要なことはいうまでもないでしょう。

第9章 有明海再生の第一歩は水門開放から

これまで、農林水産省の諫早湾干拓事業が、有明海における生態系の崩壊、漁業の衰退、生きものの好ましくない変化に、本質的に重要な役割をはたしてきたことを、できるかぎり観測事実にもとづいて示してきました。なお干拓事業以前にも、有明海の体力を弱める要因はいくつかあったものの、この体力の弱まった有明海に、最終的に強烈なパンチを浴びせてノックダウンさせたものは、干拓事業以外には考えられないことも指摘しました。そしてこの干拓事業のなかで、最大の影響を与えたものが潮受堤防による締め切りであることは、だれしもが容易に認めることでしょう。有明海を再生させるためには、有明海を崩壊させた原因を取り除き、自然の偉大な再生力を蘇らせることが基本であることは、いうまでもないことです。

そこで本章では有明海再生の第一歩として、潮受堤防の水門開放について考えます。ただしこれはあくまでも第一歩であって、堤防があるかぎり、水門を開けても有明海の再生には限界があることを認識しておく必要があります。

1　短期小規模開門調査の教訓

農水省はノリの歴史的大凶作の原因を究明するために、通称ノリ第三者委員会を設置し、当時の農水大臣は委員会の提言を尊重すると明言しました。同委員会は科学的に綿密な検討の結果、原因を明らかにするためには、最初は二カ月程度、つぎは半年程度、さらに数年程度と順を追って水門を開放して調査することが必要であると考え、その実施を強く要請しました。

干拓事業前の実態の把握が著しく不足している現状では、このような調査にもとづいて、環境悪化の過程を明確にしようとする試みは、科学的にはきわめて適切な提言というべきです。しかし農水省は、二〇〇二年四月二四日から五月二〇日にかけて、わずか一カ月に満たない短期間小規模の開門調査を実施しただけで、以後は実施しないと、当初の約束を破ったのです。しかも唯一の開門調査も、調整池内の水位変動幅がわずか二〇センチメートル以内というごく微小な範囲であって、きわめて不十分な申し訳程度の開放にすぎませんでした。それでも、調整池内の水質の改善が明白に認められて、本格的な水門開放の効果を十分に期待させるものでした。

九州農政局のモニタリング結果から、[82] **図9・1**に示す水門開放前後における調整池内の塩素量（塩分はこれのほぼ一・八倍）、SS（懸濁物質《けんだく》）、COD、全窒素、全リンの濃度変化を求めることができます。開門による海水流入にともない、凝集作用が強まって海底に沈積するために、水中のSSが減少す

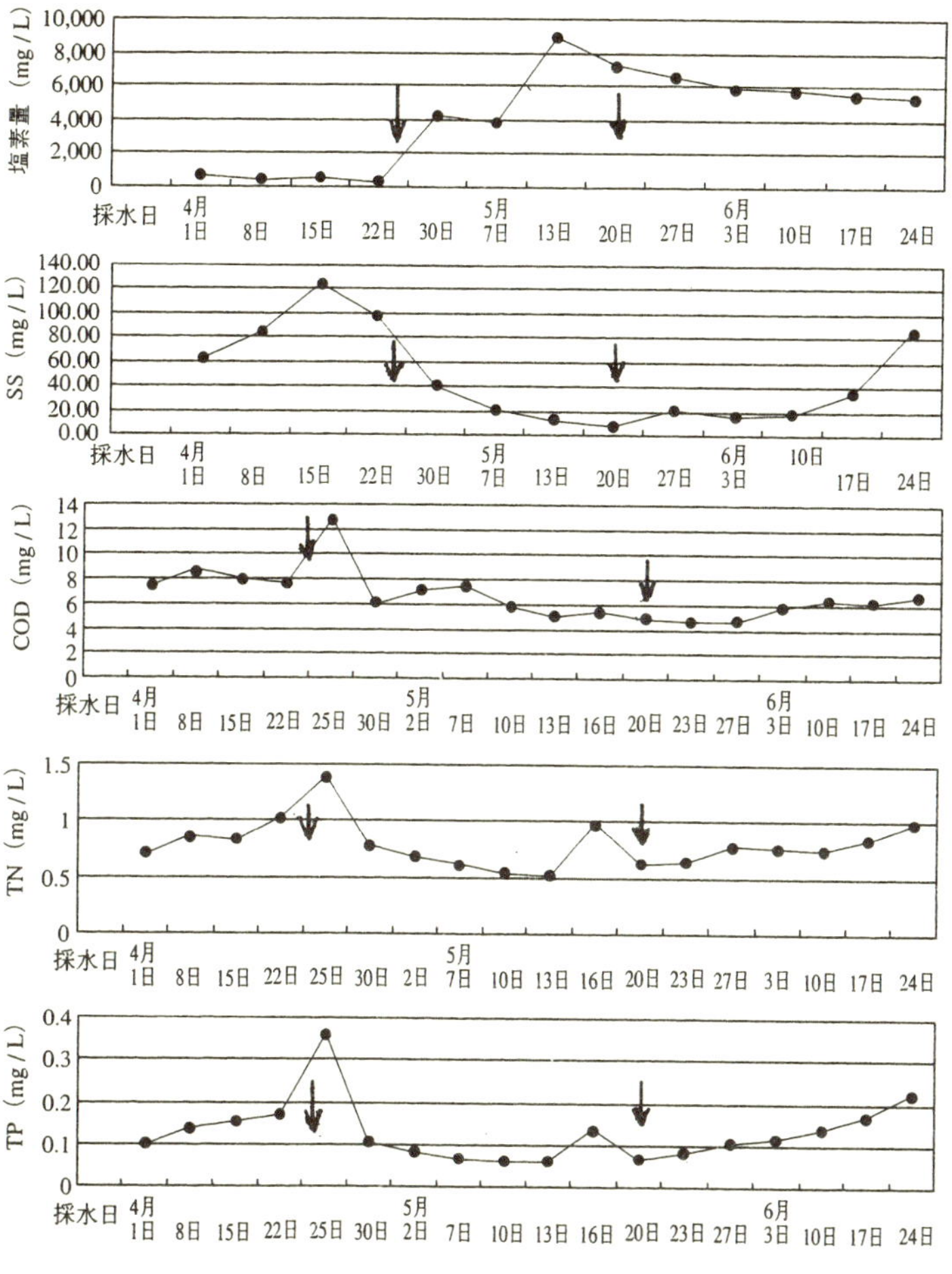

図9.1 短期開門調査前後における調整池内の塩素量、懸濁物質（SS）、COD、全窒素（TN）、全リン（TP）の時間変化、縦の2本の矢印は開門調査期間を表わす〈九州農政局（82）による〉

るとともに、全窒素も、全リンも劇的に減少して池内の水質は著しく改善されました。ただしCODの変化は小さいものでした。

そこで佐々木克之氏は、干拓事業の影響がないときに潮受堤防の内部海域が本来もっていた自浄作用に比べて、この小規模短期開門によって自浄作用がどの程度回復したかを見積もりました[48]。これによると年間の浄化能力についていえば、全窒素は約五〇パーセント、全リンは約一〇〇パーセントにもなって、短期小規模の海水導入であっても、池内の浄化能力が顕著に改善されたことが認められました。しかしCODに対する浄化能力はまったく回復しませんでした。これは有機物を浄化する底生生物が、短期間では回復しなかったためと考えられます。底質を含めて池内の環境改善を図る目的では、長期間の開門を継続する必要があることが教えられました。

また、堤裕昭氏らは、大雨が降ったときの短期小規模開門調査中の期間と、これが終わった期間での観測を比較して、有明海湾奥部の低塩分水の挙動と潮目の分布が著しく異なるという、きわめて注目すべき事実を見出しました[3]。つまり、栄養の豊富な湾奥部の低塩分水が、開門していれば外の方へと流出しやすいのですが、そうでなければ湾奥部に長く滞留して赤潮が発生しやすいことを報告しています。

これは一例ですが、開門してこのような観測を綿密に組織的に行なえば、有明海の環境変化の過程を詳細に理解することが可能で、農水省および裁定委員会が望む原因究明の目的にそって、きわめて有効適切な結果が得られることがわかりました。

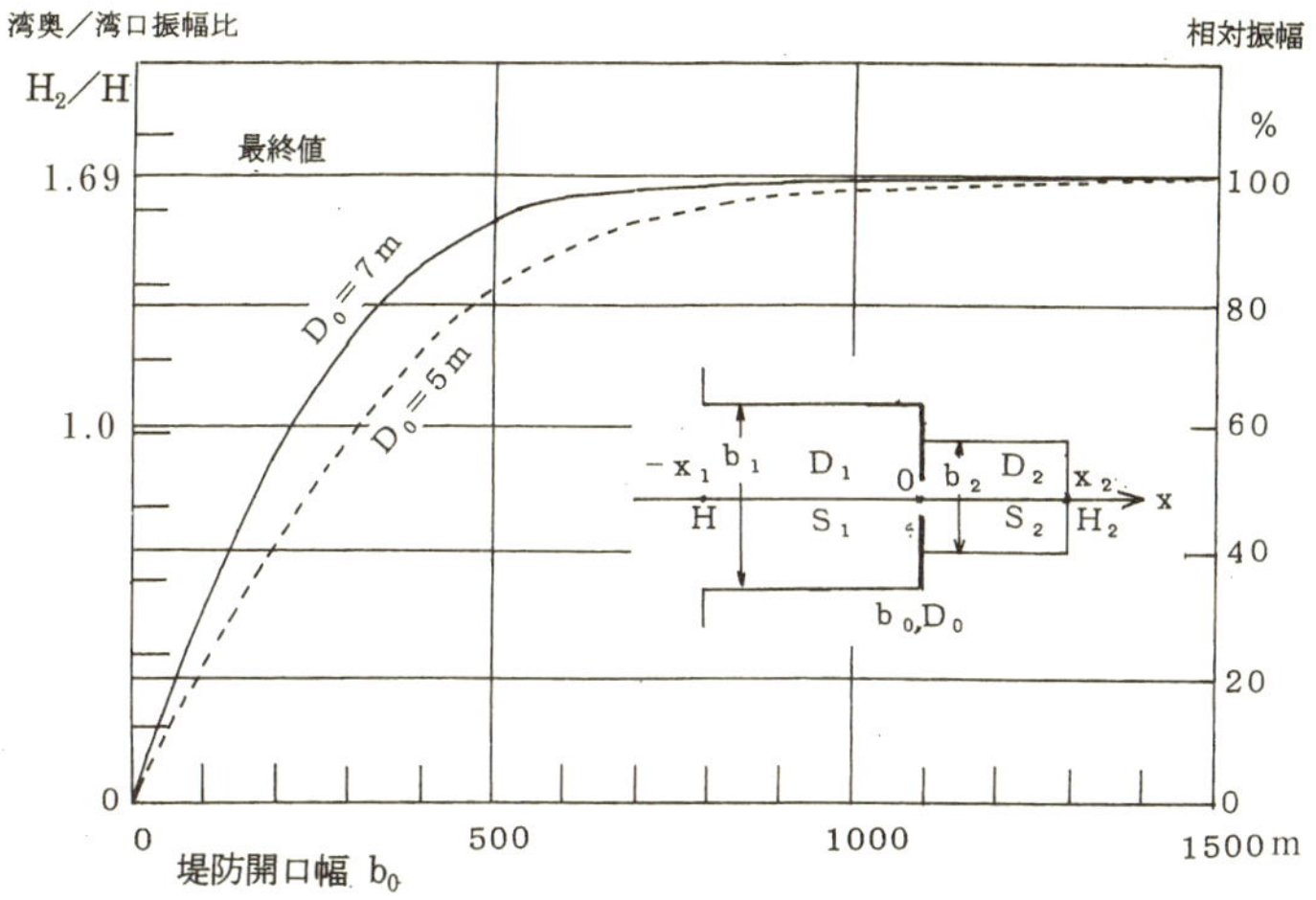

図9.2 モデル湾(内挿図)の湾奥におけるM2分潮振幅の堤防開口幅に対する変化、縦軸の左側目盛は湾口振幅に対する振幅比、右側の目盛は開口幅全開(7km)に対する相対的振幅を表わす〈宇野木(34)による〉

2 潮汐と潮流の増大

潮受堤防の開口部を広げたときに、潮汐《ちょうせき》がどの程度回復するかについて概略の理解を得るために、私は簡単なモデル湾と理論を用いて検討を行ないました[34]。その結果を**図9・2**に示します。モデル湾は、理論の適用が容易であるように、**図9・2**のなかに挿入した図のような一次元の矩形湾で、その奥に小湾がくっついている形状を仮定しています。小湾の湾口幅は防波堤の開口部の幅で調節できます。諫早湾は有明海の脇についているので、このモデルは実際と異なり、またきわめて単純化した一様水深の矩形湾を仮定している点などで問題がありますが、およその検討をつけることはできると思われます。開口部の水深(D_0)が五メートルと七メートルの場合の計算結果が示されています。

小湾の幅（b_2）となる潮受堤防の幅は七キロメートルで、現在これには合計幅が二五〇メートルの二つの水門がついています（**図1・1**）。**図9・2**において、横軸は小湾の湾口における開口幅（b_0）を表わしますが、幅が広くなると潮汐はほとんど変化しなくなるので、開口幅一五〇〇メートルまでしか示してありません。右側の縦軸につけた目盛は、横軸の開口幅に対して最奥部の潮汐振幅が、堤防全開すなわち潮受堤防がない場合の何パーセントになるかを示すものです。図によれば、現状の水門を全開して二五〇メートルの開口部を作れば、潮受堤防がない場合の半分かそれ以上に潮汐が回復することが予想されます。そして開口幅が一キロメートル程度になれば、潮受堤防がない場合にかなり近づきます。もちろんもっと信頼できる結果を得るには、実際の地形に即した数値計算を行なう必要があります。

潮流も、全体的には潮汐と同程度に回復すると思われます。たとえば、青山貞一氏らが二五〇メートル幅の水門を全開した数値計算を行なったところ、場所的な変化は大きいものの、締め切り前に比べて調整池内において締め切り前の約六〇パーセント程度の流れに回復していました[83]。これは上記の理論で求まった潮汐の回復率と同程度です。ただし潮流の場合には局地性が強いので、堤防の陰になった海水の停滞域が存在します。したがって開口部では口が狭くて強い流れが存在しますが、水門を開放しても停滞域のために海水交換や物質の拡散は十分でないことに注意を要します。また堤防の外側においても、潮汐の回復が十分でないことに相当して、潮流も弱いままです。現状のままの水門開放に、過度に期待することは避けねばなりません。

3 海洋環境の改善

水門を開放すれば、それなりに潮流も強くなり、第5章で述べた環境崩壊のいろいろな要因も弱められ、それに応じた環境の回復が期待されます。すなわち堤防内部の調整池では、本章1節で述べたように水質と底質の改善が始まり、また潮受堤防の内と外に厚く堆積していた悪臭を放つヘドロ層も時間の経過とともに解消の道を歩み、さらに外側海域の汚濁化への影響も小さくなるでしょう。

一方、諫早湾より外の有明海においては、河川水の輸送の変化、表層の密度成層の強化、表層の赤潮と下層の貧酸素化の発達などが抑制されることが期待できます。さらに底質の泥化やヘドロ化の程度も弱くなり、透明度の上昇も減じてくるでしょう。このようにして、水門を閉じたために生じた有明海の生態系の崩壊も、水門を開くことによって徐々に改善の方向に向かうのは当然と考えられます。

4 漁業の改善

水門を開放することによって、前節に述べたように海洋の環境が改善されれば、漁場環境がよくなって落ちこんでいた漁業の生産も、それに応じて回復してくることが期待されます。とくに諫早湾口は壊滅したタイラギの幼生が集積する水域なので、資源回復の効果が大きいと想像されます。また第8章で指摘したように、干拓事業のために衰退していた有明海のノリ、タイラギ、エビ・カニ類、水産魚類などの資源も増大し、ある程度漁獲高も増えることが予想されます。ただし現在の水門の開放だけでは、漁獲の回復には限度があることを認識しておかなくてはなりません。

第10章 合理性に欠ける農林水産省の開門調査拒否の根拠

第9章1節で述べましたが、農林水産省が設けたノリ第三者委員会は科学的検討にもとづいて、ノリ不作などの有明海異変の原因を究明するためには、最初は二カ月程度、つぎは半年程度、さらに数年程度と順を追って水門を開放して調査することが必要不可欠であると結論して、その実施を強く要請しました。けれども農水省はいろいろな理由をつけて、これを実施することを拒否しています。本章では、農水省が拒否する根拠には合理性が乏しいことを指摘します。

1 開門調査を拒否する農林水産省

第5章には観測事実にもとづいて、九つの環境悪化の要因を具体的に示しましたが、現状ではこれ以上は見出すことは無理といえるほど、現実的で信頼性の高い事実と思われます。たとえば、有明海異変発生の中心的原因のひとつである赤潮についていえば、これは大雨が降ったのちに発生するのですが、

図5・15で明瞭に示されるように、有明海の赤潮発生規模指数は同じ一〇〇ミリメートルの降水量に対して、潮受堤防締め切り後は締め切り前に比べて約三倍も増大しています。これ以上、干拓事業が環境に与える悪影響を明白に示す定量的事実はありません。

しかし福岡高裁や裁定委員会は、「公害問題」においてはきわめて困難な、例外的ともいえる「高度な証拠」となる事実を要求しています。何を根拠にこのように量的で具体的な事実すらも否定するのでしょうか。このような否定の発想は、実際に自然現象を研究している者から見るとまったく不思議でなりません。不思議だと思う理由は第12章で考察します。

そうであれば、司法のいう「高度な証拠」を示すことができるのは、農水省のノリ第三者委員会が提言した水門開放調査以外には存在しません。上記の要求に応えるためにも、水門開放による調査は不可欠で、司法当局も裁定委員会もそれを命令すべきです。

ところでノリ第三者委員会を設置した農水大臣は、委員会の結論を尊重すると公言していたのですが、農水省はそれを破って、わずか一カ月に満たない短期間の、しかもごく小規模の開門調査を実施しただけです。また福岡高裁から、開門調査は責務であるとの勧告を受けたにもかかわらず、命令ではないからといってこれに断じてしたがおうとはしません。これは農水省が、司法が要求する「高度な証拠」は、開門調査の実施さえしなければ得られないので安心だと考えているためと推測されます。このような農水省に対して、司法当局と裁定委員会はなぜ命令しなかったのでしょうか。これに対して、農水省がこれ以上の開門調査を「実施しない」と発表したとき、研究者有志が声明を出して、また複数の新聞が社説において、開門調査は「実施すべき」だと強く主張したのは当然のことです。漁師自身も海上デモを行なったり、また福岡・佐賀・熊本の三漁連も柳川市で総決起集会を開いて、中・長期の開門調査を要求しました。

農水省は開門調査を否定する根拠として、開門のさいに強い流れが発生し、これがもたらす高濃度の濁水が漁業に与える被害や、水門の安全性の低下をあげています。また、周辺地域への洪水・高潮・排水不良などの防災対策に問題が生じるとも述べています。さらに科学的には、水門開放を行なっても成果は期待しがたく、むしろ数値シミュレーションによって信頼できる結果が得られると述べています。つまり、数値計算結果によれば、締め切りが諫早湾外の有明海全体へ影響を及ぼすことはほとんどないので、いまさら開門調査をする必要がないというのです。

そして農水省は、現在環境が悪化している有明海を再生するためには、効果のない水門開放ではなく、それにかわるさまざまなハード的手法を中心とする改善策を提案しています。しかしそれらは水門開放にかわりうる本質的な再生対策でなく、その改善策では崩壊した環境と漁業は回復せず、漁民の苦しみは続くと思われることを第11章で述べます。

2　崩れ去った開門調査拒否の「科学的根拠」

農水省が開門調査を否定する「科学的根拠」は、上記のように数値計算結果によるものです。そこで計算結果が本当に信頼できるか否かを確認するために、農水省の報告書(82)をもとに、計算結果の再現性を吟味します。ただし報告書のなかの再現性を示す図はあいまいで、計算結果の再現性をきちんと示していません。そこで図を大きく拡大して計算値と観測値を読みとり、両者の比較が容易な図を作成しました。このとき多少の読みとり誤差が生じますが、やむをえないことで、また結果を大きく左右することはないと考えられます。これによって、以下のことがわかりました(33)。

図10・1(a)に、M_2分潮の湾奥（大浦）と湾口（口之津《くちのつ》）の振幅比すなわち増幅率の、実測値と計算値を比較して示しました。図から容易に、計算潮汐が現実の潮汐よりも増幅率が系統的に大きいことが認められます。一方、同図の(b)はM_2分潮の湾奥と湾口の位相差を示したものですが、明らかに計算潮汐が現実の潮汐よりも速く進行していることがわかります。計算潮汐が現実の潮汐よりも振幅の増幅率が大きすぎ、位相的には早すぎることは、潮汐の発達と進行を抑制する働きが、計算では実際よりも弱すぎることを表わしています。これは、とくに干潟や浅瀬における海底摩擦の導入が適切でないことを意味し、計算精度が低いことを教えます。わが国最大の干潟を抱える有明海において、この干潟が潮汐・潮流に及ぼす効果を十分に取り入れることができないのは問題であり、これでは基本的に重要な有明海の潮汐・潮流の特性の表現は満足できないことになります。

また六〜八月の密度成層の代表として五メートル層と表層の塩分の差を、**図10・1**(c)に示しました。この計算結果は、両層間に塩分差はほとんどなくて密度成層は再現できず、海水は上下に活発に混合していることを表わしています。報告書ではかんじんな密度流について計算と実際との比較は示してあり

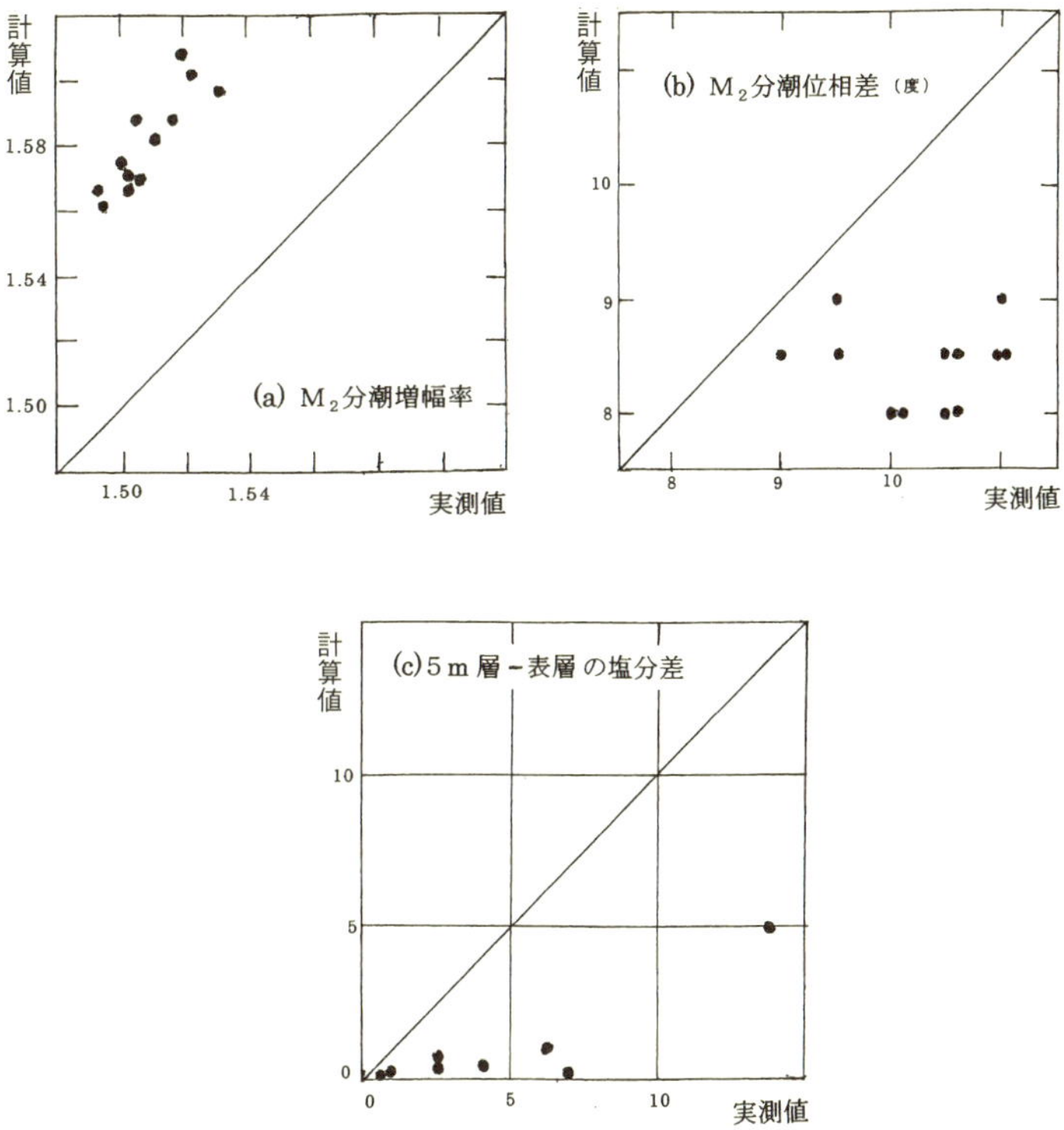

図10.1 農水省報告書における潮汐の計算値と実測値の比較
(a) M_2分潮の増幅率、(b) 湾奥と湾口の位相差、(c) 5m層と表層の塩分差〈宇野木(33)による〉

ませんが、密度分布が表現できていないかぎり、当然、密度流の再現性は満足されていないと考えられます。これでは成層期の特徴的な海水の交換や物質の循環、さらに赤潮や貧酸素水の発生などは、この計算では正当に表わされにくいと判断されます。そこで報告書に掲載されている再現計算結果にもとづいて、表層における四つの水質要素、すなわちCOD、溶存酸素、全リン、全窒素について、計算と実際とを比較した結果を**図10・2**に示しておきました。一見して、水質に関する計算も、再現性を満足していないことが明瞭に認められます。

農水省は、結果が期待できない開門調査よりも、シミュレーションのほうが信頼でき、それにもとづく計算結果によれば、開門調査を実施する必要はないといっています。しかし以上に示したように、このシミュレーションは精度が低く欠陥が多いものであることを考えれば、農水省の主張を認めることは困難であり、開門調査を拒否する「科学的根拠」は崩れ去ったというべきです。

ちなみに、裁定委員会が選任した専門委員は、問題は残されているものの、現在ではもっとも妥当と思われる綿密な数値シミュレーションと解析を実施して、一部は第5章に紹介しておきましたが、諫早湾干拓事業が有明海の環境にかなりの確度で影響を与えているという計算結果を得ています[17]。この数値モデルの精度は**表10・1**に示すように、農水省が使用したモデル（いわゆる国調費モデル）よりも一段と精度が高いと判断されます。

ただし不思議なことは、裁定委員会は自らが選任して検討を依頼した専門委員の精度の高い計算結果を退けて、上記のように精度が低い農水省の計算結果を重視して、干拓事業が環境に与える影響は不明

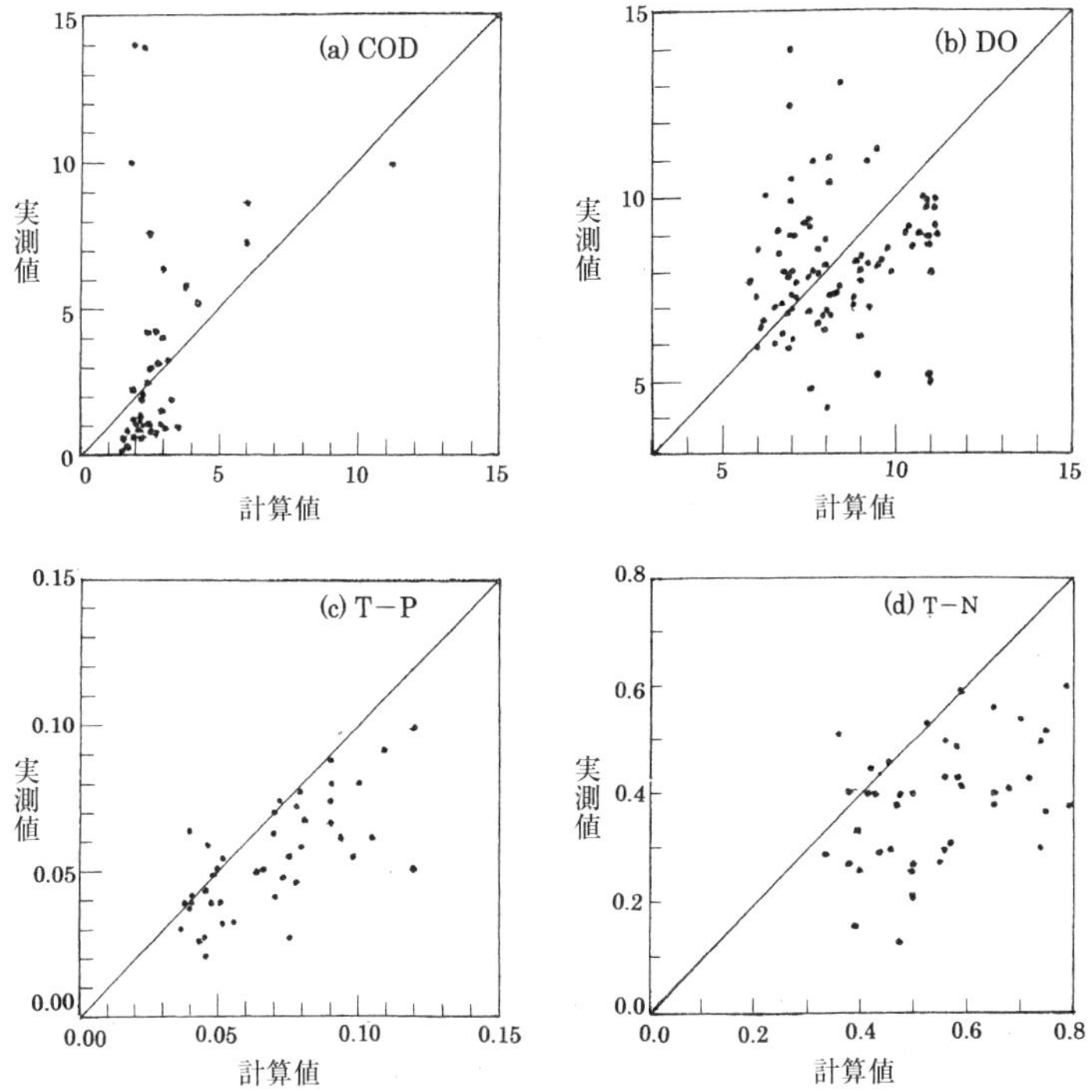

図10.2 農水省報告書における水質の計算値と実測値の比較、(a) COD、(b) 溶存酸素(DO)、(c) 全リン(T-P)、(d) 全窒素(T-N)〈宇野木(33)による〉

表10.1 M2分潮振幅の口之津を基準とした増幅率の比較〈公害等調整委員会専門委員(17)による〉

検潮所	三角	大浦
実測値（2001年平均）	1.195	1.513
専門委員のモデルによる結果	1.227	1.537
農水省（国調費モデル）の結果	1.255	1.581

だとしていることです（第12章2節参照）。

3　水門開放時の強流による被害発生の過大視

また農水省は、開門時の強い流れによる被害の発生を問題にしています。つまり、シミュレーションにもとづいて、水門を開けると鳴門の渦潮に匹敵するような強い流れが生じて、多量の底泥《ていでい》が巻き上がり、高濃度の濁水が広がって、環境、漁業に大きな影響を与えることを取り上げ、水門の開放はできないと主張しているのです。

そこで濁水の濃度分布を計算した例を**図10・3**に示しておきました。(84)計算濃度がもっとも高くなるのは八日目であって、そのときの濃度分布が(a)に描かれています。一方、(b)には開門後三〇日目のものが描かれています。なおこの計算では、かんじんの再現計算が実施されていないので、計算の信頼度は不明ですが、計算結果をそのまま用いて議論しておきます。

懸濁《けんだく》物質SSの濃度が最高になった八日目においては、一リットル当たり一ミリグラムの単位で、一〇〇〇以上の高濃度の濁水が、諫早湾内に広がっています。しかし諫早湾口付近では濃度は小さく四〇以下の値です。そして時間が経つと徐々に濁りは減少し、三〇日目には水門前面においても二〇〇～五〇〇の程度に減じ、諫早湾口付近で三〇～四〇に、諫早湾外では五～一〇の程度になってしまいます。なおこれらは日平均値ですが、干潮時には高い濃度域がやや広がり、満潮時にはやや狭くなる程度であ

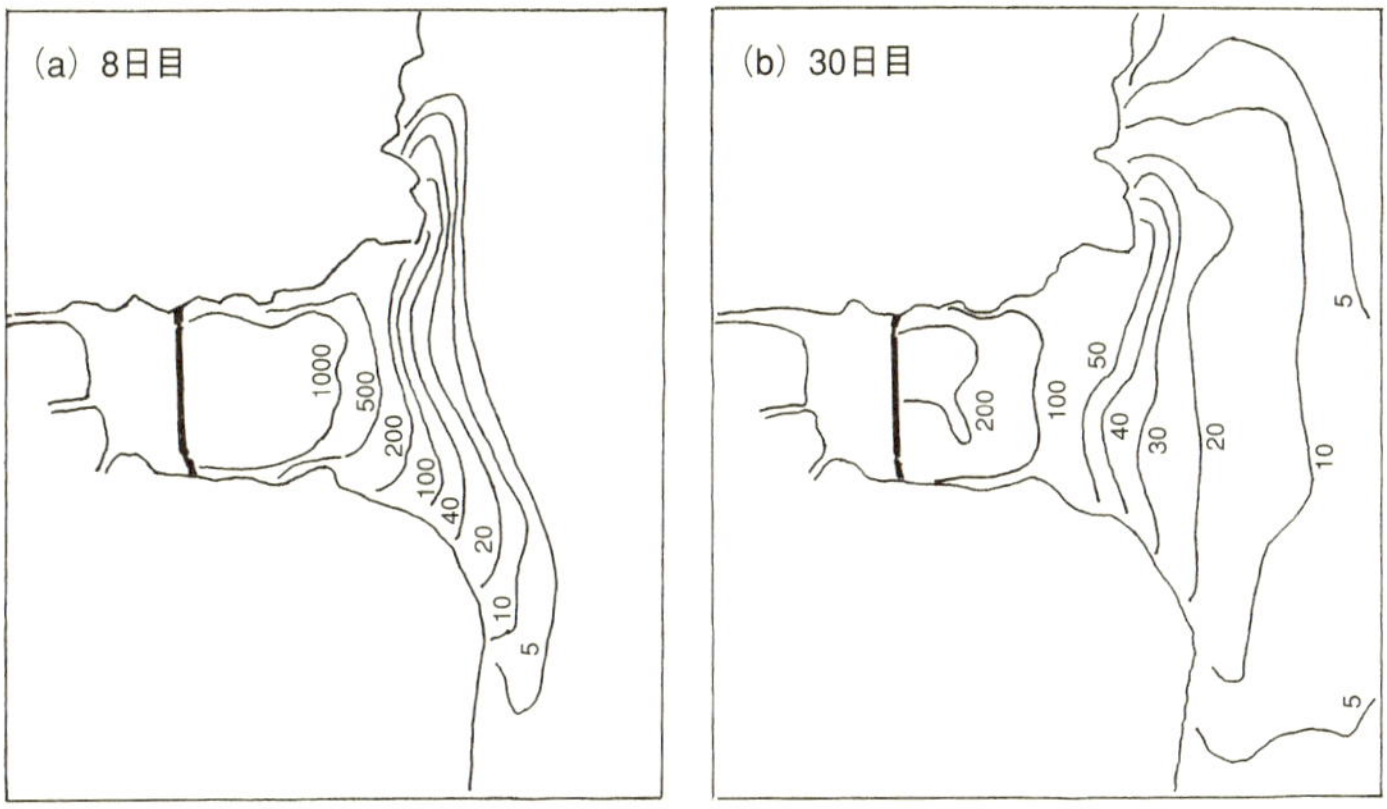

図10.3 平均大潮の潮汐条件で計算された、水門解放後におけるSSの日平均の濃度分布（mg／ℓ）、左は8日後（濃度最大）、右は30日後〈九州農政局・国際航業（84）をもとに作成〉

り、諫早湾口付近では満干の差はわずかです。

ところが**図2・3**に示した、実際に観測された一二月末のSSの分布を見れば、濃度が一〇〇〇以上の高い領域が、干潟域をこえる広大な範囲に広がっていることが理解できます。また筑後川の河口域では、干潮時には二〇〇〇に及ぶ高濃度が出現しています。諫早湾奥部においても五〇〇以上の濃度が発生しています。このような平常時の濃度分布を考慮すると、水門開放時に諫早湾に発生する最高時のSS濃度ですら、日常、有明海湾奥干潟に現われるSS濃度と同程度であって、ことさらにこれによる漁業被害を騒ぐ必要はないといえます。ましてや開門後日数が経てば、濃度はかなり低くなって問題はなくなります。また漁師も、有明海再生のためであれば、水門を開けて当初に被害が出るとしても、それを甘受するといっているのです。

農水省はまた、水門開放時に発生する強流のために、水門の安全性が脅かされるので補強の必要があり、これには何十億円も要する大きな工事と何年もの期間が必要であることを理由に、開門調査に難色を示しています。これに対して農水省の補強策は過大であり、もっと簡単にできるはずだとの意見もあります。ここではそれには触れずに、水門の開け方を工夫すれば心配するような強流が発生することはなく、しかも水門全開と同程度の効果が得られるというシミュレーション結果を紹介しておきます。

経塚雄策と横山智巳の両氏は、水門を全開する場合と、もぐり開放として水門下部から〇・九メートルだけを開ける場合を比較しました[85]。最大流速は、前者では約四・〇メートル/秒をこえましたが、後者では約一・四メートル/秒であって、現在の調整池からの許容排水速度に近い値になりました。また調整池内の塩分の上昇経過を比べると、平均的には両者は同程度の塩分上昇をたどっていて、海水交流もそれほど相違がないことがわかりました。ゆえに水門の操作を考慮することによって、強流がもたらす種々の影響を避けることができるといえます。

なお水門の流れが強くなるのは、開口幅が狭くて水門両サイドの水位差が大きい場合です。有明海再生の効果を上げるためには、開口幅を広げることが必要ですが、このときは開口部両サイドの水位差が小さくなって流れも弱まり、このような問題はなくなります。

4 防災対策の最悪のシナリオ

(1) 反対を抑えこんだ防災対策

潮受堤防建設の必要性を示す二本柱として、農水省は作物生産効果と災害防止効果をあげています。ところで農水省が発表した一九八六年の当初計画書によれば、一般の人は驚くと思いますが、全効果のなかで作物生産効果は三分の一に満たない三一パーセントにすぎないのに、災害防止効果はほぼ半分の四八パーセントを占めています。そしてさらにびっくりするのは、一九九九年の変更計画書では作物生産効果は一九パーセントに減じたのに対して、災害防止効果は五九パーセントに膨れ上がっています(以上は宮入興一氏[5]による)。農水省がいかに潮受堤防の防災効果を強調しているかがわかります。

これは、現在の米あまりで広大な休耕農地を抱える時代に、干拓による農地造成は著しく説得力に欠けて、広く賛成を得ることが困難だからです。そこで長崎県と農水省の「知恵ある人」が苦肉の策として、これ以前の干拓事業計画には掲げていなかった、人命にかかわる災害防止を事業目的に取り入れることを急遽考えたのです。そしてこれがじつにみごとに成果をあげました。これまで諫早湾干拓事業に反対していた多くの漁民、市民そして世論は、人の命にはかえられないとして、反対の矛を収めざるをえなかったのです。そしてついに農水省と長崎県は干拓事業実施にこぎつけました。しかし事業目的の約六〇パーセントを占める災害対策が中心ならば、膨大な経費を要して甚大な悪影響を与える潮受堤防は必要なく、通常のもっと効率的で経済的な防災対策を実行すればよかったのです。そこには大きなまやかしが潜んでいたのでした。

(2) 架空の水害の脅威

諫早湾干拓事業と諫早地域の災害との関係では、水害、高潮、後背地排水不良に対する効果を取り上げています。

まず水害について考えましょう。これに関しては、片寄俊秀氏によれば[31]、長崎県のホームページにおける諫早湾干拓事業の防災効果の説明は、「長崎県は災害の常襲県であり、高潮、洪水の被害を経験してきました。(中略)特に昭和三二年(一九五七)の諫早大水害では八一六名の人命を失うなど非常に悲しい災害を経験していることは記憶されている方も多いと思います」という記述から始まっていて、これを素直に読めば、だれしもが潮受堤防の建設がこのような水害対策にきわめて有効であるような印象を受けるでしょう。事実、一九八六年の諫早湾干拓事業計画においては、事業効果を算定するために想定した水害被害地域のなかに、**図10・4**の四角い枠で示した諫早市の市街が含まれています。これらは諫早水害時の顕著な被災地であったのです。

しかし片寄氏の調査によれば、実際にはこれらの市街地は本明川の河川感潮域上限よりも高い場所にあり、調整池の水位変動の影響を受けないところに位置していて、ここでの水害が潮受堤防で防止できるとは想像もできない話です。しかも当初の被害想定地域に、図に示される諫早市街地が含まれている

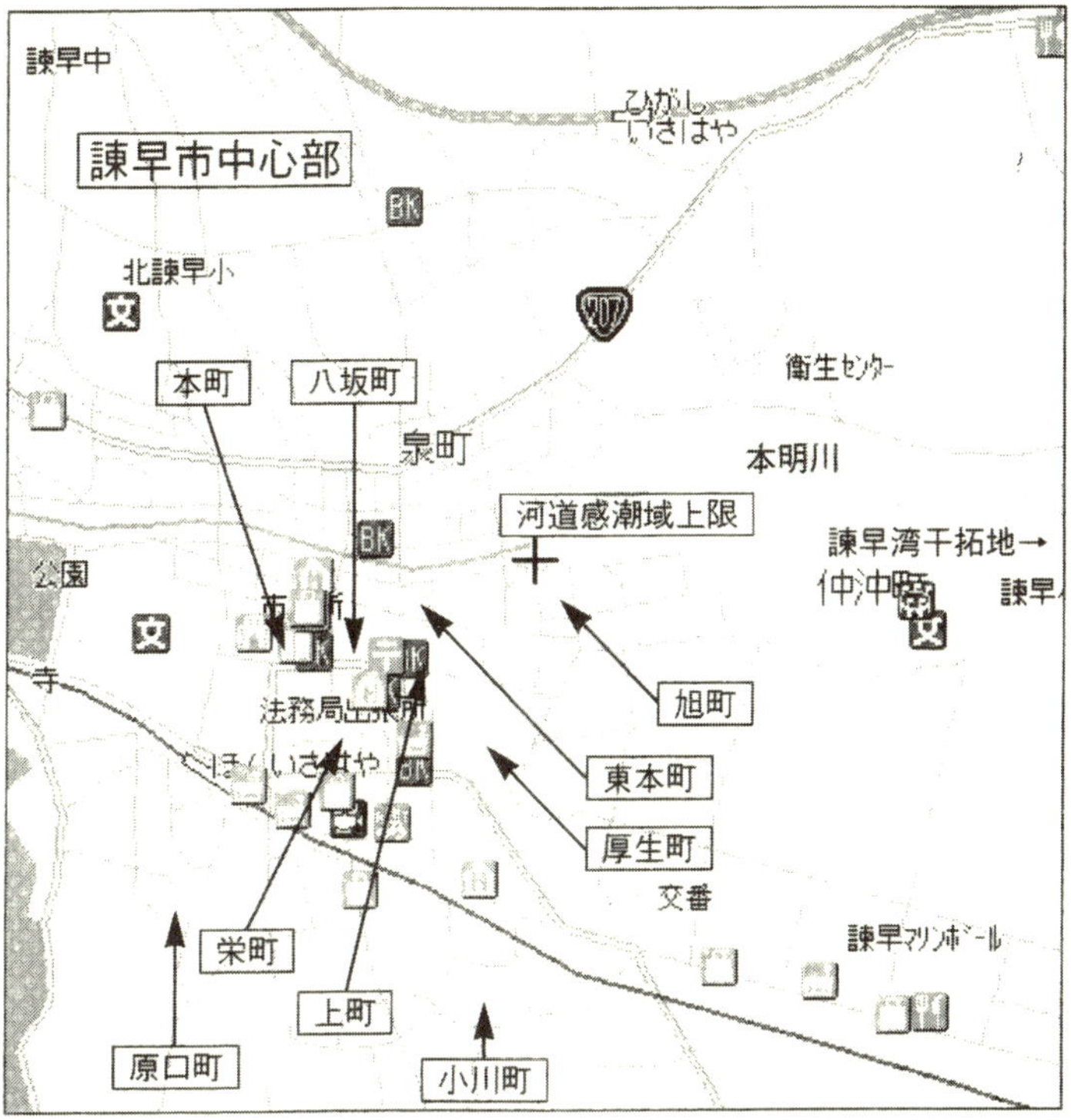

図10.4　農水省の1986年の当初事業計画では水害による「被害想定地域」に加えていながら、1999年の事業計画変更でひそかに削除された諫早市街地（四角枠の町名）〈片寄俊秀（31）による〉

ことは長らく秘匿されていて、国会における議員の質問書に答えるために、初めて公開されたのです。さらに事業実施が確定したのちの実施計画書においては、**図10・4**に四角枠で示される市街地は、被害想定地域のなかからひそかに取り除かれていたということです。

これら一連の農水省の行為は、片寄氏が指摘しているように、国民を欺くもので、強く非難されねばなりません。諫早湾干拓事業を遂行するためには、環境影響評価の場合もそうでしたが（第4章4節）、まやかしをいとわない農水省のやり方が典型的に現われている好例です。

なお諫早大水害時の数百名の死者は、局地性豪雨によって水嵩が増した本明川において、上記の市街地の橋に崩壊家屋の廃材などが詰まってダムアップした河川水が、洪水として激しく氾濫したことにともなうものが主体であって、これに周辺山間部における土石流や山崩れによる死者が加わっています。このような被害は、潮受堤防があったとしてもどうすることもできません。

（3）選択肢を拒否した高潮対策

一方、潮受堤防が諫早湾の高潮に有効な働きをすることは認められます。ただし、高潮対策にはさまざまな方法があって、潮受堤防はそのなかのひとつにすぎず、唯一ではありません。地域にとってきわめて重要な防災対策は、住民参加のもとに、複数の選択肢のなかで、実効性、経済性、利便性、事業が与える損害とその対策などについて、綿密かつ慎重に検討して決定することが基本的に必要です。しかし現在の諫早湾の高潮対策には、このような基本的な検討はまったくなされておらず、初めに潮受堤防ありきで、干拓事業を認知させるために強引に高潮対策に潮受堤防を押しこめたものといえます。

高潮対策なら、全国でも、また隣接の佐賀県を含む九州でも、もっとも一般的かつ確実性が高い方法は、既存の海岸堤防などの嵩上げと強化であって、けっして複式干拓方式によるものではありません。潮受堤防がこれまで述べてきたように、有明海全域における生態系崩壊と漁業衰退を引き起こし、自ら命を縮めねばならないほど漁師たちに苦難を与えている実情を考えると、この高潮対策は最悪のシナリオを選んだものと考えられます。

なお一九五九年に未曾有の高潮と災害をもたらした伊勢湾台風の後に、伊勢湾の高潮対策を立てるために、私もこれに加わりましたが、気象庁と名古屋港管理組合が高潮計算を実施し、湾奥の高潮防波堤による高潮減少の効果は、開口幅が五〇〇メートルのときに約一四パーセント減という結果を得ました(86)。このときの高潮防波堤内の計算面積は三二一平方キロメートルで、諫早湾の潮受堤防内の面積とほぼ同じでした。

したがって開口幅が二五〇メートルの諫早湾潮受堤防の場合には、開口幅が名古屋港よりも狭いだけに、これを全開したとしても高潮に対する防災効果はかなり大きいと予想されます。詳細な検討を必要とするものの、大略的には、現状の水門開放が高潮災害を大きくする可能性は少ないことを付け加えておきます。

(4) 社会的悲劇をもたらした排水対策の最悪のシナリオ

三つめの後背地の排水不良は、干拓農民にとってはきわめて切実な問題です。そして諫早湾干拓事業のために、農民たちは長い間苦しめられてきました。

というのは、この事業さえなければ、九州のみならず全国の他の干拓地や低地において実施されて効果を上げている方法、すなわち排水路を広げ、大型排水機を必要な数だけ設置すれば、その苦しみから逃れることが可能だったのです。しかし農水省と長崎県は、諫早湾干拓事業は排水不良の災害対策のために実施しているという名目があるために、特別の排水方策を講ずることなく放置して、諫早湾の干拓農民に長期にわたり苦難を与えつづけてきました。

あげくの果てに、農民は干拓事業の完成を望まざるをえず、干拓事業の中止を求める漁民と対峙することになったのです。お互いに被害者である者同士が争わねばならない悲劇的構造が、このようにして作られたのでした。諫早湾干拓事業は、排水対策としても最悪のシナリオであったというべきでしょう。このようになった根本原因は、地域住民の意志を反映せず、またその影響を考慮せず、ただひたすらに干拓事業の完成に奔走する農水省と長崎県の思惑によるものでした。

農民と漁民があい争うこの悲劇的構造をなくすためには、有明海の環境崩壊と漁業衰退の元凶と考えられる諫早湾干拓事業を中止し、同時に潮受堤防によらない効率的・経済的な災害対策を早急に実施することを、農民と漁民が手を携えて農水省と長崎県に要求して実現させることが、もっとも大切だと思います。それによって、子孫に美しく豊かな海を残すことができ、また住民は安全な生活を送ることができ、互いに笑顔を交わすもやいの心に満ちた平和な地域が生まれると期待されます。

第11章 偉大な自然の復元力が有明海再生の鍵

第5章において、観測事実にもとづいて具体的に示した九つに及ぶ環境要因の悪化は、すべて農林水産省による諫早湾干拓事業後、とくに潮受堤防の締め切り後に顕著になったこと、またそれが起こりうる理由が存在することを示しました。もちろん干拓事業以前における有明海沿岸地域の発展や開発その他の行為によって、有明海の環境や漁業にその影響が少しずつ及んでいたことは否定できません。しかしその影響は、干拓事業に比べて限定的であったことは第7章に示しました。つまり、諫早湾干拓事業が有明海異変の主要原因とみなされます。そうであれば有明海の再生を図るためには、時計の針をもどして、諫早湾干拓事業を見直すことがもっとも必要なのは疑いの余地がないと思われます。

1 海域の環境再生のための基本的な考え方

現在、環境の悪化がはなはだしい日本のいくつかの海域で、いかにして環境を再生させるかが検討されています。広い範囲からこの問題が考察されている海域として、たとえば東京湾[87]、瀬戸内海[88][89]、三河湾[90][91]などがあります。北海道釧路湿原についても再生事業が検討されていて、再生にあたっての基本的な考え方を佐々木克之氏が紹介していますが[48]、たいへん重要な内容を含んでいます。これを参考にして、有明海の再生を考えるときに基本とすべき考え方を以下にまとめておきます。

①現状と環境悪化の原因を科学的に把握する（再生対策の基礎）。

②環境の再生は、自然の復元力にゆだねて、自律的な自然の回復をめざすことが中心になるべきである（受動的再生の原則）。

③人為的再生手法は、自然の復元力にかわりうるものでなく、これを補助するものであって効果は限定的であり、ときに逆効果をもたらすことを認識しておかねばならない（人為的手法の限界）。

④長期的・広域的視野で具体的な目標を設定する（自然現象の時空間スケールについての認識）。

⑤対象海域だけでなく、海に注ぐ河川の流域全体の保全を考えねばならない（海と流域の一体性）。

⑥永続的な漁業は、漁場環境の回復によって可能であり、これは海域全体の環境の再生によってもたらされる。局所的・短期的な漁獲増の追求は禍根を残す可能性が心配される。魚種以外の生物にも目を配り、生物多様性を心がけなくてはならない（永続的漁業の条件）。

⑦各施策は、結果を公正に評価・検証しながら補正して対応できるように運営する（不可欠な順応的管理）。

①の実態把握の重要性はいうまでもないでしょう。ただし有明海異変の場合にはデータが十分ではないので、それから可能なかぎり真実を読みとろうとする姿勢をとるか、それを避けて一般的な不可知論で原因不明とすませるかによって、再生策は根本的に違ってきます。ちなみに農水省は後者の立場に立っています。

②は海域の環境再生を図るときの根本原理であって、偉大な自然の復元力すなわち再生力あるいは治癒力の助けがないかぎりけっして再生はありえません。そして漁師である松藤文豪氏自身も「海で働く現場の漁民の多くはその経験から、海の再生は原則として自然の治癒力に任せるべきであり、最大の環境悪化要因である潮受堤防の撤去後は、海に人為的に手を加えることは極力避けるべきである」と訴えています[92]。

③の人為的再生手法はまだ完成されたものでなく、かつ海域全体の再生の機能をもたない局所的なもので、ときに逆効果を与えます。自然の再生力にかわりうるという、人間の思い上がりは捨てなくてはなりません。前記の松藤氏も長年の豊富な経験からこのことを実感されていることでしょう。ところがハード的方法を主とするこの対策は、多額の費用が投入される点で一部の人たちには魅力的な対策であり、困ったことにその実施を要求する声は強いのです。

④の自然の時空間スケールの大きさを認識して目標を立てること、またそれに合わせた実施計画が必要です。目先の効果のみを追っては、将来重大な禍根を残します。

⑤はややもすれば無視されますが、森は海の恋人といわれるように海と深い関係にあり、また河川集

水域と河川内の変化は海洋環境に重大な影響を与えます[15]。

⑥の永続する漁業は健全な環境のもとに初めて可能であり、また漁獲対象生物も自然界の生物の一員にすぎず、それのみの漁獲増を目的とした短期的・局所的対策では、いつか破綻をきたして、永続的な漁業を困難にする可能性があることを認識しておかなくてはなりません。

⑦でいうように、自然の営みに関するわれわれの理解の未熟さを十分に念頭に置いて、実施方法とその結果をつねにチェックして修正しながら、目的の遂行を図らなくてはなりません。このためには第三者機関による公正な評価が不可欠であり、さらにこれにもとづいて敏速的確な対応ができる機能的な体制を作っておく必要があります。

この基本的考え方にもとづいて、現在発表されている国の再生策を評価します。

2　有明海特別措置法の問題点

二〇〇二年一一月に議員立法によって、「有明海及び八代海を再生するための特別措置に関する法律」が成立しました。第一条にこの法案の目的を、「この法律は、有明海及び八代海が、国民にとって貴重な自然環境および水産資源の宝庫として、その恵沢を国民がひとしく享受し、後代の国民に継承すべきものであることにかんがみ、有明海及び八代海の再生に関する基本方針を定めるとともに、有明海及び八代海の海域の特性に応じた当該海域の環境の保全及び改善並びに当該海域における水産資源の回復等による漁業の振興に関し実施すべき施策に関する計画を策定し、その実施を促進する等特別の措置を講ずることにより、国民的資産である有明海及び八代海を豊かな海として再生することを目的とする」と述べています。目的自体は結構なもので、これが文字どおりに実施されれば有明海と八代海の再生は間違いなしというところです。

しかし成立した法案をよく調べると、目的の達成が期待できそうもない羊頭狗肉の内容です。それゆえ九州弁護士会は、「今回の法案はあまりにも多くの問題点があり、有明・八代海の本当の再生には程遠いものであって、（中略）再生どころかかえって環境悪化させるお墨付きを与えかねない[93]」と批判しています。じつは私もこの法案の審議にさいして、国会で参考人として意見を陳述し、上と同様にこれでは再生は困難であると法案が含む問題点を指摘したところです。また漁師の間にも、これはむしろ再生を妨げるものだとして、この法律の成立に強く反対する声が高く、法案成立に反対する行動も行なわれたのです。

そこで九州弁護士会の意見を参考にして、この法律のいくつかの問題点を指摘しておきます。以下では有明海を対象に考察します。

（1）環境崩壊の根源的原因把握の欠落

再生対策を立てるには、前節①に述べたように環境崩壊の原因をしっかりと見定め、これに適した対策すなわち②の受動的再生の原則にしたがうのが基本であるべきです。これまで述べてきたところによれば、有明海の再生を図るには農水省の諫早湾干拓事業との関係を考慮することが根本的に重要です。しかしこれについて法律は一言も触れず、ましてやこれの規制などはまったく考えていません。これでは再生はとうてい期待できないことです。今回の法案は、瀬戸内海環境特別法をモデルにしたといわれていますが、種々問題を含む同法でさえ、埋め立てなどに対する特別の配慮規定や水質の総量規制を定めています。これと比較して、このような規制さえ取り入れようとしない今回の法律は、時代の要請から遠く離れたもので、その真意が疑われます。

(2) 本質的改善から遠い対症療法的対策

有明海異変を生む根源的問題を無視しているので、結局前節③に述べた対策、すなわち人為的手法に頼る対症療法的対策が改善策の中心になっています。その内容も、本海域で何が本質的な問題であるかを特定して、これにどう対処すべきかを明確に示す具体性に欠けているため、どの湾にも通用するような一般的・総花的な対策項目がならべてあるだけです。これでは、他の海湾では見られない特有な環境条件下にある有明海の再生はほど遠いと考えられます。

(3) 総合性に欠ける基本計画

法律の実施主体は国と県とされていますが、国の役割は関係する五人の主務大臣が基本計画を策定して財政支援をするだけです。そして有明海周辺の四県がそれぞれ県独自の計画を策定して、計画にもとづく事業を既存の法令にしたがって実施するだけです。したがって総合的なまた全域的な再生計画の作成と実施は困難であると推測されます。

（4）財政支援に終始

この法律は、新たな公共事業を推進するための財政支援に偏重して、法律を口実に多くの資金・補助金を国から引き出そうとする意図が強くうかがえます。たとえば漁港・漁場の整備、下水道の整備、また各種補助金の嵩上げなどを求める条文がならんでいます。この結果莫大な費用が投入されても、有明海の真の再生は期待できず、目的から遠く離れて必要性と効果が乏しい公共事業が活発に実施される危険性が憂慮されます。

（5）期待しがたい公正な評価体制と順応的管理体制

再生対策が効果を上げるためには、前節⑦に述べた評価体制と管理体制が必要です。法律では「有明海・八代海総合調査評価委員会」が設置されていて、「国及び関係県が第一八条第一項の規定（環境改善の諸施策を指す）により行なう総合的な結果に基づいて有明海及び八代海の再生にかかわる評価を行なうこと」になっています。ただし実態は、対策を実施して得られた再生の現状について評価はできても、根本的な再生事業のあり方についての評価は要請されていないという不思議な話を聞きます。また委員会は傍聴が許されていますが、委員会が科学的に納得しがたい再生対策に公正な評価を行なって歯止めをかけ、効果的な対策を機能的に推進できる体制とは思えないとの批判も聞きます。そうでないことを願いますが、そうであればこの委員会は、現在国が意図している見かけだけの再生事業の隠れ蓑に利用されているというべきで、将来批判にさらされることは必定です。今後の委員会の活動を見守りたいと思います。

(6) 欠落した住民参加の視点

実効ある環境保全を行なうには、地域住民の理解を得ることが不可欠で、そのためには住民参加と情報公開が必要です。たとえば新河川法では、これまでの経験を取り入れて住民参加を定めています。しかし本法律は、依然としてこの視点に欠けた従来型の行政主体のままで、時代に後れて多くの問題を含み、目的の達成は困難と思われます。

3 有明海再生が期待しがたい国の再生策

有明海特別措置法の定めによって、国は有明海の再生のための基本方針を作成しました。

これには二つの柱があります。ひとつは有明海の環境調査、もうひとつは人為的再生対策で、両者は並行して実施されます。前者は当然有明海の環境崩壊の原因の調査を含まなくてはなりませんが、これでは原因不明で本当に有効な対策が定まらないまま、これと関係なく人為的再生対策という公共事業のみが、積極的に推進される可能性が強く考えられます。

崩壊した有明海を再生させるためには、自然の再生力に依存することがもっとも重要で、またこれ以外の道は存在しません（受動的再生の原則）。そして人間がすべきことは、自然が最大限に再生の力を発揮することができるように手助けすることであり、それは崩壊の原因を取り除くことです。ところで有明海の環境崩壊が諫早湾干拓事業と深く結びついている可能性が強いことは、すでに指摘されていることですが、基本方針はこれを認めていません。したがって、この関係を無視する国の再生対策では、再生の効果を期待することは著しく困難に思われます。

そしてこの再生基本方針にもとづいて、国および各県では、自然の復元力を期待することなく、水質と底質の浄化および漁場環境の整備やいろいろなハード的対策を考えています。海域を対象にした具体例を若干あげると、干潟の造成、汚濁した海底への覆土、作澪《さくれい》による海水交換増進、混合攪拌作用による貧酸素水の解消、調整池の浄化作用の強化などです。これらは、一時的にまた部分的に効果をもつことはあるでしょう。しかし広く汚濁された有明海の浄化には目を向けずに、局所的に改善しようとするものです。あたかも重病人の病因に手をつけることなく、局所的対症療法を実施することに対応していて、治療費のみは累積しても、患者の本格的な回復はほど遠いことが予想されます。

さらに、下水処理場の建設や漁港の整備などの公共事業があります。それなりの意義があるものもあるでしょうが、必要な膨大な費用に比べて現状の有明海の再生にはたす役割はわずかと考えられます。たとえば、佐々木氏によると、国と長崎県が本明川流域の下水処理場施設に使用する費用総額は、じつに約九五〇億円に達するとのことで[48]、このため最近川の水はかなりきれいになりました。しかし堤防締め切りの一九九七年から二〇〇五年の間にはこのなかの約四〇〇億円が使用されたと推測されますが、それが注ぐ調整池の水質は**図5・9**が示すように依然として悪化したままで、その効果は見られません。今後も流域の水質改善は進められるでしょうが、これによって調整池の水質が改善される保証はありません。すなわち自然の偉大な復元力を無視した改善策そのものが誤っていると判断されます。以下に対症療法のいくつかについて、問題点を指摘しておきます。

4　干潟造成と覆土の問題点

国の対策では、干潟を造成して良好な生態系の回復を図るとしていますが、有明海にはまだ幸いに日本全国の四〇パーセントを占めるほどの広大な干潟が残っています。そして有明海の干潟に関する最大の問題は、残された広大な干潟が水質と底質の悪化で病み、本来のすぐれた生産と浄化の機能を発揮できないことです。これに対して、わずかな干潟を造成してどれだけの意味があるというのでしょう。しかも貧酸素水の広がる海をそのままにしては、一時的にはともかく、本当に効果が永続する干潟を造成することができるのでしょうか。きわめて困難なことです。

また覆砂を行なって稚貝をまき、生産を上げようとする計画もなされています。しかしこれまでの経験では失敗が多く、成功例とみなされる緑川河口の場合にも、覆砂の効果が見られるのは覆砂後二～三年の間に限られていました。効果を維持しようとするならば、定期的に覆砂を継続する必要があり、多くの経費と努力が要請されます。

このように干潟の修復や造成によって生態系を回復させる技術は、成果が得られた例もありますが、逆に環境の悪化をもたらした例もあるように、まだ確立されたものでなく発展途上の技術であることを、十分に認識しておかねばなりません。一方で、効果を期待するためには清浄な砂を必要としますが、この砂をどこからもってくるのか、採砂場所で新たな環境破壊を生じないか、投資効率はどうであるかなどの問題も解決しなければなりません。花輪伸一氏と古南幸弘氏は、複数の干潟造成例を調べて、干潟造成にさいして考慮すべき重要なこととして、次のことを指摘しています。(94) ①現存の干潟は保存する、②機能低下した干潟は機能回復させる、③埋め立てなどにより失われた干潟はできるかぎり復元・再生させる、④必ず地域住民等の利害関係者の参加で計画を立てる。

有明海の場合にはとくに②の広大な干潟の機能回復が重要ですが、これは局所対症療法的対策では困難で、自然の再生力に頼ることが絶対に必要です。

一方、国土交通省は港湾区域から発生する泥質の浚渫《しゅんせつ》土を利用して、天然干潟と同様の特性をもつ泥質干潟の創出を提案し、事業対象に三池港と大浦港を考えています。しかし、清浄な砂を用いても上記のように干潟造成は困難な多くの問題を抱えています。それなのに、海底に大量に堆積する汚濁ヘドロを用いて、効果的な干潟を造成するというのは、常識では想像もできず、深刻な影響を残すことは必然であり、数億円の無駄づかいが心配されます。さらに港湾のヘドロに含まれる重金属が問題になることがあるので、慎重な調査検討が必要です。この対策は有明海再生に便乗した残土処理の公共事業という非難は免れず、早急に中止することが望まれます。

国が干潟造成を強く主張するのは、干潟のすぐれた浄化と生産の能力を高く評価しているためと思われます。それゆえ今後は干潟を含む沿岸の埋め立ては避けるべきです。瀬戸内海においては、必ずしも十分ではありませんが、沿岸の埋め立ては法律で制限されています。有明海・八代海において、真に海域の再生を望むのであれば、法的に今後埋め立ては原則として禁止するとの強い措置が是非とも必要であると思われます。

5　ハード型対症療法オンパレードの問題点

農水省の資料によれば、有明海再生対策として、そのほかに機械や施設を用いたハード的手法がいろいろ取り上げられています。そのひとつに作澪があります。これは汚濁した海底に溝を掘って水通しをよくしようとするものです。しかしこの方法が効果をもつ場所は限られていて、日本一浮泥が多い有明海では、せっかく作った海底の溝は短い期間に泥に埋まって機能しなくなり、これが貧酸素化して新たな汚濁源になることが、これまでの経験から心配されます(91)。

次は、密度流拡散装置を使って、下層の貧酸素水を上層に輸送しようとするものです。これは一機が一億数千万円を要するといわれますが、広い有明海で実効を得るために何台を必要とするのでしょうか。

しかも栄養を多量に含む下層水が表層で光を受けて、赤潮がさらに激化することが心配されます。また、ポンプアップした上層水に空気を混入し、下層へ気泡混入水を吐き出すという装置を運転して、貧酸素化を防ぐことも考えられています。長良川河口堰の場合にも河川当局は、一台一億円といわれるＤＯ（溶存酸素）対策船（**図11・1**）を七隻も建造して、酸素が豊富な表層の水を底層に送って貧酸素水塊を解消しようと試みましたが、結局は効果が上がらずに船は岸につながれていたということです。

以上のようにこれらの手法は効果が局所的で、適用場所も限定され、さらに現在までにその効果が十分に確認されているとはいえません。農水省は効果をさかんに宣伝していますが、これらの対策が、この広大な荒廃した有明海の再生に真に有効であると思っている人が、本当に何人いるのでしょうか。

また、一時的・部分的に効果はあったとしても、有明海自体が再生しなければ、これらの効果は持続できないことを十分念頭に置かねばなりません。

図11.1　長良川河口堰の河口湖における底層の貧酸素解消の目的で建造されたDO（溶存酸素）対策船の写真〈中部地方建設局・水資源開発公団中部支社の資料による〉

6　調整池浄化対策の問題点

閉鎖的調整池から排出される大量の汚濁水が、第5章3節で述べたように、諫早湾さらに有明海の汚濁化に重大な影響を与えています。また著しく汚濁した調整池の水が、灌漑用水として利用できないおそれがあります。たとえば、同様に川と海を断ち切って形成された岡山県の児島湖では、**図11・2**(a)に示すように水質の汚濁が激しく、灌漑用水の取水は**図11・2**(b)に示すように、児島湖からの直接取水を避けて湖に流入する河川の河口から数キロメートル以上の上流地点で行なっています。

農水省は調整池内の水質を改善するために、新たに潜堤を作って流れを弱めて浮泥を沈殿させる計画がなされています。しかし、潜堤の内側に浮泥が沈殿してヘドロの堆積場になり、新たな汚濁源ができることになります。さらに現在水門を開放して有明海の再生を図ることがホットな問題になっているおりから、開放時に環境再生の妨げになる潜堤の建設は避けるべきです。

また調整池周辺にヨシを植えて、秋に刈り取って過剰な栄養塩を除去することや、調整池に野菜筏を浮かべて野菜を収穫して栄養塩を除去することなども考えられています。ある程度は効果があるでしょうが、これらはあくまでも小手先の対策にすぎず、毎年かなりの手間と高額の経費を要し、費用対効果の点からも疑問です。

第9章1節に述べたように、水門を開ければ早急に貯水池の水質浄化が進むことは、短期開門調査に

(a)

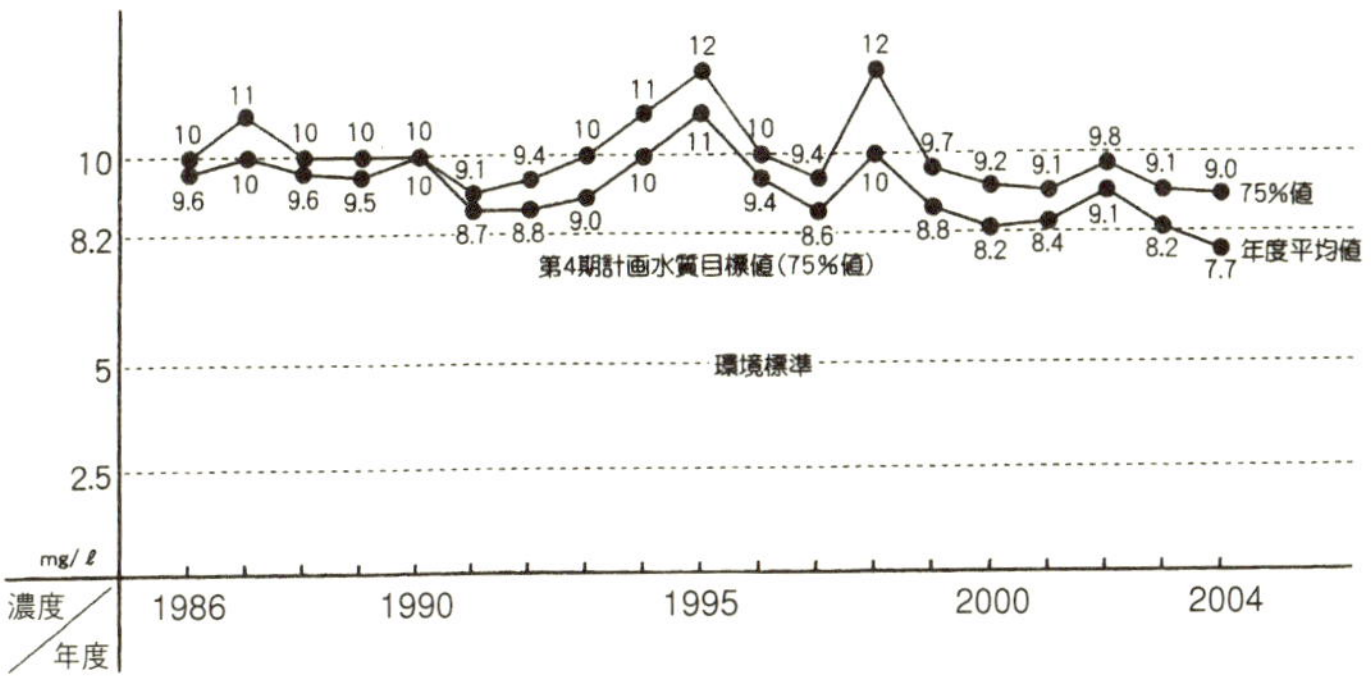

(b)

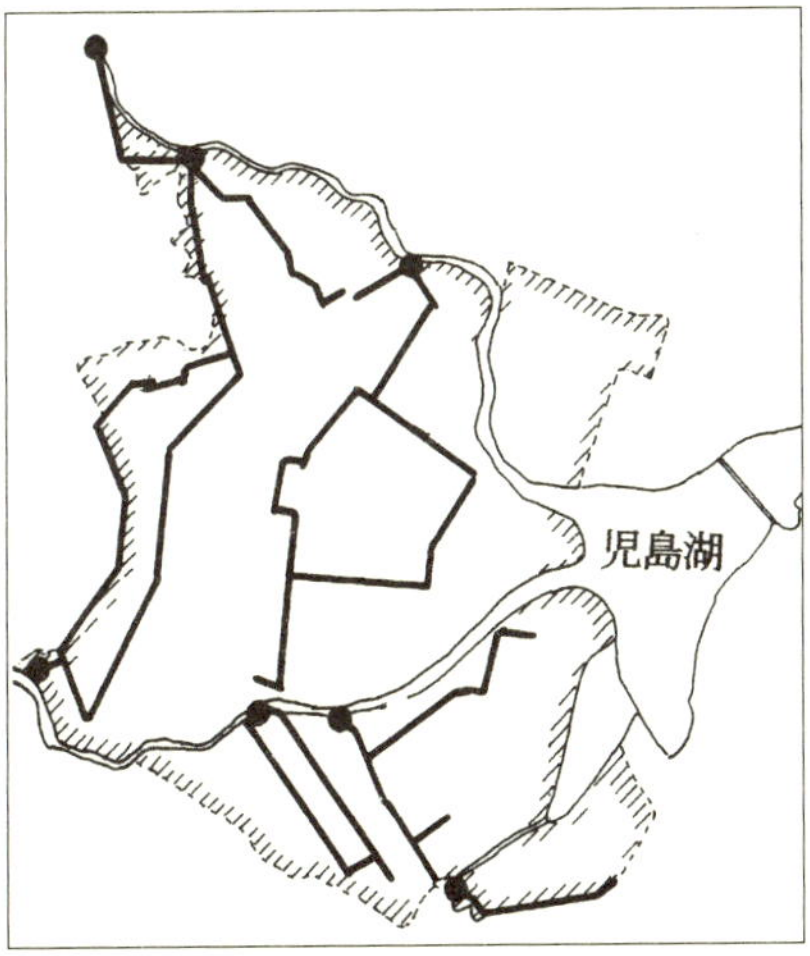

図11.2 (a) 児島湖におけるCODの経年変化〈岡山県生活環境部(95)による〉
(b) 児島湖周辺農地への灌漑水路系統(用水路と管水路)とその取水位置(黒丸)
〈中国四国農政局(96)をもとに作成〉

よってすでに明らかになっているので、調整池自身の浄化のために、そして有明海の再生のために水門の開放が第一に望まれます。

7 川・森・集水域の保全と維持の重要性

特別措置法にもとづく基本方針のなかで私が評価するのは、有明海の再生のために海域だけでなく、筑後川などの流入河川、集水域、さらに森林を含む広域的対策が意図されていることです。このようにして関係する国と県の河川、港湾、水産、森林、環境の各機関が、これまでの障壁を乗り越えて有明海の環境再生に協力して取り組むことが可能になったのです。ただし残念ながら、実効ある具体策は打ち出されていません。

これまで有明海に注ぐ河川では第7章2節に述べたように、多量の取水、大量の採砂が行なわれてきました。また多くのダムや河口堰が建設されて、そこには膨大な堆砂と汚濁水の生成がなされています。これらの河川事業が海域の環境に著しい影響を与えることは、私が著した『河川事業は海をどう変えたか』[15]に示してあります。また森林や耕地などの集水域と海との関係について、古川清久・米本慎一両氏が考察しています。[73]一方、海域の浄化に応える農業のあり方については、三河湾を例にして糟谷真宏氏が詳細に検討しています。[97]ただ残念ながら有明海の場合には、海がどのような影響を受けたかは具体的には明確でなく、今後の研究課題になっています。

このように実態は十分に理解はできていませんが、その影響はけっして無視できるものではありません。今後は、有明海に悪影響を与えるような河川と集水域における諸事業は、極力避けなくてはなりません。とくに河川からの取水と採砂およびダムの建設は影響するところが非常に大きいので、現在のように崩壊した有明海を再生するためには、原則として禁止する措置を考える必要があるように思います。

第12章

司法および裁定委員会への期待と失望

漁民および多くの市民と世論は、現在有明海を襲っている有明海異変には、農林水産省の諫早湾干拓事業の影響が大きいと疑っています。科学的事実から判断しても、第5章に述べたことから、有明海の環境の崩壊を招いた基本的要因は、干拓事業によって生起されている可能性が高いことがわかります。この結果として漁業の衰退も、第8章で考察したように、諫早湾干拓事業によるところが大きいと推察されます。しかし事業の中止を求める漁民に対して、農水省はあくまでも有明海異変の原因は不明であり、干拓事業の影響であるとはいえないと強弁し、事業の中止を拒否しています。

そうであるならば、司法あるいは総務省に属する公害等調整委員会の裁定委員会の力を期待せざるをえません。ただし関連する自然現象は複雑であるうえに、農水省の事業開始前の事前調査は、これまでの各種開発事業の事前調査には見られないほど著しくずさんであることが重なって（第4章2節参照）、研究者の協力を得たとしても、非力な漁民が文句のつけようがない因果関係を明確に示すことはきわめて困難です。しかし高度な因果関係の証明を要求する福岡高裁（中山弘幸裁判長）と裁定委員会（加藤和夫委員長）は、因果関係の可能性を認めて事業中止の仮処分を命じた佐賀地裁（榎下義康裁判長）の判決を否定して、漁民の訴えを退けました。また最高裁（浜田邦夫裁判長）も福岡高裁の判決を支持しました。しかし、司法関係に不案内な研究者の立場から見て、これらの決定は科学的に納得しかねるところが多く、恣意的な可能性もうかがわれます。そこでこの問題を研究者の視点から検討したいと思います。

環境学者のノーマン・マイヤーズ博士は、環境問題に対する科学者の考え方として、「六〇パーセントわかれば、科学者は報告しなければならない。不確かであるといって発表しなければ、なんの問題もないと思われる」といっています。一般に自然現象のかかわる公害問題は、多くの要因が絡まっていて複雑であり、一刀両断的な結論を得るのは容易でありません。よくわからないといって黙っていれば、被害は日々に進み、事態は深刻化して取り返しがつかない状態になってしまうので、因果関係に関する六〇パーセントの理解の価値を上記の発言が指摘しているのです。この指摘の重要性は、科学者のみならず、公害問題に対する原因裁定や訴訟判決の決定者にも十分に理解してほしいと思います。

なお以下の考察においては、有明海異変を海洋の物理、化学、生物、底質、魚類の面から科学的に研究している私を含む五人の研究者が連名で公表し[52]、裁定委員会、事業中止の本裁判が始まった佐賀地裁、および最高裁などの関係司法当局に提出した意見書を参考にしています。また法律的な面では、「よみがえれ！有明海訴訟」の弁護団が福岡高裁に提出した抗告許可申立理由書[98]を参考にしました。

1　環境崩壊と漁業被害が認められる要件

（1）法的因果関係

公害問題では、加害と被害の複雑な因果関係を明確にするのは一般に困難をともないますが、現在その判断基準とされているのは、一九七五年に医療過誤をめぐる争いに対して、最高裁が示したいわゆる「ルンバール判決」です。[98] この判決は、「訴訟上の因果関係の立証は、一点の疑義も許されない自然科学的証明ではなく、経験則に照らして全証拠を総合検討し、特定の事実が特定の結果を招来した関係を是認しうる高度の蓋然性を証明することであり、その判定は、通常人が疑を差し挟まない程度に真実性の確信を持ちうるものであることを必要とし、かつ、それで足りるものである」として法的因果関係の主張立証の一般原則を宣明しています。

私が海洋の物理現象や気象による海洋災害を五十数年の間学んできた経験からいえば、現実の複雑多岐な自然界のなかでの、一点の疑義もない自然科学的証明というのは、条件を厳しく限定できる室内実験を除けば、一般的にはきわめて困難であるといえます。それゆえ考えられる、また与えられる諸条件を考慮してもっとも妥当と考える結論を下すのが普通であり、残された問題点もしくは疑問点を明確に示して、今後の研究をまつというのが通常の自然現象の研究姿勢といえます。したがって、通常人が疑いをもたない程度の可能性があれば、それが因果関係を示すとの考えは理にかなったものと思われます。とくに加害者が、自己の責任を否定するに足る十分な証拠を示しえない場合には、そうであるべきです。

有明海異変の場合にも、第1章1節に述べましたが、シンポジウム「沿岸海洋学からみた有明海問題」[4]に示してあるように、発生機構が科学的にまだ十分に解明されていない問題が存在します。したがってこのことを根拠に、農水省はもちろん、司法関係者、裁定委員、さらに一部の研究者はややもすれば不可知論の立場に立って、諫早湾干拓事業と有明海異変との因果関係を認めようとはしません。しかしこれでは、現実に起きている有明海の環境と漁業の崩壊は解決できず、漁民の苦難は続き、われわれは汚濁の海と化した実り乏しき有明海を子孫に残すことになります。それゆえ上記のように、「通常人が疑を差し挟まない程度の真実性」があるかないかを判断の基準にして、有明海の環境破壊の原因を定め、解決の道を求めていかなくてはなりません。

(2) 疫学的に見た因果関係

上記の法的因果関係からいえば、原因と結果の関係を、たとえば堤防締め切りと赤潮との関係について、関係が発生する機構まで科学的に明確にする必要はありません。この場合は、原因と結果との関係を、疫学的に考察することが必要です。疫学とは、食品中毒を例にとると、原因食品を食べた人と食べなかった人、中毒症状を示した人と示さなかった人との関係を調べて、因果関係を明らかにしようとするものです。

水俣病を例にしてこのことを説明します[99]。水俣病の場合は熊本大学医学部研究班の努力により、水俣湾のチッソ工場排水で汚染された魚介類を食べた人が発症したことが明らかになり、また排水に含まれる有機水銀が原因物質であることも、事件発生後三年を要してようやく突き止められました。しかしこれに対して、原因物質について加害者側の工場および関係官庁の通産省（当時）から次々と疑念や反対論が出されて、これが決着するのにはじつに長い時間を要し、患者は長期間苦しまなければならなかったのです。しかし疫学的に、また上記の最高裁判例によれば、患者の発生がチッソ工場の排水によるとの因果関係が認められれば十分であって、発生機構（原因物質）が何であるかが明らかでなくてもよかったはずです。

それでは有明海異変の場合はどうでしょうか。一例として赤潮発生規模指数と降水量の関係を示す**図5・15**に注目します。これによれば、同じ降水量一〇〇ミリメートルに対して、潮受堤防締め切り後は締め切り前に比べて、約三倍も赤潮の発生が激しくなっているのです。一方、それを引き起こすような別の要因は見出されません。したがってこの事実こそ諫早湾干拓事業と赤潮との因果関係を疫学的に示すもっとも明白な証拠だと思われます。これ以上に高度な証拠はどこにあるのでしょうか。

ところがあとで示すように裁定委員はこの事実を完全に無視して、かつ赤潮の発生機構が未解明であることを理由に加えて、証拠不十分として因果関係を否定しました。福岡高裁も同様です。しかし上記とともに、第5章に述べた干拓事業と環境の崩壊との関係を示す多数の科学的事実や、第8章で述べた干拓事業と漁業衰退との関係を素直に見れば、通常人であれば干拓事業が有明海異変の重要な原因をなしていると考えるのが、当たり前だと思われるのです。

一方、原因を明らかにするために必要な資力、人力、組織力においては、農水省と漁師の間には比較もできない天地ほどの開きがあります。それにもかかわらず、農水省は、諫早湾干拓事業にかかわる現在の有明海の環境崩壊と漁業衰退を招いた他の要因を示すことはできなかったのです。このような事実や事情を考慮することなく、福岡高裁は原因認定に自ら高いハードルを設けて、事業の影響は不明との判決を下したのです。そこで有明海訴訟の弁護団は、福岡高裁の決定は最高裁の判例にもとるものだとして、その取り消しを求めて最高裁に抗告したのですが、[98] その最高裁すらも福岡高裁の判決を支持しました。

しかしこれらの判決や裁定は、有明海の実態と漁師の窮状をまったく理解しないものだとして、漁師たちの憤りをさらに強くするものでした。憤りの強さは、今回新たに佐賀地裁で始まった事業の中止を求める本裁判において、原告の数が海に関する公害訴訟では最大規模ともいえる二五〇〇人近くにも膨らんだことからも知ることができます。

2　非専門家が専門家の報告を信頼しない原因裁定

公害等調整委員会の裁定委員会は、二〇〇五年八月に、「漁業被害の発生は認められるが、現在の証拠関係からは、これと諫早湾干拓事業による環境影響との関係につき高度の蓋然性を肯定するまでにいたらず」との判断を下し、また有明海の環境崩壊に本質的に重要な役割をはたす赤潮について、「赤潮の発生・増殖の機構については、なお相当に未解明な部分が残されている。現在のデータや知見を前提とするかぎりは、赤潮の増加要因を特定し、高度の蓋然性をもって認定するにはいたらないものである」と結論しています(100)。

これはまさに水俣病において、発生機構が明らかでないことを理由に因果関係を長期にわたり認定しなかったことと軌を一にするものであります。この結果、水俣湾における水俣病患者に対するのと同じように、有明海の漁民に苦しみを与えつづけることに手を貸していることになり、市民に背を向けた対応というべきでしょう。この原因裁定の問題点は、シンポジウム「諫早湾干拓・原因裁定を検証する」の資料集にもまとめてあります(79)。

裁定書を読んでだれもがびっくりするのは、専門家ではない裁定委員が、自らの判断に資するために選任して検討を依頼した、その分野に深い学識をもつ専門委員の検討結果を、著しく不当に低く評価することに熱心で、その一方で農水省の言い分を十二分に取り入れて、上記の裁定を行なったということです。このために裁定委員は科学的に大きな誤りを犯しており、しかも恣意的な取り扱いさえ見受けられます。原因裁定の公正さを信頼し期待する国民としてはまことに残念なことです。

すでに示した第10章2節の**表10・1**によれば、専門委員が用いた数値モデルは農水省のもの（国調費モデル）よりも一段と精度が高く、それだけ信頼性が高いことがわかります。さらに農水省のモデルにおける計算精度の低さは、**図10・1**と**図10・2**に明確に示してあります。そして注目すべきことは、専門委員のモデルによる計算結果は、重要ないくつかの点で実際に近く、干拓事業が有明海の環境にかなりの確度で影響を与えていることを示していることです。一方、精度の低いモデルで計算した結果は、有明海の悪化は干拓事業の影響とは考えられないという農水省の主張を支持するものでした。

専門委員が慎重に得た検討結果は、たとえば潮受堤防締め切り後における河川水輸送の変化、表層における密度成層の強化、有明町沖の流速の顕著な減少、熊本県側から有明海中央南部海域における潮流の減少、諫早湾口付近から谷沿いに北上する底層の流れ、その他、潮受堤防の建設が環境の悪化をもたらした可能性を示す結果などが数多く得られています。そしてかなりの部分が、第5章に示したように観測結果で立証できているのです。

それなのに非専門家の裁定委員は、専門委員が得た結果を受け入れようとせず、むしろその結果を否定する方向に努力を払っています。つまり裁定委員は、農水省の国調費モデルによる計算結果や、専門委員が無視できるとして引用や言及さえもしないような証拠能力の低い資料など専門委員の結果と異なるデータをもち出して、専門委員が得た結果をおとしめる方策をとっています。このやり方はすべて、裁判や裁定委員会の審問の場で申請人の主張を否定する農水省のやり方と同じです。

弁護士の話によると一般の裁判であれば、非専門家の裁判官が専門家に依頼して得た鑑定結果を信用して採用するのは当然のことであり、今回見られる非専門家である裁定委員が専門委員の検討結果に対して取った対応は、通常の裁判では考えられず、異常というべきであるとのことです。このような対応は、自らが依頼して検討をお願いした学識高い専門委員に対して、まことに礼を失しているといわねばなりません。そのようなことでは、今後は真実を求めて専門委員を引き受ける人がいなくなることが心配されます。そして裁定委員が農水省の主張にそって、ここまでして有明海異変と干拓事業との因果関係の認知を避けようとした裁定には、科学的でない別のなんらかの意図が働いていることが推測されます。まさに恣意的というべき裁定です。

裁定書における数多くの科学的な誤りは前記五人の海洋研究者の意見書[52]に具体的に詳細に指摘してありますが、このようになった原因は、裁定委員が自らが選任した専門委員の成果の軽視に躍起になって、専門委員に助言を求めようとせずに、農水省のいい分を鵜呑みにしたためと推測されます。

そこでその実態を以下に明確に示したいと思います。ただ残念ながら紙数の関係で、多くの事例のなかで赤潮、潮汐《ちょうせき》、潮流、タイラギ、ノリ大凶作のわずか五例のみしか紹介できませんが、強引に干拓事業との関係を否認しようとした裁定の誤りと、そのいわれなき根拠の一端を見ていただきたいと思います。

3　赤潮の観測事実から見た裁定の誤り

裁定では、赤潮が大規模化し、長期化したことがノリ被害と結びついたことを認めています。しかし、干拓事業が有明海における赤潮の頻発に重要な役割をはたしていることは認めていません。そしてその判断を下すにあたりもっとも重要と思われる研究成果をまったく無視しています。この研究は、堤裕昭氏らの研究グループがこれまでになく精度が高くて綿密に行なった複数回の観測結果にもとづいて得たもので、赤潮の発生に関するきわめて重要な研究成果です[3][54][55]。彼らは最近の赤潮の激増には、潮受堤防の締め切りが本質的に重要な役割をはたしていることを明確に示しています。この研究内容については、第5章6節に要点を紹介していますのでここではくり返しません。

この研究では、大雨と赤潮発生との密接な関係が示されていますが、堤氏は過去の赤潮データを統計的に整理して、図1・3と図5・15を発表しています。後者によると赤潮発生規模指数は、堤防締め切り後は締め切り前に比べて、同じ降雨量に対して、たとえば一〇〇ミリメートルの場合には約三倍に、二〇〇ミリメートルの場合には約二倍にも増大しています。この結果は、堤防締め切りが赤潮の発生に甚大な影響を与えていることを、疫学的に文句なしに一〇〇パーセント証明しているものです。図1・3も両者の因果関係を明確に推測させます。しかし、裁定委員は理由もなくこれらを無視しています。このことからも裁定が誤った判断を下していることは明らかです。

ところで、この研究成果はすでに証拠書類として申請人側から裁定委員会に提出されており、さらに裁定委員会で開かれた審問において、堤氏自身が参考人として出席して、その内容をくわしく陳述しているところです。したがって裁定委員も当然、そのような研究成果の存在も、またその内容も認知しているはずです。それにもかかわらず、これらの重要な研究成果について一言も触れることなく完全に無視しているのは、この研究成果の重要性をまったく理解できないのか、そうでなければ意図的に無視したと考えられます。いずれにせよ裁定委員は、堤氏らの本質的に重要な研究結果をまったく無視した理由を説明する責任があります。

4 潮汐の観測事実から見た裁定の誤り

裁定を申し立てた申請人は干拓事業が潮汐に及ぼす影響を表わすものとして、**図5・1**に描かれている有明海におけるM_2分潮の増幅率の変化を提示しました。この根拠は第5章1節にくわしく述べたように、事業開始前と堤防締め切り後のそれぞれの期間で増幅率が一定であること、その間の事業によって地形が顕著に変化しつづけた期間には一方的に減少していること、締め切り時に急激に減少したことをあげています。これに対して裁定委員は、この観測事実は干拓事業の影響を示すものでないと結論しました。

その理由は二つあって、そのひとつは、増幅率は三〇〜四〇年の間には変化しているのだから、事業前と締め切り後の期間でそれぞれ一定であるというのは意味がないというのです。たしかに長期間では地形変化などで増幅率は変わりうるのですが、それは干拓事業とは関係がありません。干拓事業の影響を調べるには、その前後でどう変わるかを見れば、それで必要かつ十分であります。裁定委員が取り上げた理由こそ、意味がないものです。

また別の理由として裁定委員は、堤防締め切りが潮汐に及ぼす効果は、相当程度締め切りが進んで開口幅が狭くなったときに初めて現われるはずなのに、それ以前の干拓事業開始のころから増幅率が減少するのはおかしいというのです。しかしこれは、潮汐の減少は締め切りだけに関係すると考えているためです。実際は事業開始以来の浚渫《しゅんせつ》・採砂、埋め立て、干拓、そして堤防締め切りなどの各種の工事にともなう地形変化全体を総合して、潮汐の減少が生じているのです。以上のような意見は、農水省の誤った主張を鵜呑みにしてそのまま述べていることであって、潮汐の現象を理解していないことを示します。

5 潮流の観測事実から見た裁定の誤り

裁定の申請人は観測事実にもとづいて、干拓事業によって有明海の潮流は減少したと主張しています。しかし裁定委員は潮流が減少した理由はまだ不明であり、干拓事業を潮流減少の原因と考える確たる証拠は認められないと、不可知論の立場に立っています。

潮流の減少を否定する重要な根拠は、一九七三年と二〇〇一年における海上保安庁の観測結果を比較すると、潮流は減少していないということです。しかし第5章2節および**図5・4**(a)において、この間の約三〇年の間にはさまざまな地形変化があるので、両期の観測結果を比較して干拓事業のみの影響を見出すのは本来無理であること、両期間の観測値が比較できる六測点が有明海の南半分に集中していて、かんじんの北半分のデータが著しく不足していること、その他の理由をあげて、海上保安庁の観測結果をもとに潮流の減少を否定する根拠は存在しないことを明確に指摘しておきました。このことも私が裁定委員会の参考人尋問の席で詳細に説明しておいたのに、理解できずに農水省の意見にしたがった内容です。

また小松氏や西ノ首氏らの研究グループは、一九九三年と一〇年後の二〇〇三年に実施した島原半島有明町沖の綿密な潮流観測結果を比較して、**図5・5**に示したように堤防締め切り後はその前に比べて、顕著に潮流が減少しているというきわめて重要な結果を得ました。そしてそれが潮受堤防によるものであることが、理論的にも考えられることが第5章2節に述べてあります。しかし裁定委員は、突然に両観測における測定位置の誤差やGPSの精度不良などの可能性をもち出して、両期間における観測結果の比較は問題があるといいます。また観測結果は局地性が強すぎるとか、さらに農水省の計算結果に比べて観測された減少量が大きすぎるといいます。そしてこれらを理由にして、小松氏らの測定結果は信頼できないと主張しています。

しかし測定位置の誤差をいうのであれば、すべての観測について問題にすべきでしょう。それなのに裁定委員は、自分が望む裁定に都合のよい場合には何もいわずに、都合の悪い場合に急にいい出すのは納得できないことです。

また潮流の測定値が局地性をもつことは当然でありますが、その局地性ゆえに観測結果の有用性を否定する根拠は明確ではなく理解しがたいものです。シミュレーションに関しては、とくに農水省の計算の場合には**表10・1**、**図10・1**および**図10・2**に示したように問題を含んでいて精度が低いことを考えると、信頼しがたい計算結果を唯一信用して、これを根拠に、現実に綿密に実施された貴重な観測結果を否定するというのは、自然現象の解明に対する観測の重要性を理解していないといわざるをえません。

さらに第5章2節（3）の末尾に追加したように、ごく最近に小松利光氏らは、**図5・4**(b)に示す島原市沖の有明海の中央に近いP41とP43の二測点においても、堤防締め切り後に潮流が数パーセントから二〇パーセントも減少している観測結果を得ました。有明海内部における潮流の減少を明確に示すこの新たな観測結果に対しても、裁定委員は測定位置の誤差や農水省の計算結果に比べて大きすぎることなどの理由をつけて否定するのでしょうか。

6 タイラギ漁業の壊滅から見た裁定の誤り

漁業被害の例としてタイラギを取り上げます。裁定は、諫早湾干拓事業とタイラギの漁業被害との関係を認めていません。認めない理由のひとつとして、タイラギの立ち枯れ死の原因が未解明であることをあげています。諫早湾口周辺におけるタイラギ漁業の壊滅は、第8章5節（2）で述べたように、干拓事業にともなうさまざまな工事や採砂などによって、大量な浮泥の発生、潮流激減による浮泥の堆積、さらに顕著な貧酸素水の出現などによるものであることが、高い蓋然性をもって示されています。

さらに**図12・1**には、諫早湾のタイラギ漁獲量が一九九一年から諫早湾口周辺で採砂が始められてから急速に減少して、一九九四年以降に壊滅したことが示されています。したがって諫早湾口周辺のタイラギ漁業の壊滅と干拓事業との因果関係は、疫学的に見ればきわめて明確であるといえます。またタイラギの立ち枯れ死は干拓事業以後に発生しています。すなわち、因果関係においては、この現象が事業

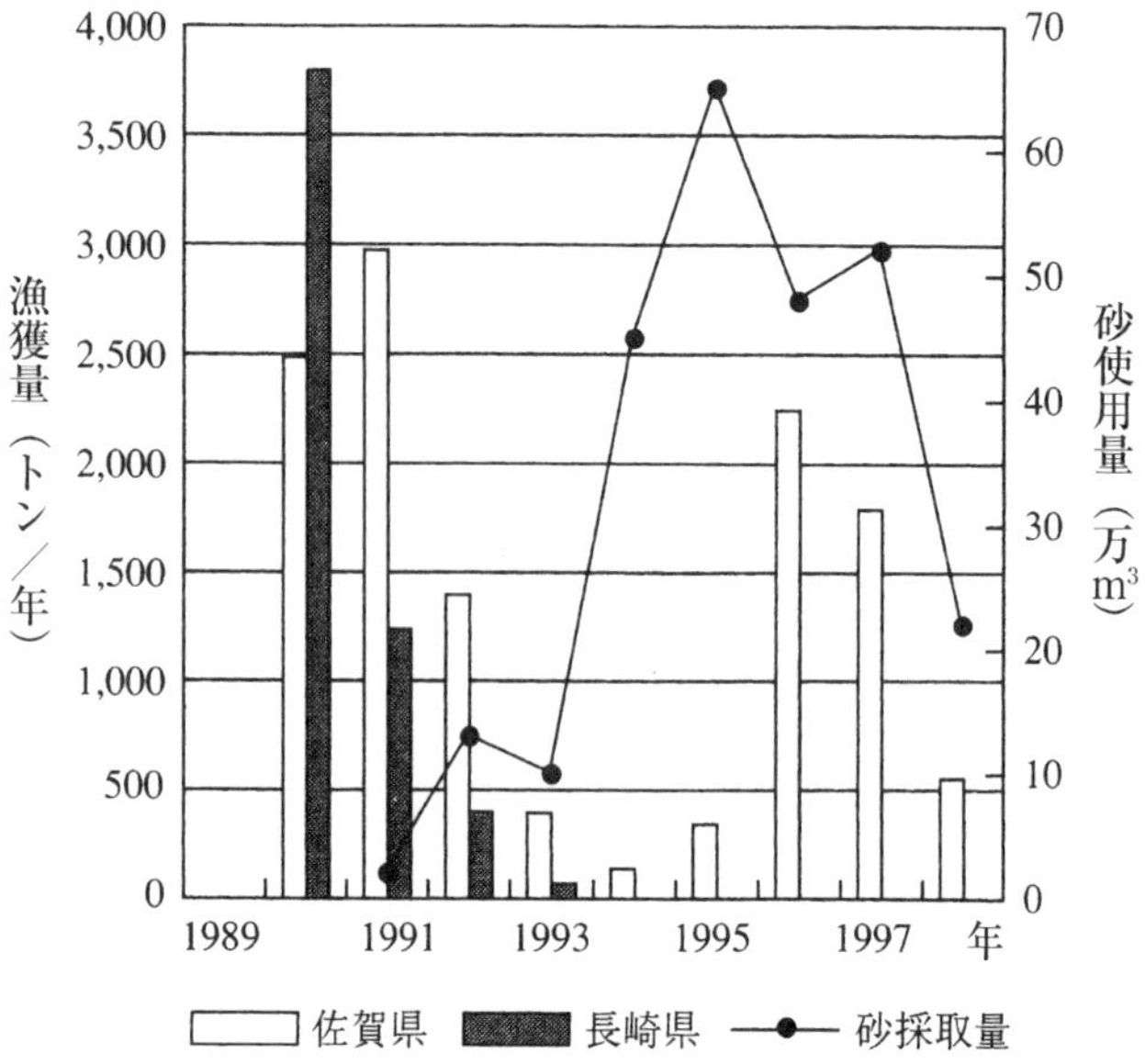

図12.1　諫早湾干拓工事以降の長崎県と佐賀県のタイラギ漁獲量と諫早湾口周辺の採砂量の経年変化〈佐々木(48)による〉

後に発生したことが重要であって、その発生メカニズムが未解明であることを因果関係の立証の必要条件とすることは、最高裁の判例にもとるというべきです。以上のことから、諫早湾のタイラギ漁業の壊滅と干拓事業との因果関係を認めようとしない裁定は、事実を直視しない重大な誤りであるといわねばなりません。

なお**図8・8**や**図12・1**から理解できるように、佐賀県を含む有明海奥部においても、タイラギの漁獲量は一九九八年以降激減して二〇〇〇年以降にはほとんどなくなりました。そして肝要なことは、膨大な資金、組織、人員を動員できる農水省にしても、タイラギ漁業の壊滅に対して、干拓事業にかわる別の明確な原因を見出すことはできなかったのです。そうであれば、干拓事業がタイラギ漁業壊滅の原因となる蓋然性はきわめて高いと、通常、人は判断すると思うのですが、裁定委員がそう思わないのが不思議でなりません。

7 歴史的ノリ大凶作と干拓事業の関係を認めぬ裁定の誤り

潮受堤防締め切り後の二〇〇〇年度に、有明海においては未曾有のノリの大凶作になり、生産枚数も生産金額も激減して漁師は甚大な被害を受け、有明海異変として大騒ぎになりました（**図8・2**参照）。この原因についても裁定委員は他の年度と同様に、ノリ被害と赤潮との関係は不明であり、因果関係を肯定することはできない、また赤潮の発生・増殖の機構については未解明な部分が残されているので、赤潮と干拓事業との関係を認めるわけにはいかないとして、結局、ノリ被害と干拓事業との関係を認定しませんでした。

この結論は、第8章4節に述べたように堤防締め切り後の平年度についても承服しがたいものですが、とくにノリの大凶作のときは、**図1・3**に示したように、赤潮の発生もまた未曾有の大きさであったのです。定量的には**図5・15**によれば、降水量を同じにしたとき、二〇〇〇年度の赤潮発生規模指数は堤防締め切り前に比べて、じつに約四〇〇パーセントも大きな値になっています。一方、裁定委員は、ノリの大凶作を引き起こすほどの、人々が納得できる他の要因を提示することはできませんでした。したがってそれぞれが未曾有の大きさであるとともに、同じ時期に出現したノリの大凶作と赤潮の大発生との密接な関係は、疫学的にはだれもが容易に理解できるものといえます。

ノリ第三者委員会が述べているように（第8章3節参照）、二〇〇〇年度のノリ生育期には気象状況が通常と異なり、多量の降雨後しばらくして強い日射が長期間続き、嵐も来なくて顕著な赤潮が発生・継続しやすい状況にありました。ただしこのような気象状況は過去の長い期間には経験されたと思われますが、代田昭彦氏によればこれまで被害が問題になるような赤潮は一回も発生していませんでした[24]。とすれば、今回の異常なノリの大凶作は、堤防締め切り後に有明海が赤潮を発生しやすい基本場に転化していて、これに平常と異なる気象条件が重なった相乗効果で生じたと判断せざるをえません。赤潮が発生しやすい基本場への転化が干拓事業によることは、すでに第5章6節においてその理由をくわしく述べておきました。このような事実があるにもかかわらず、歴史的なノリの大凶作と諫早湾干拓事業との因果関係を認めぬ裁定こそ、認めることはできません。

8　原因の解明を放棄した裁定委員

原因裁定の目的を、市民の立場から考えると、なんらかの原因で被害を受けて苦しんでいる被害者に対して、被害を与えた原因を明確に示して、被害から免れる手段や方策を明確にすることにあると思われます。すなわち原因が明らかになれば、加害者に原因の撤廃を要求するとともに、原状回復の方法を見出し、さらに被害に対する補償、治療、原状回復の費用などを要求することができます。また社会の秩序と安寧を保つために、この問題にかかわる紛争を早急に収めることが望まれます。ですから裁定委員は原因を明確にするために、最大限に努力をする必要があり、そのために、必要な調査を国の費用で実施することも可能と聞いています。

しかし今回の裁定からは、原因を解明しようとする熱意が浮かび上がらず、むしろ不可知論の立場で原因不明に終わらせることを望んでいるように感じられます。この結果、紛争は収まるどころか、漁民の怒りは一段と高まり、火の手はさらに燃え広がっています。すなわち「よみがえれ！有明海訴訟」では、裁判に負けるたびに原告が増大して、いまでは二五〇〇人近くにも達し、海関係の公害問題では水俣病訴訟とならぶ最大級の規模になりました。

有明海の漁民は現在非常に困難な状況に陥っています。そして漁師のみならず、新聞の論調、日本海洋学会海洋環境問題委員会の主張[101]、多数の研究者の声明を含めて、世論は事実の解明を強く要望しています。このようなときに、データ不足だから原因は不明だと打ち切って、あとは知らぬ存ぜぬですますことは許されません。不安をなくし、要望に応えるために、原因追究に最善をつくすのが裁定委員の任務だと思います。データが不十分だと考えるのであれば、農水省のノリ第三者委員会が提言した、直接的に原因を解明するうえでもっとも適した中・長期開門調査を、農水省になぜ命令しないのでしょうか。そうすれば裁定委員の望む十分な証拠が確実に得られると思われます。裁定委員は、原因を究明する任務を放棄したとみなさざるをえません。公害等調整委員会に対する国民の信頼は著しく失墜したといえます。

9　非科学的で恣意的とみなされる裁定の撤回を要請する

以上に述べたところから、今回の裁定結果は非科学的で、あまつさえ恣意的とみなされるところが多く信頼しかねます。それゆえ五人の海洋研究者有志（東幹夫、宇野木早苗、佐々木克之、田北徹、堤裕昭）は前記の意見書[52]において、裁定委員会に裁定結果の撤回を要請しています。以下にその「要旨」を引用しておきます。

裁定は、漁業被害の多くを認めながら、その原因が干拓事業にあるかどうかの判断には調査研究が不足しているとして、漁業者の要求に応えず、問題を先送りした。裁定は、公害等調整委員会が要請し組織した専門家による専門委員が作成した報告書を十分活用しない異例な内容であり、裁定がはたして科学的であったかという疑問を生じせしめる。

我々は裁定内容を検討して、

①公害等調整委員会に提示された資料やデータは干拓事業が漁業被害を引き起こしたことを十分示している、

②裁定が不十分としている干拓事業と近年の環境変化との因果関係は、総合的視点で考察すると明白で

ある、
③裁定は、科学的な情報の整理と合理的な考察が不十分であり、最新の調査結果の見落としも見られる、
④裁定は、専門的な検討の結果である専門委員報告に、内容的にこれに合致しないデータを対立させることで、因果関係は分からないという結論を導いているが、これらのデータの量的・質的精査が不十分である、
⑤公害等調整委員会は、因果関係の直接的解明を目的に提案されている中・長期開門調査を拒否している農水省の責任を問うていない。これは本来の任務である原因究明を行うべき機関の裁定結果としては不十分である。
⑥以上の観点から、今回の裁定は撤回すべきである。

（追記）最近、公害等調整委員会の専門委員報告書の公開が認められるようになりました。ここで専門委員は、清水誠、石丸隆、灘岡和夫、朝倉彰の四氏であることを紹介しておきます。

第13章 宝の海を取りもどすために

有明海はかつて豊饒の海と謳われた面影はなく、環境は崩壊し、漁業は衰退をきわめ、有明海異変として広く知られるようになりました。本書ではこれまで、崩壊の経過をたどり、そのようになった理由をできるかぎり科学的に明らかにするように努めてきました。この結果有明海異変の主因は、農林水産省の時代錯誤ともいえる諫早湾干拓事業にあることが、少なくとも疫学的には、かなりの確実性をもっていえるようになったと思います。

有明海異変の影響は大きく、漁獲は激減し、借金に追いまわされ、漁業を放棄したり、悲しいことに自らの命を縮めざるをえなかった漁師に関するニュースも聞かれるようになりました。また漁民と干拓農民との間に、同じ干拓事業の被害者であるにもかかわらず、相争わねばならない社会的悲劇も生じています。[6] したがって一日も早く有明海を再生させて、この惨状から抜け出すことが焦眉の急であります。とくに漁民をまもるべき農水省の責任は重大です。しかし現実には残念なことに、国とくに農水省が中心となって意図している再生策は、第11章3節に述べたようにこの目的からはほど遠く、また前章に述べたように佐賀地裁を除くと福岡高裁、最高裁、裁定委員会も行政よりで漁民への支援の道を閉ざし、現在の有明海の惨状は続かざるをえないといえます。

そこで有明海の再生を進めるためには、どう考えるべきかについて私見をまとめておきます。狭い分野の知識しかもたない自然科学を学ぶ老書生の希望ともいうべきもので、不備不足のところが多いと思いますが、参考になるところがあれば幸甚です。

1 再生の目標

環境の再生をめざすには、目標を定めなくてはなりません。水質汚濁が著しい東京湾、伊勢湾、大阪湾などわが国の主要内湾においては、陸から海に流入する汚濁負荷が汚濁の基本的な原因になっていますから、負荷の削減が再生のための中心課題になっています。例として**図13・1**に東京湾におけるCODの経年変化を描いておきました。なおこの図では縦軸のスケールが右と左で異なりますが、同一地点で長期間連続した測定値がないので、異なる地点の測定値をつなぎ合わせるためにこのような処置をしているのです。

この図によると、東京湾の汚染が急激に進行しはじめたのは、一九五九年からで、もはや戦後ではないといって高度経済成長が始まったころに対応します。したがって東京湾の再生を望むのであれば、戦後の高度経済成長期より前の時代を目標にする必要があります。しかし近年の東京湾周辺における経済

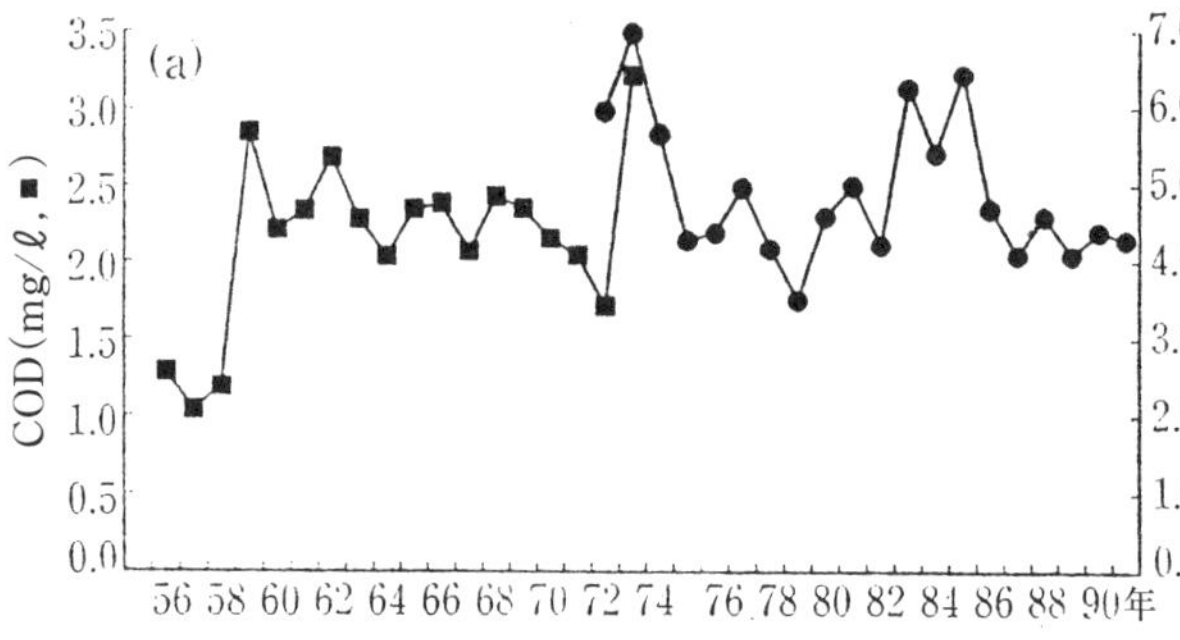

図13.1 東京湾におけるCODの経年変化、湾奥と湾央のデータを合成〈小倉(87)による〉

発展、人口集中、沿岸開発はきわめて大きいものがあります。それゆえ、これらを現状のままにしておいて、環境のみをそのころまでもどすのはきわめて困難をともなうことが予想されます。

一方、有明海におけるCODの経年変化を**図13・2**に示しておきます。CODの値が最近やや大きくなる傾向はあるものの、この約三〇年の間にほぼ一定であり、水質汚濁の観点から最近とくに問題が生じたわけではありません。したがって汚濁負荷の削減への努力は必要ですが、それによる再生の効果は期待しがたいでしょう。これが有明海と東京湾の本質的な違いです。

そこで漁業資源の変化に注目します。漁業資源は近似的に漁獲量に比例すると考えられるので、すでに示してある漁獲量の経年変化にもとづいて考察します。全体的なものは**図8・3**において、個々の漁業種については**図8・8**〜**図8・11**で知ることができます。それぞれの漁獲生物の資源は大きく変動していますが、大勢としては一九八〇年の初めころにピークが存在します。そして現在にいたるまでの長い減少の始まりはほぼ一九

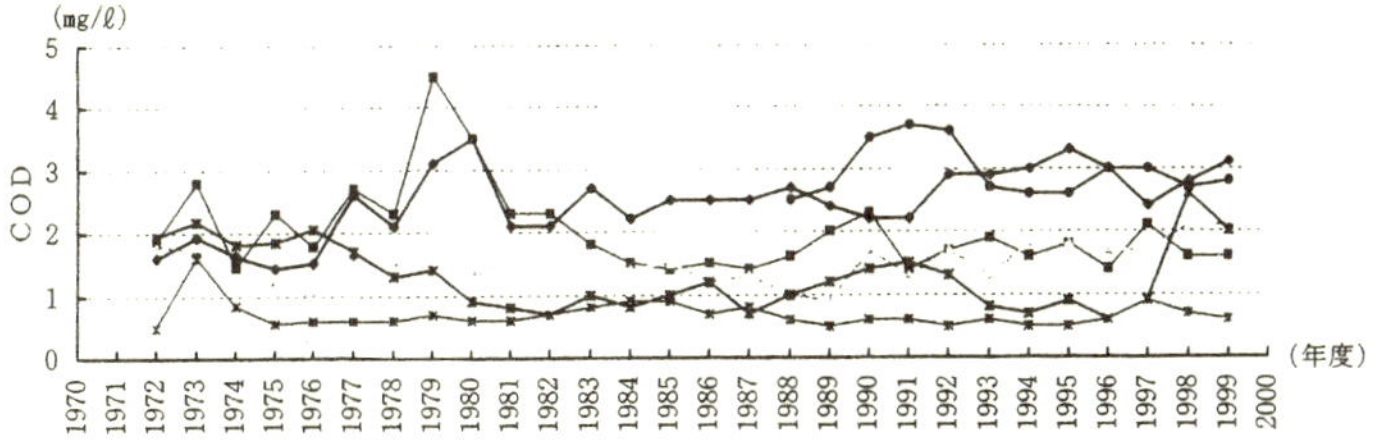

図13.2　有明海代表地点におけるCODの経年変化、全層の年間平均値〈農林水産省(53)による〉

八〇年代の半ばと見てよいでしょう。ここで注目されるのは、諫早湾干拓事業が開始された一九八六年のころから、スズキやクロダイが瀬戸内海と異なって減少の方向へ進みはじめ、また、とくに底層・底質の汚濁に弱い底魚類（図8・10）やエビ・カニ類（図8・11）もこのころから転落の道を歩きはじめたことです。しかもそのさいに漁獲量の変動がなくなって、変動する余裕もないほど漁場環境の悪化が進んでいることが注目されます。

それらから総合的に判断すると、有明海再生の目標を一九八〇年代の半ばの有明海に置けばよいと思われます。再生の困難性でいえば、東京湾などわが国の主要内湾の再生目標と比べたとき、上記のことは有明海にとってきわめて幸いであるというべきでしょう。なぜかといえば、東京湾の場合には現在と目標の一九六〇年代半ばとでは大きな相違があり、困難が予想されます。しかし有明海の場合には一九八〇年代半ばと現在では、周辺の人口も経済活動もそれほど顕著な開きがなく、やる気になればその再生は比較的容易と思われます。ただし有明海において唯一予想される困難は、現在と一九八〇年代半ばとの間で、農水省の諫早湾干拓事業が挟まっていることです。

2　有明海の体質の認識と崩壊の原因の把握が基本

海域の再生を図るときの基本的考え方を第11章1節にまとめておきましたが、その中心となるのは②の「受動的再生の原則」です。これは、海の偉大な復元力に比べたとき、人間が自然の再生にさいしてなしうることの卑小さと限界を自覚することにあります。自然を破壊することに関しては、いまや人間は強大な力をもっているといえるでしょう。しかし生態系を含む自然の営みは複雑精妙であり、その仕組みについてのわれわれの理解はごく限られています。しかもこの仕組みは、非常にもろく壊れやすいものです。そのために人間が自然を破壊することは容易ですが、再生することはきわめて難しいのです。

ですから、破壊した自然を再生するときには、われわれの無力を自覚して、自然の力を借りなくてはなりません。これが「受動的再生の原則」です。そしてわれわれがなしうることは、自然が最大限に再生の力を発揮することができるように自然を手助けすることにあり、それは環境崩壊の原因となったものを取り除くことにあります。

したがって、それぞれの海域の再生を図るには、海域の特性すなわち体質とそれを崩壊に導いた原因が何であるかを明確に把握しておくことが不可欠です。有明海の体質は、第2章と第3章でくわしく述べました。口が狭く奥行きが深い有明海は、きわめて閉鎖性が強い汚濁しやすい特性をもっています。

しかしこれは、日本一大きな潮汐《ちょうせき》と、豊かな河川水と適度な砂泥の流入による日本一の干潟の発達と、日本一多い浮泥の存在により、問題になるような赤潮が発生することもなく、有明海は日本の沿岸漁場で瀬戸内海とならんで最高水準の漁業生産を誇っていたのです(23)。

しかし、この有明海の特性は、自然のきわめて絶妙な生産のシステムで保たれているため、システムの一部が壊されると、もろくも崩れる可能性が強かったのです。近年における有明海周辺における経済発展と沿岸開発の進捗にともなって、有明海の体質はある程度弱っていたのは否定できませんが、これに強烈な打撃を加えて有明海をついにダウンさせたのが諫早湾干拓事業であることは、これまで示した観測事実から疑いがないといえます。したがって、干拓事業は有明海にとっていわば癌《がん》のような存在であって、この事実を明確に認識して、これをどう処置するかが有明海再生の鍵になります。

3 当面の改善策と将来の方向

以上のような認識に立つかぎり、有明海を蝕む原因をそのままにした農水省を中心とする国の有明海再生策では、とうてい目的を果たすことは至難です。そこで、有明海再生のための第一歩として、潮受堤防の水門を開放することが何よりも必要であり、その結果第9章に述べたような効果が生じて、諫早湾を中心として有明海の環境や漁業が、現在よりもかなり改善されることが期待できます。農水省は水門の開放を拒否していますが、拒否の根拠に合理性がないことも、すでに第10章で説明しました。なお、現在国が考えている種々の対症療法的施策は、効果が薄いと考えられるものが多いのですが、自然の再生力を補助するものとして、その効果と影響を十分慎重に検討して、利用可能なものは利用します。

一方、**図9・2**に示した単純なモデル湾に対する理論的検討結果から類推すれば、現在の水門を開放したとき、堤防締め切り前に比べて、潮汐の回復が半分を少しこえる程度であるということから、環境回復の効果には限界があることを十分に理解しておかなくてはなりません。とくに開口部を離れて堤防の陰になるところに、海水の停滞域が生じるので、その影響が心配されます。

したがって現在存在する水門の開放は、再生への入り口と考えなくてはなりません。さらなる再生を望むためには、堤防を撤去して開口部を広げていくことが必要です。どの程度広げればよいかは、調査研究を行ないながら、実施経過を見つつ事業を進めなくてはなりません。開口部を広げるために必要となる高潮や排水不良への対策は、有明海沿岸や他の沿岸で広く用いられている効率的・経済的な施策を早急に実施しなければなりません。なお現在の水門を全開する程度では、高潮に対する防止効果は心配しない程度に保たれると考えられることは、第10章4節に述べておきました。

有明海の再生を進めるためには、目標を定めて綿密に調査研究を進め、その結果をもとに必要な施策と施設を整備・実行していく総合的基本計画が必要で、上記の開門事業もこの一環と位置づけられます。基本計画にもとづいて総合的に対策を進める場合には、各施策の結果を公正に評価・検証しながら、迅速に修正を加えていくことができる、順応的な管理体制を確立しておくことが不可欠です。このようにして初めて、有明海の再生が期待できるといえます。

なおこれら有明海の再生をめざす方策を実施するうえで、直接的・工学的手法の研究だけでなく、それに関連する自然現象を理解し解明するための基礎的研究がきわめて重要であることを忘れてはなりません。その内容は、日本海洋学会海洋環境問題委員会の提言や、日本海洋学会編に述べてあります。たとえば、開口部の開放や拡張をしたときの潮汐、潮流、恒流《こうりゅう》、海水交換の変化、調整池内の水質と浄化能力の変化、また有明海の水質や底質の変化、赤潮や貧酸素水塊の変化などです。さらに基本的には、有明海干潟の機能と復元作用、赤潮や貧酸素水塊の発生機構、環境変化に対する生物・魚介類の対応などの基礎的な部分についての研究を推進することが肝要です。

一方で不幸なことに、佐賀地裁を除く司法や裁定委員会は、ぎりぎりの状況に追いこまれた多数の漁師の切なる願いや、広範囲の一般世論にそむいて、真実を直視することを避け、安易にデータ不足を理由にして有明海異変と干拓事業との因果関係を認めようとはしません。しかし、これまでに示した観測事実にもとづけば、因果関係が存在することは疑いようもないといえます。悲惨な水俣病の過ちを二度とくり返さないために、関係当局はこれまでの判断が科学的にも疫学的にも正当でないことを認識して、行政側（農水省）ではなく国民に目を向けて、漁民の苦難に終止符を打ち、みんなが切望する有明海の再生を実現するために、因果関係を早急に認める判断を下すことを切望します。これこそ国民の望む司法や原因裁定のあるべき姿であり、信頼を得る道であると確信します。

4 真に有明海を再生させるために必要な法の整備

現在でも海域の環境の保全・保護に関連する法律や指導要領は少なからずあります。しかし、それらは海岸、港湾、水産、海運、水質、その他多くの事項にわかれていて、すべてが部分的であり、また府県単位など地域的であります。またそれらは統一されたものではありません。しかし有明海の水はひとつながりの連続した水塊であり、海水の運動と交換、物質の循環など湾全体が有機的に結びついているので、ある項目だけ、ある場所だけ改善しようとしても、その影響は対象のみにとどまらずに全体と関係するので、そのことを考慮しなければ目的は達成できません。この目的にかなうものは、本来は有明海特別措置法であるべきですが、第11章2節で述べたようにこの法律の内容はこれにかなっていないので、真に有明海の再生を期待することはできません。

そこで有明海の環境を保全して、昔のような豊かな海として子孫に残していくためには、それを可能とする効果的な法律が必要と考えられます。このような法案の試みとして、東京弁護士会、公害・消費者問題対策委員会が「東京湾保全基本法試案要綱の提言」を行なっています。その内容は日本海洋学会編[103]に載せてあります。また九州弁護士会連合会もこのような法律の必要性を述べています[93]。そこでこれらを参考にして、この法律にはおもに科学的な観点から基本的にどのような内容を含むべきかをまとめ、関係方面においてその実現をめざしていただきたいと思います。

①有明海における現在の無秩序な開発に対する抜本的対策として、有明海全体を総合的、広域的にとらえた強制力のある管理計画を備えた法律であることが必要です。そして個別的な事業の実施は、すべてこれに従わねばなりません。
②このような全体的な管理計画につき責任と権限を有する単一の行政機関を設置することが必要です。
③計画の実施が適正にかつ効果的に実施されるために、第三者が各施策の結果を公正に評価・検証しながら、補正して対応できるような組織が不可欠です。
④管理計画は、有明海の自然的特性を把握するとともに、現状における有明海の環境の荒廃と漁業の衰退の根本原因は何であるかを明確にして、構築されねばなりません。したがって諫早湾干拓事業の存在に目を閉じることは許されず、事業の見直し、中止、さらには潮受堤防の撤去まで含めた適切で慎重な検討が優先されなくてはなりません。
⑤本来きわめて閉鎖性の強い有明海が、かつて豊饒を誇る海でありえたのは、日本一の広さを誇る干潟が存在し、それがもつ大きな浄化能力と生産力によるものです。したがって健全な干潟の維持は、有明海再生の基本であり、これを妨げるような措置は原則として禁止しなければなりません。また現在広範囲な干潟の大部分が健全性を失っているので、自然の再生力に依存して健全性を取りもどすことが可能な施策でなければなりません。
⑥この一環として、開発を目的とした干潟・浅瀬の干拓・埋め立ては禁止することを明文化する必要があります。

⑦また、有明海の環境に影響を与えるような汚濁負荷物質については、総量規制を行なって、環境の水質の保全を図らねばなりません。
⑧有明海に流入する河川が、海域の環境と生物に与える影響は本質的に重要であることを認識して、河川本体のみならず、それを養う森林や集水域の保全保護に十分に配慮し、海域に悪影響を与えるような事業は認めるべきではありません。
⑨豊かで持続的な漁業が行なわれるためには、海域の環境が健全に保たれることが基本であることを考慮して、その振興を図らねばなりません。特定の場所や魚種のみの漁獲増の追求は、ときに海域に悪い影響を与えて、かえって持続できないことが生じるので、実施策の決定には十分に注意する必要があります。
⑩われわれは人間に有用な生物のみに目を向けるだけでなく、生物の多様性の重要性に留意して、その保持に努力する必要があります。

なお有明海特別措置法は、成立後五年以内の二〇〇七年までに必要な見直しを行なうことになっているので、そのさいに以上のことを踏まえて、真に有明海の再生が期待できる法律に変身することを期待いたします。そうであれば、この法案の国会における審議のさいに、私が参考人として陳述した意見が取り入れられることになり、こんなに嬉しいことはありません。

最後に、いまや有明海の崩壊は深刻であり、一刻も早く再生の道を歩むことが待ち望まれます。しかしわが国、とくに日本の漁業をまもるべき農水省に、本質的な再生対策を立てることが期待できない現状は、漁民のみならずわれわれ国民にとってもまことに悲しく、不幸なことです。ですがこのようななかで、下記に紹介する漁師の一主婦の願い、いな、祈りがかなえられるように努力することが、現在を生きる私たちみんなの義務であり、責任であると思います。

海は借り物なんよ
子供たちに返すときはきれいにしてから返そうね
これが私たちの合言葉
（土田信子）

謝辞

本書の執筆にさいして、これまでに報告された多くの調査研究の成果をもとに、私がここ数年にわたって調べてきたことを加えてまとめました。研究成果や図版の引用をさせていただいた方々に、厚くお礼申し上げます。

なかでも、日本海洋学会編の『有明海の生態系再生をめざして』（恒星社厚生閣刊）と、有明海漁民・市民ネットワークが公害等調整委員会に提出した意見書をおおいに参考にさせていただきました。前者の本は、かねてから諫早湾干拓事業が有明海に与える影響を危惧して、再度にわたり建設的意見を提言してきた日本海洋学会海洋環境問題委員会が、有明海における生態系崩壊の実態、原因、対策をまとめたものです。学問的に内容が深いこの本がなければ、この小著も著されなかったでしょう。この本の編集の中心となって力をつくされた佐々木克之さんと、公害等調整委員会に提出したネットワークの意見書作成の中心となって努力された羽生洋三さん、さらに私が有明海問題に取り組むきっかけを与えてくださった西條八束さんと東幹夫さんには、小著の当初の原稿を読んでいただいて貴重な助言を賜りました。心から感謝いたします。

また有明海に関して私が調査研究と執筆を進めるうえで、上記の方たちのほかに、研究面や資料・情報面で多くの方に援助を受けました。研究面では小西達男、佐藤正典、程木義邦、その他の皆さん、資料・情報面では日本自然保護協会、有明海漁民・市民ネットワーク、有明海訴訟弁護団の皆さん、さらに松橋隆司さん、漁師や市民その他の多数の方々、併せて聞き取り調査の案内をしてくださった森文義さんと桐ヶ谷真知子（当時）さんに対して深く感謝申し上げます。終わりに、本書を読みやすくするためにご尽力を賜った築地書館の編集者・橋本ひとみさんにもお礼を述べたいと思います。

評価に関する自主調査研究
(84) 九州農政局諫早干拓事務所・国際航業株式会社（2004）平成15年度諫早湾干拓事業諫早湾濁りモデル検討業務報告書
(85) 経塚雄策・横山智巳（2004）諫早湾の潮受け堤防排水門からの海水導入と調整池内の物理環境予測、日本造船学会春季講演会論文集、145－146
(86) 気象庁・名古屋港管理組合（1960）伊勢湾高潮の綜合調査報告、286頁
(87) 小倉紀雄編（1993）「東京湾――100年の環境変遷」、恒星社厚生閣、193頁
(88) 小坂淳夫編（1985）「瀬戸内海の環境」、恒星社厚生閣、340頁
(89) 岡市友利・小森星児・中西弘編（1996）「瀬戸内海の生物資源と環境――その将来のために」、恒星社厚生閣、272頁
(90) 西條八束監修（1997）「とりもどそう豊かな海　三河湾――「環境保全型開発」批判」、八千代出版、312頁
(91) 西條八束（2002）「内湾の自然史――三河湾の再生をめざして」、あるむ、76頁
(92) 松藤文豪（2003）{有明海及び八代海の再生に関する基本方針の概要（案）}についての意見書、漁民ネット通信、12号
(93) 九州弁護士会連合会・熊本県弁護士会（2002）「川と海を考える～環境保全と住民参加」、第55回九弁連大会シンポジウム報告書、179頁
(94) 花輪伸一・古南幸弘（2002）人工干潟の問題点と課題、海洋開発論文集、18巻、43－48
(95) 岡山県生活環境部環境管理課（2005）育てよう！美しい児島湖、14頁
(96) 中国四国農政局山陽東部土地改良建設事務所（2004）国営児島湾周辺農業水理事業、9頁
(97) 糟谷真宏（1997）三河湾の浄化に応える農業のあり方―環境保全型農業―、「とりもどそう豊かな海　三河湾――「環境保全型開発」批判」、八千代出版、227－243
(98) 馬奈木昭雄・河西龍太郎・堀良一、外137名（2005）抗告許可申立理由書、（福岡高等裁判所に提出）、89頁
(99) 柴田鉄治（2000）「科学事件」、岩波書店、194頁
(100) 公害等調整委員会（2005）公調委平成15年〈ゲ〉第2・3号有明海における干拓事業漁業被害原因裁定申請事件・裁定書、349頁
(101) 日本海洋学会海洋環境問題委員会（2002）有明海環境悪化機構究明と環境回復のための提言2、海の研究、11巻、631－636
(102) 日本海洋学会海洋環境問題委員会（2001）有明海環境悪化機構究明と環境回復のための提言、海の研究、10巻、241－246
(103) 日本海洋学会編（1999）「明日の沿岸環境を築く――環境アセスメントへの新提言」、恒星社厚生閣、206頁

(64) 木下康正・有田正史・小野寺公児・大嶋和雄・松本英二・西村清和・横田節哉 (1979) 有明海および周辺海域の堆積物、地質調査所公害特別研究報告書、61巻、29－67
(65) 中嶋健太・近藤寛・東幹夫・中村剛・西ノ首英之 (2003) 諫早湾潮止め後の有明海における底質とマクロベントス密度の経年変化Ⅰ—底質の粒度組成と堆積型変化、日本ベントス学会要旨集
(66) 東幹夫 (2005) 底生動物相の経年変化、「有明海の生態系再生をめざして」、恒星社厚生閣、4章、118－128
(67) 農林水産省有明海ノリ不作等対策関係調査検討委員会 (2003) 最終報告書——有明海の漁業と環境の再生を願って
(68) 中田英昭・野中裕子 (2003) 有明海における海況の経年的な変化、月刊海洋、35巻、256－260
(69) 清本容子・山田一栄・中田英昭・田中勝久 (2005) 筑後川からの懸濁粒子負荷量と有明海奥部における透明度の長期変動、日本海洋学会春季大会要旨集、198
(70) 田中勝久・児玉真史 (2004) 有明海湾奥部の環境変動に及ぼす浮泥の影響、水環境学会誌、27巻、307－311
(71) 有明海漁民・市民ネットワーク (2003)「諫早湾干拓が海を変えた」—有明海漁民アンケート調査結果報告書—、62頁
(72) 諫早干潟緊急救済東京事務所・諫早干潟緊急救済本部・WWFジャパン (2001)「市民による諫早干潟『時のアセス』」、96頁
(73) 古川清久・米本慎一 (2003)「有明海異変——海と川と山の再生に向けて」、不知火書房、199頁
(74) 江刺洋司 (2003)「有明海はなぜ荒廃したのか—諫早干拓かノリ養殖か」、藤原書店、269頁
(75) 環境省水環境部 (2003) 有明海水質等状況調査の結果について、有明海ノリ不作等対策委員会資料集 (4)、農水省、371－439
(76) 有明海における干拓事業漁業被害原因裁定申請事件・申請人ら代理人弁護団 (2005) 公害等調整委員会原因裁定委員会に対する意見書、33頁
(77) 関口秀夫・石井亮 (2003) 有明海の環境異変—有明海のアサリ漁獲量激減の原因について、海の研究、12巻、21－36
(78) 九州農政局諫早干拓事務所 (2002) 諫早湾漁場調査結果報告書—諫早湾におけるタイラギ資源減少の原因調査—
(79) 諫早干潟緊急救済東京事務所 (2005) シンポジウム「諫早湾干拓・原因裁定を検証する—本当に「因果関係は不明」なのか—」資料集、38頁
(80) 佐藤正典 (2004) 有明海の豊かさとその危機、佐賀自然史研究、10巻、129－149
(81) 花輪伸一・武石全慈 (2000) 渡り鳥、「有明海の生きものたち——干潟・河口域の生物多様性」、海游舎、253－282
(82) 九州農政局 (2003) 諫早湾干拓事業開門総合調査報告書(案)、65頁、および流動解析等調査報告書 (案)
(83) 青山貞一・池田こみち・鷹取敦 (2003) 諫早湾閉め切り開放に伴う潮流の予測・

(48) 佐々木克之（2005）「有明海の生態系再生をめざして」、恒星社厚生閣、
2章、開発行為、39－48、
3章、水底質変化—ノリ漁場栄養塩・調整池水質と諫早湾水底質・有明海奥部貧酸素—、69－94、
4章、養殖業、132－136；タイラギ漁業壊滅過程、146－151；水産動物漁業、151－153；魚類漁業、157－161；ノリ酸処理剤の影響に関する問題点、164－165、
5章、有明海環境変化と生態系異変の総括、167－173
(49) 農林水産省農村振興局（2001）環境影響評価及び環境モニタリング調査等について、ノリ第三者委員会資料
(50) 山口創一・経塚雄策（2003）生態系モデルによる有明海の貧酸素水塊の再現性について、MECモデルワークショップ（第4回）、99－113
(51) 程木義邦（2005）有明海浅海定線調査データでみられる表層低塩分水輸送パターンの変化、「有明海の生態系再生をめざして」、恒星社厚生閣、3章、55－62
(52) 東幹夫・宇野木早苗・佐々木克之・田北徹・堤裕昭（2005）諫早湾干拓事業による有明海漁業の被害の原因裁定に対する意見書、26頁
(53) 農林水産省（2002）有明海の30年の推移のとりまとめ結果、有明海の現状について、ノリ第三者委員会資料、200頁
(54) 堤裕昭・岡村絵美子・小川満代・高橋徹・山口一岩・門谷茂・小橋乃子・安達貴浩・小松利光（2003）有明海奥部海域における近年の貧酸素水塊および赤潮発生と海洋構造の関係、海の研究、12巻、291－305
(55) 堤裕昭·木村千寿子·永田紗矢香·佃政則·山口一岩·高橋徹·門谷茂（2004）広域定期観測による有明海水環境の現状、沿岸海洋研究、42巻、35－42
(56) 石坂丞二・北浦康仙・田島清史・田中昭彦（2001）有明海の生物光学的特性について、九州沖縄地区合同シンポジウム「有明海の海洋環境」、9
(57) 梶原義範・富田友幸・中野拓治・磯辺雅彦（2003）有明海湾奥西部海域における2002年夏季の貧酸素水塊の発生状況について、土木学会論文集、No.247、187－196
(58) 木元克則・田中勝久・中山哲巌・輿石裕一・渡辺康憲・西内耕・藤井昭彦・山本憲一（2004）連続広域観測で捉えた有明海の貧酸素の動態、日本海洋学会春季大会要旨集、191
(59) 木元克則・田中勝久・児玉真史・山本憲一・那須博史（2005）有明海奥部における貧酸素水塊の動態、日本海洋学会春季大会要旨集、196
(60) 田中勝久・児玉真史・藤田孝康・木元克則・岡村和麿・森勇一郎（2005）有明海湾奥西部域における貧酸素水塊と底質環境の変動過程、日本海洋学会春季大会要旨集、197
(61) 日本自然保護協会（2001）有明海奥部における底層の溶存酸素濃度（速報）、8頁
(62) 東幹夫（2000）諫早湾干拓事業の影響、「有明海の生きものたち——干潟・河口域の生物多様性」、海游舎、320－337
(63) 鎌田泰彦（1967）有明海の海底堆積物、長崎大学教育学部自然科学研報、18巻、71－82

(26) 代田昭彦（1998）ニゴリの生成機構と生態学的意義、海洋生物環境研究所、153頁
(27) 杉本隆成・田中勝久・佐藤英夫（2004）有明海奥部における浮泥の挙動と低次生産への影響、沿岸海洋研究、42巻、19－25
(28) 九州漁業調整事務所（1984）有明海の漁業、165頁
(29) 田北徹（2000）魚類、「有明海の生きものたち——干潟・河口域の生物多様性」、海游舎、213－223
(30) 田北徹・山口敦子（2005）魚類の変化、「有明海の生態系再生をめざして」、恒星社厚生閣、4章、128－132
(31) 片寄俊秀（2001）防災計画とその虚実、「市民による諫早干拓『時のアセス』」、18－29
(32) 九州農政局（1991）諫早湾干拓事業計画（一部変更）に係る環境影響評価書
(33) 宇野木早苗（2004）有明海の潮汐・潮流の変化に関わる科学的問題と社会的問題、沿岸海洋研究、42巻、85－94
(34) 宇野木早苗（2002）有明海における潮汐と流れの変化—諫早湾干拓事業の影響を中心にして—、海と空、78巻、19－30
(35) 九州農政局（2001）諫早湾干拓事業の環境影響評価の予測結果に関するレビュー
(36) 宇野木早苗（2003）有明海の潮汐と潮流はなぜ減少したか、海の研究、12巻、85－96；有明海の潮汐減少の原因に関する観測データの再解析結果、海の研究、12巻、307－313
(37) 灘岡和夫・花田岳（2002）有明海における潮汐振幅減少要因の解明と諫早堤防閉め切りの影響、海岸工学論文集、49巻、401－405
(38) 宇野木早苗（2005）共振潮汐の数値計算における境界条件の影響—有明海異変の場合、海の研究、14巻、47－56
(39) 武岡英隆（2003）有明海におけるM_2潮汐の変化に関する議論へのコメント、沿岸海洋研究、41巻、61－64
(40) 中野猿人（1940）「潮汐学」、古今書院、528頁
(41) 海上保安庁（2001）海上保安庁による潮流観測結果、農水省資料、32頁
(42) 小田巻実・大庭幸広・柴田宣明（2003）有明海の潮流新旧比較観測結果について、海洋情報部研究報告、39号、33－61
(43) 西ノ首英之・山口恭弘（1996）島原湾及び橘湾の海水流動特性、雲仙普賢岳火山活動の水産業に及ぼす影響調査事業報告書、10－65
(44) 西ノ首英之・小松利光・矢野真一郎・斎田倫範（2004）諫早湾干拓事業が有明海の流動構造へ及ぼす影響の評価、海岸工学論文集、51巻、336－340
(45) 多田彰秀・中村武弘・矢野真一郎・武田誠・藤本大志（2004）諫早湾湾口部における潮流流速と溶存酸素濃度の現地観測、海岸工学論文集、51巻、901－905
(46) 松野健・中田英昭（2004）有明海の流れ場を支配する物理過程、沿岸海洋研究、42巻、11－17
(47) 佐々木克之・程木義邦・村上哲生（2003）諫早湾調整池からのCOD・全窒素・全リンの排出量および失われた浄化量の推定、海の研究、12巻、573－591

参考文献

(1) 山下弘文（1988）「諫早湾　ムツゴロウ騒動記」、南方新社、194頁
(2) 日本海洋学会編（2005）「有明海の生態系再生をめざして」、恒星社厚生閣、211頁
(3) 堤裕昭（2005）「有明海の生態系再生をめざして」、恒星社厚生閣、4章、赤潮の大規模化とその要因、105－118；熊本県アサリ漁業衰退とその環境要因、136－146
(4) シンポジウム「沿岸海洋学からみた有明海問題」、沿岸海洋研究、42巻、1－65
(5) 宮入興一（2001）費用対効果評価、「市民による諫早干拓『時のアセス』」、41－62
(6) 永尾俊彦（2005）「諫早の叫び――よみがえれ干潟ともやいの心」、岩波書店、216頁
(7) 佐藤正典編（2000）「有明海の生きものたち――干潟・河口域の生物多様性」、海游舎、396頁
(8) 永尾俊彦（2005）こんでも諫早湾干拓と漁業被害の因果関係はなかとか、週刊金曜日、550号（2005.3.25）、56－57
(9) 宇野木早苗（1993）「沿岸の海洋物理学」、東海大学出版会、672頁
(10) 海上保安庁水路部（1974）有明海、八代海海象調査報告書、39頁
(11) 佐々木克之（1997）干潟・藻場の重要な働き、「とりもどそう豊かな海　三河湾――「環境保全型開発」批判」、八千代出版、173－196
(12) 代田昭彦（1982）デトリタスと水産との関連、海洋科学、14巻、473－481
(13) 井上尚文（1985）有明海Ⅱ、物理、「日本全国沿岸海洋誌」、831－845
(14) 塚本秀史・柳哲雄（2002）有明海の潮汐・潮流、海と空、78巻、31－38
(15) 宇野木早苗（2005）「河川事業は海をどう変えたか」、生物研究社、116頁
(16) 海上保安庁（1978）有明海・八代海の潮流図、第6217号
(17) 公害等調整委員会専門委員（2004）有明海における干拓事業漁業被害原因裁定申請事件・専門委員報告書、136頁
(18) 木谷浩三（2003）有明海における冬季の平均流について、海と空、78巻、129－134
(19) 高橋徹・堤裕昭（2005）ＧＰＳ漂流ブイを用いて測定した有明海の表層流、日本海洋学会春季大会要旨集、192
(20) 柳哲雄（2003）有明海の塩分と河川流量から見た海水交換の経年変動、海の研究、12巻、269－275
(21) 柳哲雄・高橋暁（1988）大阪湾の淡水応答特性、海と空、64巻、63－70
(22) 松川康夫（2005）物理、「有明海の生態系再生をめざして」、恒星社厚生閣、1章、3－11
(23) 青山恒雄（1977）漁業振興の立場からみた湾内水の流動と問題点Ⅰ、有明海の流動と漁業、沿岸海洋研究ノート、14巻、36－41
(24) 代田昭彦（1980）有明海の栄養塩類とニゴリの特性、海洋科学、12巻、127－137
(25) 代田昭彦・近藤正人（1985）有明海Ⅲ、化学、「日本全国沿岸海洋誌」、846－862

【タ行】

索引

著者紹介

宇野木早苗（うのき・さなえ）

一九二四年生まれ。気象技術官養成所（現気象大学校）研究科卒業。理学博士。日本海洋学会名誉会員。気象庁を経て東海大学海洋学部教授、理化学研究所主任研究員を歴任。

研究面では、沿岸海域の物理現象の研究を進め、台風波浪の研究で運輸大臣賞、高潮の研究で日本気象学会藤原賞、沿岸海洋物理学の研究で日本海洋学会賞を受ける。最近は沿岸開発事業が海洋環境に与える影響を調べて、問題点を明らかにしてきた。

主な著書に『沿岸の海洋物理学』『海洋の波と流れの科学』（東海大学出版会）、『海洋環境の科学』（東京大学出版会）、『東京湾の地形地質と水』『東京湾の汚染と災害』（築地書館）、『河川事業は海をどう変えたか』（生物研究社）など。

有明海の自然と再生

二〇〇六年 四月二五日初版発行

著者――宇野木早苗

発行者――土井二郎

発行所――築地書館株式会社

東京都中央区築地七―四―四―二〇一　〒一〇四―〇〇四五

電話〇三―三五四二―三七三一　FAX〇三―三五四一―五七九九

ホームページ＝http://www.tsukiji-shokan.co.jp/

組版――ジャヌア3

印刷・製本――株式会社シナノ

装丁――吉野愛

　ISBN 4-8067-1330-9

くわしい内容はホームページで。URL=http://www.tsukiji-shokan.co.jp/

●森・川と環境の本

◉総合図書目録進呈。ご請求は左記宛先まで。
〒一〇四–〇〇四五　東京都中央区築地七–四–四–二〇一　築地書館営業部
《価格（税別）・刷数は、二〇〇六年四月現在のものです。》

流域一貫
森と川と人のつながりを求めて

中村太士［著］　二四〇〇円＋税

北アメリカ、ヨーロッパ、中国、釧路湿原などの先進事例、調査事例を紹介しながら、森林、河川、農地、宅地と分断された河川流域管理を繋ぎ直すために、総合的な土地利用のあり方を提言する。

緑のダム
森林・河川・水循環・防災

蔵治光一郎＋保屋野初子［編］　◉2刷　二六〇〇円＋税

台風のあいつぐ来襲で注目される森林の保水力。これまで情緒的に語られてきた「緑のダム」について、第一線の研究者、ジャーナリスト、行政担当者、住民などが、あらゆる角度から森林（緑）のダム機能を論じた本。

エコシステムマネジメント

柿澤宏昭［著］　二八〇〇円＋税

生物多様性の保全を可能にする社会と自然の関係とは？

経済・社会開発と生態系保全を両立させるエコシステムマネジメントという新しい手法を、日本で初めて本格的に紹介。

アメリカでの行政・企業・市民・専門家の協働による実践事例をもとに冷静に評価・分析する。

砂漠のキャデラック
アメリカの水資源開発

マーク・ライスナー［著］　片岡夏実［訳］　六〇〇〇円＋税

『沈黙の春』以来、もっとも影響力のある環境問題の本――ニューヨーク・タイムズ他各紙誌で絶讃された大ベストセラー。アメリカの公共事業の一〇〇年におよぶ構造的問題を暴き、その政策を大転換させた大著。

くわしい内容はホームページで。URL=http://www.tsukiji-shokan.co.jp/

●生物多様性の本

移入・外来・侵入種

生物多様性を脅かすもの

川道美枝子＋岩槻邦男＋堂本暁子［編］　◉2刷　二八〇〇円＋税

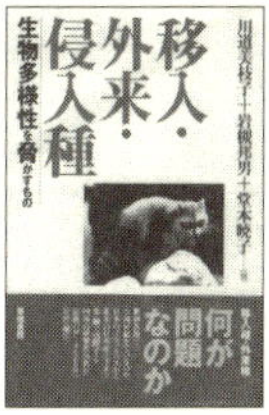

何が問題なのか。世界各地で、いま、何が起きているのか。日本のブラックバスから北米の日本産クズまで、第一線で活躍する内外の研究者が、最新のデータをもとに分析・報告する。

自然再生事業

生物多様性の回復をめざして

鷲谷いづみ＋草刈秀紀［編］　二八〇〇円＋税

科学（保全生態学）と社会活動（NGO、市民）の視点から、自然再生事業とはどのようにあるべきなのかについてまとめた。その理念、基本的な考え方、実践例、関連する理論的、技術的な諸問題を幅広く紹介。

「百姓仕事」が自然をつくる

2400年めの赤トンボ

宇根豊［著］　◉3刷　一六〇〇円＋税

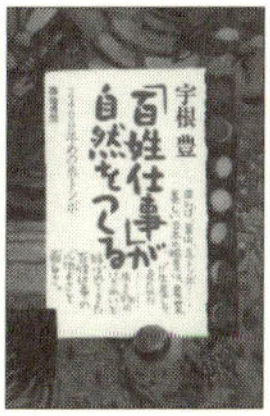

田んぼ、里山、赤トンボ……美しい日本の風景は農業が生産してきた。生き物のにぎわいと結ばれてきた、百姓仕事の心地よさと面白さを語りつくすニッポン農業再生宣言。

里山の自然をまもる

石井実＋植田邦彦＋重松敏則［著］　◉6刷　一八〇〇円＋税

◉全国農業新聞評＝自然保護のキーワードになっている里山を開発の対象にしてはならないと訴える。オオムラサキやギフチョウの望ましい管理法、カブトムシの役割や雑木林の多様性、湿地と植物の保全など、わかりやすく解説している。

●自然を知る

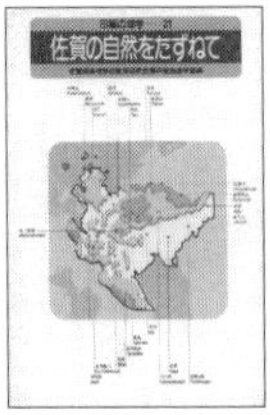

日曜の地学21

佐賀の自然をたずねて

佐賀県高等学校教育研究会理科部会地学部〔編〕　一八〇〇円＋税

【内容】　佐賀の生い立ち…その地形と地質／有明海の自然／樫原湿原／御岳山と両子山の地質／鵜殿窟から佐里温泉まで／唐津湾周辺の地質／伊万里湾のカブトガニ／地層見学に適したコース／ほか

フィールドガイド日本の火山5

九州の火山

高橋正樹＋小林哲夫〔編〕　◉2刷　二〇〇〇円＋税

【内容】　火山災害／過去の噴火を知る／由布岳・鶴見岳（日本有数の出湯のみなもとをさぐる）／九重山（333年ぶりに目覚めた溶岩ドーム連なる活火山）／阿蘇山／雲仙岳／霧島山／桜島／池田湖・開聞岳

沖縄の自然を知る

池原貞雄＋加藤祐三〔編著〕　◉3刷　二四〇〇円＋税

◉WWF（世界自然保護基金）評＝沖縄の自然について生態系や動植物をわかりやすく紹介。また沖縄で育まれてきた自然と人の関係や公共事業による自然破壊、各地で住民が繰り広げた保護運動についての解説も充実。

子どもとの自然観察スーパーガイド

日高哲二〔著〕　◉2刷　二〇〇〇円＋税

自然の面白さを子どもたちに伝えたい。子どもと一緒に大人たちにも自然の不思議さに感動する心をもってほしい。三宅島でレンジャーとして活躍してきた著者が、子どもと一緒に自然を楽しむための考え方と方法を提案。観察会のコツもコラムでポイント解説。